普通高等教育“十二五”规划教材

大学物理实验教程

主　编　高永慧　耿小丕
副主编　杨　洋
参　编　李仁芮　杨瑞臣
　　　　冯法军　赵　毅

中国铁道出版社有限公司
CHINA RAILWAY PUBLISHING HOUSE CO., LTD.

内 容 简 介

本书是根据当前物理实验教学改革的特点和大学物理实验课程的教学要求，吸收国内外同类教材的精华，在总结多年教学改革经验的基础上，按照“模块化”的教学理念组织编写的.全书共分6章，内容涉及力学、热学、电磁学、光学、近代物理等领域的28个实验.本书内容丰富，知识涵盖面广，侧重阐述实验的物理思想和测量方法，强化实验的学习过程，突出实验教学与应用技术需求相结合，有较强的启发性和实用性，注重培养学生的独立思考能力、创新能力、实践能力和综合应用能力，从而提高学生的综合素质.

本书适合作为高等院校理工类专业的物理实验教材，也可供成人教育、职工大学等作为物理实验课教材或教学参考书.

图书在版编目（CIP）数据

大学物理实验教程/高永慧，耿小丕主编．—北京：中国铁道出版社，2013.1(2021.1重印)

普通高等教育“十二五”规划教材

ISBN 978-7-113-15799-9

Ⅰ.①大…　Ⅱ.①高…②耿…　Ⅲ.①物理学—实验—高等学校—教材　Ⅳ.①O4-33

中国版本图书馆CIP数据核字（2012）第311320号

书　　名：大学物理实验教程
作　　者：高永慧　耿小丕

策　　划：吴　飞　　　编辑部电话：(010) 83552550
责任编辑：吴　飞　徐盼欣
封面设计：付　巍
封面制作：刘　颖
责任印制：樊启鹏

出版发行：中国铁道出版社有限公司（100054，北京市西城区右安门西街8号）
网　　址：http://www.tdpress.com/51eds/
印　　刷：三河市宏盛印务有限公司
版　　次：2013年1月第1版　2021年1月第15次印刷
开　　本：787mm×960mm　1/16　印张：13.5　字数：269千
书　　号：ISBN 978-7-113-15799-9
定　　价：29.00元

前言

物理实验课是学生进入高校后所接触到的第一门比较完整和系统的实践性课程，它在传授基本实验技能和科学实验基本知识，培养学生实践能力，激发创新精神，掌握科学研究方法，提高素质等方面具有不可替代的作用. 为了适应我国高等教育的快速发展，充分发挥物理实验在应用型人才培养过程中的作用，编写一本适合当前人才培养特点的物理实验教材是十分必要的. 本书是编者多年教学改革经验的积累和结晶，在编写作过程中，以提高学生科学素质为主线，以培养学生创新、应用能力为重点，以学生掌握物理实验的基本测量方法为核心，构建与大学物理实验教学规律相适应的教学内容，为学生终生学习和在职业生涯中继续发展奠定必要的基础. 本书有以下几方面的特点.

1. 在课程结构上，按照“模块化”教学理念，把教学内容分为6章，即实验误差的基础知识、实验数据处理、物理实验的基本方法与技术、基础性实验、综合性实验、提高性实验. 实验误差的基础知识一章主要介绍误差来源及分类，误差计算、误差分析、不确定度、有效数字运算等有关内容，培养和提高学生的误差计算与分析能力、有效数字运算能力、正确表达实验结果的能力；实验数据处理一章主要介绍实验数据处理的方法、数据处理软件的正确使用等有关内容，以提高学生实验数据处理的能力与技巧；物理实验的基本方法与技术一章主要介绍实验中采用的各种测量方法，以及实验仪器的调试与操作技术，以便学生能够顺利完成每一个实验项目；基础性实验一章包括10个实验项目，涉及力学、热学、电磁学、光学等内容，学生主要学习基本物理量的测量、基本实验仪器的使用，掌握基本实验技能和基本测量方法、误差（或不确定度）及数据处理的理论与方法等，强化基本实验知识的学习和基本实验技能的训练；综合性实验一章包括10个实验项目，所涉及的实验内容、测量方法、实验技术、实验仪器以及对物理知识、规律的运用等方面都并不局限于某个分支学科，通过这些实验的学习，以巩固学生在基础性实验阶段的学习成果，开阔学生的眼界和思路；提高性实验一章包括8个实验项目，主要涉及一些设计与制作性实验，是对学生独立实验技能、知识掌握程度及实验综合素质的一个检验. 学生自行设计实验方案，运用所学的实验知识和技能，在实验方法的考虑、测量仪器的选择、测量条件的确定等方面受到系统的训练.

2. 在实验内容上，突出实验测量方法的重要性，让学生学到实验的本质，达到举一反三的目的，强调从掌握实验方法到掌握测量技术的教学目的，凸显基础实验教学与应用技术需求相结合，突破传统的物理实验以力学、热学、电学、光学、近代物理为顺序编排的框架，施行模块化教学.

3. 在实验项目上，增添了一些能反映现代科学技术发展的应用性实验，如非平衡电桥、光电效应、声速测量等实验项目,删除了动量守恒定律的验证、透镜焦距的测定、伏安法测电阻等明显落后于现代技术发展的实验项目.

4. 在实验目的上,以正确、熟练地掌握基本仪器、仪表的使用方法及基本的实验手段、测量方法为主要教学目的,突破了传统的以验证物理学基础为主要教学目的的框框,强调为学生职业技能培养奠定良好的基础,凸显了基础物理实验教学为培养应用型人才目标服务的宗旨.

5. 在数据处理方面,专门介绍了数据处理软件 Excel 和科学作图软件 Origin 在物理实验中的应用,增加了用专业软件处理实验数据的训练,以替代手工坐标纸作图方式.

6. 在编写思路上,突出实验背景和设计思路,淡化实验过程与操作步骤,促进学生主动学习、思考与实验,提高学生的创新意识.

7. 在实验预习上,增添了“预习提示”栏目,使学生能够较快理解整个实验内容,并对于一些不朽的著名实验,增添了相关科学家的介绍,从而激发了学生学习热情,提高了学生完成实验的主观能动性.

其中,* 标出内容为选学内容.

本书由高永慧、耿小丕担任主编,杨洋担任副主编.参加本书编写工作的有李仁芮、杨瑞臣、冯法军、赵毅.杨瑞臣绘制了本书的插图.

由于编者水平有限,书中难免存在疏漏和不妥之处,殷切希望广大读者批评指正.

编　者

2013 年 1 月

目 录

绪　论

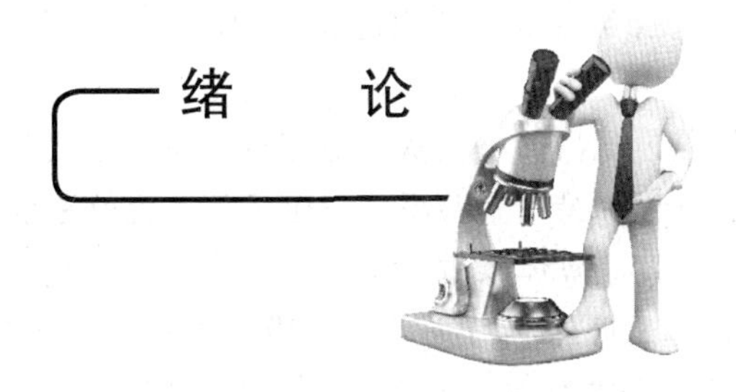

科学实验是自然科学研究的主要手段，以探索、预测或验证自然科学新现象、新规律为目的．而以教学为目的的物理实验具有丰富的实验思想、方法、手段，同时又能提供综合性很强的基本实验技能训练，体现了大多数科学实验的共性，是科学实验的基础．因此，几乎所有的高等学校均将物理实验课设置为理工科学生的必修课程，用于训练大学生系统的实验方法和实验技能．物理实验课程内容的基本要求可概括为以下几个方面：

1. 掌握测量误差的基本知识，学会用误差对测量结果进行评估．掌握处理实验数据的一些常用方法，如列表法、作图法和最小二乘法，以及用科学作图软件处理实验数据的基本方法．

2. 掌握基本物理量的测量方法．例如，长度、质量、时间、电动势、电阻、声速、磁感应强度、光的波长、电子电荷、普朗克常量等常用物理量及物性参数的测量．

3. 了解常用的物理实验方法．例如，比较法、转换法、放大法、模拟法、补偿法、平衡法和干涉、衍射法，以及在近代科学研究和工程技术中广泛应用的其他方法．

4. 能够正确使用常用的物理实验器材．例如，长度测量仪器、计时仪器、测温仪器、变阻器、电表、交/直流电桥、通用示波器、低频信号发生器、旋光仪、常用电源和光源等常用仪器．

5. 掌握常用的实验操作技术．例如，零位调整、水平/铅直调整、光路的共轴调整、消视差调整、逐次逼近调整、根据给定的电路图正确接线、简单的电路故障检查与排除，以及在近代科学研究与工程技术中广泛应用的仪器的正确调节．

物理实验是一门实践性很强的课程，是培养和提高学生科学素质和应用能力的重要课程之一．通过对以上内容的训练，学生应逐步实现以下能力的培养：

（1）独立实验的能力．能够通过阅读实验教材、查询有关资料和思考问题，掌握实验原理及方法，做好实验前的准备，正确使用仪器及辅助设备，独立完成实验内容，撰写合格的实验报告．

（2）分析实验结果的能力．能够融合实验原理、设计思想、实验方法及相关的理论知识对实验结果进行分析、判断、归纳与综合．

（3）理论联系实际的能力．能够在实验中发现问题、分析问题并学习解决问题的科学方法．

（4）制作与创新能力．能够完成符合规范要求的制作性实验内容，进行具有创意性、应用性内容的实验．

要实现以上能力的培养，就需要主动认真地完成好每一个实验．一般来讲，每个实验均可分为实验预习、实验过程和撰写实验报告三个环节．也就是说，在以上三个环节中均需要主动、严谨和认真的态度．具体来讲就是：

1．实验预习．课前预习是确保学习主动性的措施之一．学生应善于发挥自己的主观能动性，充分利用实验室开放时间，按讲义要求，对照实物进行预习，了解装置、仪器或设备的结构特点，调节或安装方法，操作步骤或规程及使用注意事项，在明确实验目的、要求、方法、原理的基础上，拟定实验步骤提纲，并拟定数据记录表格，能力较强的学生，还应努力去理解某些实验的设计构思．上述基本要求应在实验报告纸上写出书面预习报告备查．

2．实验过程．实验过程是整个实验教学中最核心的环节．在这个过程中要独立完成实验器材的安装或调整，按正确步骤完成测量全过程，并对实验数据完整记录．在这个过程中应注意以下几点：

（1）不要急于记录数据．在实验过程中建议先观察或练习，之后再进行测量，也可以先粗测再细测，否则可能在测量进行到一半或快结束时才发现，某个调节参数因为初始值选择不合理而出现超出量程或无法调节，导致无法完成整个实验，只好再重新进行测量．

（2）要注意掌握实验中所采取的实验方法，特别是一些基本的测量方法．因为它是复杂测量的基础，在今后的学习与工作中可能会经常用到．我们在学习时不仅要掌握它的原理，而且要知道它的适用条件及优缺点，这些知识只有通过亲身实践才能真正体会到．

（3）要有意识地培养良好的实验习惯．例如，正确记录原始数据和处理数据，注意记录实验的客观条件，如温度、气压、湿度、日期等．认真学习操作程序，培养操作习惯．良好的实验习惯是科学素质的具体表现，也是保证实验安全、避免差错的基础．

（4）不要单纯追求实验数据的正确性．实验能力的快速提高往往发生在实验过程不顺利时．要逐步学会分析、排除实验中出现的某些故障．当实验结果不理想时，要考虑实验方法是否正确？仪器可能带来多大误差？实验环境等因素对实验有多大影响？

（5）要注意实验室操作规程和安全规则．随着实验项目的进行，会逐步接触到各种测量仪器，它们有不同的使用要求与工作环境，操作不当可能会损坏仪器，甚至对身体造成伤害．因此要求学生遵守实验的具体操作规程，养成良好的实验习惯．

（6）在实验结束后由指导教师当场在实验登记卡上打出成绩，并在原始数据上签字．

3．撰写实验报告．撰写实验报告的过程实际上是对学生的综合思维能力和文字表达能力的训练过程，是今后学生在工作中撰写标书、项目申请书、研究报告、学术论文的基础训练，撰写一份合格的实验报告应注意以下几方面：

（1）注意实验报告的完整性，一份完整的实验报告应包括实验名称、实验目的、实验器材、简要的实验原理（用自己的语言扼要说明实验所依据的原理和公式，要有简单的原理图）、实验步骤、数据处理（包括实验原始数据记录，按讲义要求内容计算，公式要有代入数据的过程）、误差分析、实验改进设想、解答教师指定的思考题等9个方面．

（2）实事求是是撰写实验报告的基本要求．在撰写实验报告中不得随意对实验数据及其有效数字进行增删．

（3）对实验数据的处理及对实验结果的误差分析是撰写实验报告的重点，也是学生归纳与分析问题的能力具体体现．

（4）实验报告要求做到书写清晰、字迹端正、数据记录整洁，图表合适、文理通顺、内容简明．

物理实验课程所涉及的实验项目，绝大多数是经过多年的改进与调整，已非常适合锻炼学生对某一实验技术或某一重要物理实验方法的掌握．从统计学的角度来看，学生在进行物理实验的过程中，利用现有实验设备而发现新的物理现象或规律的概率是非常小的．然而，具有批判与怀疑精神，是实验工作者的一个基本素质．我们期望每个学生去探讨最佳实验方案、改装实验装置、分析操作步骤、注意测量方法应用、提出实验改进与设想，提高自己独立分析问题、解决问题的能力．

第1章　实验误差的基础知识

1.1　测量与误差

一、测量

所谓测量，就是利用科学仪器用某一度量单位将待测量的大小表示出来，也就是说测量就是将待测量与选作标准的同类量进行比较，得出倍数值，称该标准量为单位，倍数值为数值．因此，一个物理量的测量值应由数值和单位两部分组成，缺一不可．按测量方法进行分类，测量可分为直接测量和间接测量两大类．

可以用测量仪器或仪表直接读出测量值的测量称为直接测量，如用米尺测长度，用温度计测温度，用电表测电流、电压等都是直接测量，所得的物理量如长度、温度、电流、电压等称为直接测量值；有些物理量很难进行直接测量，而须依据待测量和某几个直接测量值的函数关系求出，这样的测量称为间接测量，如单摆法测重力加速度 g 时，$g=\frac{4\pi^2L}{T^2}$，T（周期）、L（摆长）是直接测量值，而 g 是间接测量值．

随着实验技术的进步，很多原来只能间接测量的物理量，现在也可以直接测量，例如电功率、速度等的测量．

二、误差

1. 真值与误差．物理量在客观上有着确定的数值，称为该物理量的真值．由于实验理论的近似性、实验器材灵敏度和分辨能力的局限性、环境的不稳定性等因素的影响，待测量的真值是不可能测得的，测量结果和真值之间总有一定的差异，我们称这种差异为测量误差，测量误差的大小反映了测量结果的准确程度．测量误差可以用绝对误差表示，也可以用相对误差表示．

$$\text{绝对误差}(\Delta X)=\text{测量值}(X)-\text{真值}(X_0) \tag{1-1-1}$$

$$\text{相对误差}(E_x)=\frac{\text{绝对误差}(\Delta X)}{\text{真值}(X_0)}\times 100\% \tag{1-1-2}$$

测量所得的一切数据，都包含着一定的误差，因此误差存在于一切科学实验过程中，并会因主观因素的影响、客观条件的干扰、实验技术及人们认识程度的不同而不同．

注意

绝对误差不同于误差的绝对值，它可正可负．绝对误差不仅反映了测量值偏离真值的大小，也反映了偏离真值的“方向”．数据处理中常用误差的绝对值代替绝对误差，其实两者在物理意义上是不同的．

2．误差的分类．根据误差性质和产生原因，可将误差分为以下几类：

（1）系统误差．在相同的测量条件下多次测量同一物理量，其误差的绝对值和符号保持不变，或在测量条件改变时，按确定的规律变化的误差称为系统误差．

系统误差的来源有以下几个方面：

① 由于测量仪器不完善、仪器不够精密或安装调试不当，如刻度不准、零点不准、砝码未经校准、天平不等臂等．

② 由于实验理论和实验方法不完善，所引用的理论与实验条件不符，如在空气中称质量而没有考虑空气浮力的影响，测电压时未考虑电表内阻的影响，标准电池的电动势未作温度修正等．

③ 由于实验者缺乏经验，或生理、心理等因素所引入的误差．如每个人的习惯和偏向不同，有的人读数偏高，而有的人读数偏低．

多次测量并不能减少系统误差．系统误差的消除或减少是实验技能问题，应尽可能采取各种措施将其降到最低．例如，将仪器进行校正，改变实验方法或在计算公式中列入一些修正项以消除某些因素对实验结果的影响，纠正不良的实验习惯等．

（2）随机误差．随机误差也被称为偶然误差，它是指在极力消除或修正了一切明显的系统误差之后，在相同的测量条件下，多次测量同一量时，误差的绝对值和符号的变化时大时小、时正时负，以不可预定的方式变化着的误差．

随机误差是由于人的感观灵敏程度和仪器精密程度有限、周围环境的干扰以及一些偶然因素的影响产生的．如用毫米刻度的米尺去测量某物体的长度时，往往将米尺去对准物体的两端并估读到毫米以下一位读数值，这个数值就存在一定的随机性，也就带来了随机误差．由于随机误差的变化不能预先确定，所以对待随机误差不能像对待系统误差那样找出原因排除，只能作出估计．

虽然随机误差的存在使每次测量值偏大或偏小，但是，当在相同的实验条件下，对被测量进行多次测量时，其大小的分布却服从一定的统计规律，可以利用这种规律对实验结果的随机误差作出估算．这就是在实验中往往对某些关键量要进行多次测量的原因．

（3）粗大误差．凡是测量时客观条件不能合理解释的那些突出的误差，均可称为粗大误差．

粗大误差是由于观测者不正确地使用仪器、观察错误或记录错数据等不正常情况下引起的误差．它会明显地歪曲客观现象，这一般不应称为测量误差，在数据处理中应将其作为坏值予以剔除．粗大误差是可以避免的，也是应该避免的，所以，在作误差分析时，要估计的误差通常只有系统误差和随机误差．

三、测量的精密度、准确度和精确度

对测量结果做总体评定时，一般均应把系统误差和随机误差联系起来看，精密度、准确度和精确度都是评价测量结果好坏的，但是这些概念的含义不同，使用时应加以区别．

1. 精密度．精密度表示测量结果中的随机误差大小的程度．它是指在一定的条件下进行重复测量时，所得结果的相互接近程度，是描述测量重复性的．精密度高，即测量数据的重复性好，随机误差较小．

2. 准确度．准确度表示测量结果中的系统误差大小的程度．用它描述测量值接近真值的程度，准确度高即测量结果接近真值的程度高，系统误差较小．

3. 精确度．精确度是对测量结果中系统误差和随机误差的综合描述．它是指测量结果的重复性及接近真值的程度．对于实验和测量来说，精密度高准确度不一定高；而准确度高精密度也不一定高；只有精密度和准确度都高时，精确度才高．

现在以打靶结果为例来形象说明三个“度”之间的区别．图 1-1-1（a）表示子弹相互之间的比较靠近，但偏离靶心较远，即精密度高而准确度较差；图 1-1-1（b）表示子弹相互之间比较分散，但没有明显的固定偏向，故准确度高而精密度较差；图 1-1-1（c）表示子弹相互之间比较集中，且都接近靶心，精密度和准确度都很高，亦即精确度高．

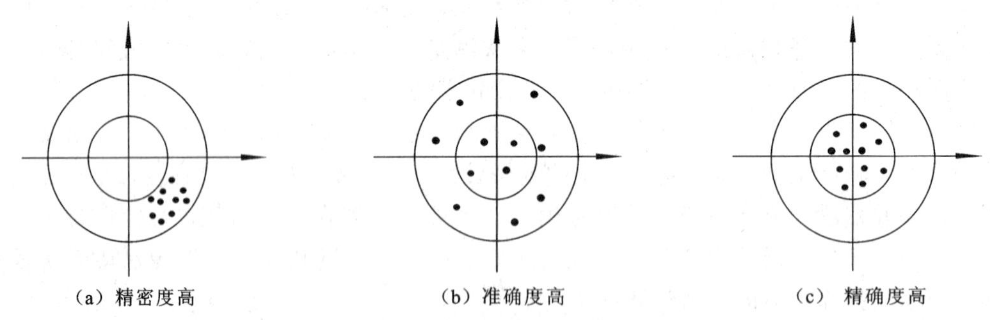

图 1-1-1　测量的精密度、准确度和精确度图示

四、随机误差的正态分布与标准误差

1. 随机误差的正态分布规律．随机性是随机误差的特点．在相同的测量条件下，对同一物理量进行多次重复测量，假设系统误差已被减弱到可以被忽略的程度，由于随机

误差的存在，测量结果 $x_1, x_2, \cdots, x_n$ 一般存在着一定的差异．如果该被测量的真值为 x_0，则根据误差的定义，各次测量的随机误差为

$$\delta_i = x_i - x_0 \qquad (i = 1, 2, \cdots, n)$$

大量的实验事实和统计理论都证明，在绝大多数物理测量中，当重复测量次数足够多时，随机误差 δ_i 服从或接近正态分布（或称高斯分布）规律．正态分布的特征可以用正态分布曲线形象地表示出来，如图 1-1-2（a）所示，横坐标为误差 δ，纵坐标为误差的概率密度分布函数 $f(\delta)$．当测量次数 $n \to \infty$ 时，此曲线完全对称．正态分布具有以下性质：

（1）单峰性．绝对值小的误差出现的可能性（概率）大，绝对值大的误差出现的可能性小．

（2）对称性．绝对值相等的正误差和负误差出现的机会均等，对称分布于真值的两侧．

（3）有界性．非常大的正误差或负误差出现的可能性几乎为零．

（4）抵偿性．测量次数非常多时，正误差和负误差相互抵消，于是，误差的代数和趋向于零．

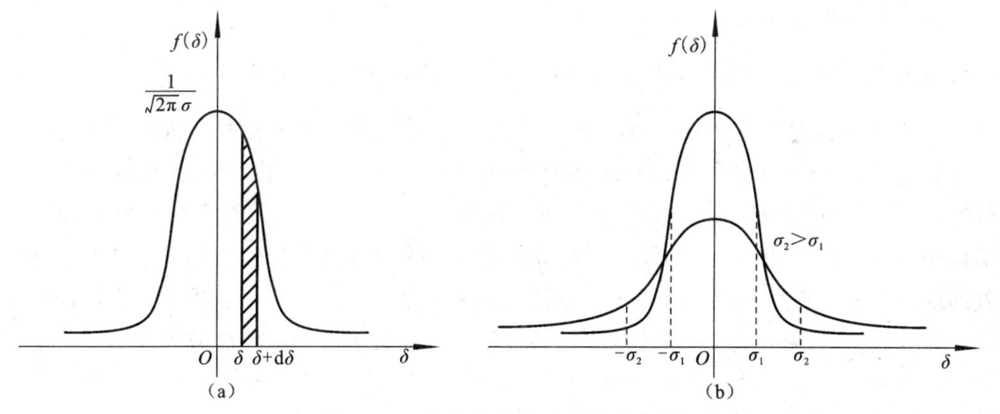

图 1-1-2 随机误差的正态分布曲线

根据误差理论可以证明函数 $f(\delta)$ 的数学表达式为

$$f(\delta) = \frac{1}{\sqrt{2\pi}\sigma} e^{-\frac{\delta^2}{2\sigma^2}} \tag{1-1-3}$$

测量值的随机误差出现在 $(\delta, \delta + d\delta)$ 区间的可能性为 $f(\delta)d\delta$，即图 1-1-2（a）中阴影线所包含的面积元．上式中的 σ 是一个与实验条件有关的常数，称为标准误差，其值为

$$\sigma = \sqrt{\frac{\sum_{i=1}^{n} \delta_i^{\ 2}}{n}} \tag{1-1-4}$$

式中，n 为测量次数，各次测量值的随机误差为 δ_i，$i = 1,2,3,\cdots,n$. 可见标准误差是将各个随机误差的平方取平均值，再开平方而得到，所以，标准误差又称均方根误差.

2. 标准误差的物理意义. 按照概率理论，误差 δ 出现在区间（$-\infty$，$+\infty$）的事件是必然事件，所以 $\int_{-\infty}^{+\infty} f(\delta)\,\mathrm{d}\delta = 1$，即曲线与横轴所包围面积恒等于1. 当 $\delta = 0$ 时，由式（1-1-3）得

$$f(0) = \frac{1}{\sqrt{2\pi}\sigma} \tag{1-1-5}$$

由式（1-1-5）可见，若测量的标准误差 σ 很小，则必有 $f(0)$ 很大. 由于曲线与横轴间围成的面积恒等于1，所以如果曲线中间凸起较大，两侧下降较快，测量的数据比较集中，即测得值的离散性小，说明测量的精密度高，则测量值较为可靠；相反，如果 σ 很大，则 $f(0)$ 就很小，数据较分散，说明测得值的离散性大，测量的精密度低. 这两种情况的正态分布曲线如图 1-1-2（b）所示.

可以证明，$P(|\delta| < \sigma) = \int_{-\sigma}^{\sigma} f(\delta)\,\mathrm{d}\delta = 0.682\,689 \approx 68\%$，即由 $-\sigma$ 到 $+\sigma$ 之间正态分布曲线下的面积占总面积的68.3%. 这就是说，如果测量次数 n 很大，则在所测得的数据中，将有占总数68.3%的数据的误差落在区间（$-\sigma$，$+\sigma$）之内；也可以这样讲，在所测得的数据中，任一个数据 x_i 的误差 δ_i 落在区间（$-\sigma$，$+\sigma$）之内的概率为68.3%，即置信概率为68.3%，用 P 来表示，误差分布的区间称为置信区间. 这里要特别注意标准误差的统计意义，它并不表示任一次测量值的误差就是 $\pm\sigma$，也不表示误差不会超出 $\pm\sigma$ 的界限. 标准误差只是一个具有统计性质的特征量，用以表示测量值的离散程度.

也可证明，$P(|\delta| < 3\sigma) = 0.997\,3 \approx 99.7\%$. 这表明，在1 000次测量中，随机误差超过 $\pm 3\sigma$ 范围的测得值大约只出现三次. 在一般的十几次测量中，几乎不可能出现，所以把 3σ 称为极限误差. 在测量次数相当多的情况下，如果出现测量误差的绝对值大于 3σ 的数据，可以认为这是由于过失引起的异常数据而加以剔除. 这被称为剔除异常数据的"3σ"准则. 它只能用于测量次数 $n > 10$ 的重复测量中，对于测量次数较少的情况，需要采用另外的判别准则.

由概率积分表可得如下一些典型的置信概率

$$P(|\delta| < 1.96\sigma) = 0.950\,0,\quad P(|\delta| < 2\sigma) = 0.954\,5$$

$$P(|\delta| < 2.58\sigma) = 0.990\,1,\quad P(|\delta| < 4\sigma) = 0.999\,9$$

3. 有限次测量与 t 分布. 测量次数趋于无穷只是一种理想情况，这时物理量的概率密度服从正态分布. 当测量次数减少时，概率密度曲线变得平坦（见图 1-1-3），称为 t 分

布，也叫学生分布．

对有限次测量的结果，要保持与无穷次测量同样的置信概率，即概率分布曲线下相等的面积，显然要扩大置信区间，就需要把随机误差乘以一个大于 1 的因子 t．t 因子与测量次数和置信概率有关．表 1-1-1 给出了不同置信概率下 t 因子与测量次数的关系．从表中可以看出，对于 68% 的置信概率，当测量次数 $n>6$ 以后，t 因子与 1 的偏离并不大，故在大学物理实验中，测量的次数最好为 6 ~ 10 次．

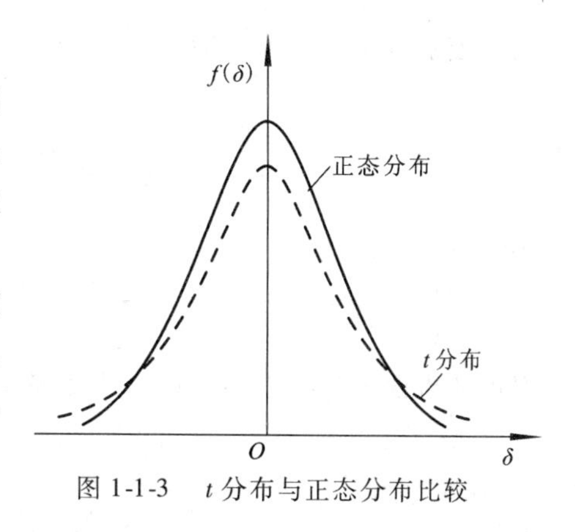

图 1-1-3　t 分布与正态分布比较

表 1-1-1　t 因子与测量次数 n 的关系

P	n										
	3	4	5	6	7	8	9	10	15	20	∞
0.68	1.32	1.20	1.14	1.11	1.09	1.08	1.07	1.06	1.04	1.03	1.00
0.90	2.92	2.35	2.13	2.02	1.94	1.86	1.83	1.76	1.73	1.71	1.65
0.95	4.30	3.18	2.78	2.57	2.46	2.36	2.31	2.26	2.15	2.09	1.96
0.99	9.93	5.84	4.60	4.03	3.71	3.50	3.36	3.25	2.98	2.86	2.58

1.2　直接测量结果随机误差的估算

一、直接测量结果的最佳值

在一定条件下，对某一物理量 x 进行了 n 次等精度的重复测量，获得了 n 个数据，分别为 x_1，x_2，x_2，…，x_n，其该物理量的真值为 x_0，则各次测量的误差分别为

$$\delta_1 = x_1 - x_0$$

$$\delta_2 = x_2 - x_0$$

$$\delta_3 = x_3 - x_0$$

$$\vdots$$

$$\delta_n = x_n - x_0$$

将以上各式相加得

$$\sum_{i=1}^{n} \delta_i = \sum_{i=1}^{n} (x_i - x_0)$$

即

$$\sum_{i=1}^{n} \delta_i = \sum_{i-1}^{n} x_i - nx_0$$

用 $\bar{x}$ 表示算术平均值，即

$$\bar{x}=\frac{x_1+x_2+\cdots+x_n}{n}=\frac{\sum_{i=1}^{n}x_i}{n}$$

于是有

$$x_0=\bar{x}-\frac{1}{n}\sum_{i=1}^{n}\delta_i \tag{1-2-1}$$

根据随机误差的抵偿性特征，当测量次数无限增大时，各个误差的代数和趋近于零，即

$$\lim_{n\to\infty}\sum_{i=1}^{n}\delta_i=0$$

故

$$\lim_{n\to\infty}\bar{x}=x_0 \tag{1-2-2}$$

在实际测量中，只进行有限次数的测量，因此可用算术平均值作为真值的最佳近似值，又称近真值．误差指测量值与真值之差，测量值与平均值之差则称为偏差，又称残余误差，二者有所不同．实际测量中只能得到偏差．

二、多次测量误差

1．标准偏差．真值一般是无法测得的，因而按照式（1-1-4），标准误差也无从计算．根据算术平均值是近真值的结论，在实际计算时用算术平均值 $\bar{x}$ 代替真值，用偏差 $v_i=x_i-\bar{x}$ 来代替误差．

误差理论可以证明，当测量次数 n 有限，用偏差来估算标准误差时，可用如下贝塞尔公式去计算

$$S_x=\sqrt{\frac{\sum_{i=1}^{n}(x_i-\bar{x})^2}{n-1}}=\sqrt{\frac{\sum_{i=1}^{n}v_i^2}{n-1}} \tag{1-2-3}$$

式中，S_x 称为任一次测量值的标准偏差．它是测量次数有限多时标准误差的一个估计值．其代表的物理意义为，如果多次测量的随机误差遵从高斯分布，那么，任意一次测量，测量值误差落在区间（$-S_x$，$+S_x$）之内的可能性（概率）为 68.3%．或者说，它表示这组数据的误差有 68.3% 的概率出现在区间（$-S_x$，$+S_x$）内．

当测量次数 n 足够大时，可以用式（1-2-3）中的 S_x 的值代替式（1-1-4）定义中 σ 的值．

2．平均值的标准偏差．我们通过多次重复测量获得了一组数据，并把求得的算术平均值 $\bar{x}$ 作为测量结果．如果在完全相同的条件下再重复测量该被测量时，由于随机误差的影响，不一定能得到完全相同的 $\bar{x}$，这表明算术平均值本身具有离散性．为了评定算术平均值的离散性，引入算术平均值的标准误差 $\sigma_{\bar{x}}$，可以证明

$$\sigma_{\bar{x}} = \frac{\sigma}{\sqrt{n}} \tag{1-2-4}$$

式中，n 为重复测量次数．算术平均值的标准误差表示算术平均值的误差（即 $\bar{x} - x_0$）落在（$-\sigma_{\bar{x}}$，$+\sigma_{\bar{x}}$）之内的概率为68.3%，或者说区间（$\bar{x} - \sigma_{\bar{x}}$，$\bar{x} + \sigma_{\bar{x}}$）包含真值 $\bar{x}$ 的概率为68.3%．

由式（1-2-4）可见，$\sigma_{\bar{x}}$是测量次数 n 的函数，测量次数越多，算术平均值的标准误差越小，所以多次测量提高了测量的精度．但也不是测量次数越多越好，因为 n 增大只对随机误差的减小有作用，对系统误差则无影响，而测量误差是随机误差和系统误差的综合．所以，增加测量次数对减小误差的价值是有限的．其次，当 σ 一定时，$\sigma_{\bar{x}}$与测量次数 n 的算术平方根成反比，在 $n>10$ 以后，$\sigma_{\bar{x}}$随测量次数 n 的增加而减小得很缓慢．另外，测量次数过多，观测者将疲劳，测量条件也可能出现不稳定，因而有可能出现增加随机误差的趋势．实际上，只有改进实验方法和仪器，才能从根本上改善测量的结果．

同样，由于真值一般是无法测得的，因而按照式（1-2-4），平均值的标准误差也无从计算．所以，用平均值的标准偏差来估算其标准误差，即把式（1-2-4）中的标准误差 σ 用式（1-2-3）中的 S_x 来替代，便可得到算术平均值的标准偏差 $S_{\bar{x}}$为

$$S_{\bar{x}} = \frac{S_x}{\sqrt{n}} = \sqrt{\frac{\sum_{i=1}^{n}(x_i - \bar{x})^2}{n(n-1)}} \tag{1-2-5}$$

上式说明，平均值的标准偏差是 n 次测量中任意一次测量值标准偏差的$\frac{1}{\sqrt{n}}$. $S_{\bar{x}}$小于 S_x，因为算术平均值是测量结果的最佳值，它比任意一次测量值接近真值的机会要大，误差要小．一般在科学研究中测量次数取10～20次，而在大学物理实验中测量次数取5～10次．

3. 平均绝对偏差．平均绝对偏差是对各测量值偏差的绝对值求平均，即

$$\Delta\bar{x} = \frac{|x_1 - \bar{x}| + |x_2 - \bar{x}| + \cdots + |x_n - \bar{x}|}{n} = \frac{1}{n}\sum_{i=1}^{n}|x_i - \bar{x}| \tag{1-2-6}$$

平均绝对偏差 $\Delta\bar{x}$ 表示在一组多次测量中各个数据之间的分散程度，当测量次数 n 趋于无限大时，平均绝对偏差就表示平均绝对误差．这时任一测量值的误差落在区间[$-\Delta\bar{x}$，$+\Delta\bar{x}$]内的概率是57.5%．

平均绝对偏差 $\Delta\bar{x}$ 可靠性较差，当 n 较大时才可靠，但计算较简单，广泛用于一般实验之中．

对于初学者来说，主要树立误差的概念，以及对实验数据的好坏作出粗略的判断，在今后大学物理实验中可以用平均绝对偏差来计算多次测量结果的随机误差．

三、单次测量误差

有些实验由于被测量的变化，或实验所需时间过长，不容许对该量进行多次测量，

也有的实验精度要求不高，或者这一量的误差对整体影响较少．在这种情况下，可以对测量量只测一次．单次测量一般取仪器最小分度值的1/2作为估算误差．例如，用天平称质量，天平的最小分度值为0.02 g，单次测量误差 ΔM 取0.01g.

四、重复测量所得结果相同时的误差

对同一个量测量几次所得结果相同，称为重复测量．此种情况并不说明没有误差，而是仪器的精度不足以反映测量的微小差异．可取仪器最小分度值的1/2作为重复测量时的误差．

通过前面的讨论可以看到，误差一词有两重意义．一是它定义为测量值与真值之差，是确定的，但是一般不可能求出具体的数值；二是当它与某些词构成专用词组时（如标准误差、平均绝对误差），不指具体的误差值，而是用来描述误差分布的数值特征，表示和一定的置信概率相联系的误差范围，是一个统计物理量．这个问题应引起初学者的注意.

注意

当多次测量所求得的误差小于仪器误差时，为了谨慎起见，常取仪器误差作为测量结果误差．

五、测量结果的表示

根据随机误差的统计意义，可以把测量结果（修正了系统误差以后）写成如下形式

$$x=\overline{x}\pm\Delta\overline{x}\ (\text{或}\ S_{\overline{x}}) \tag{1-2-7}$$

该式表示测量结果的范围．x 为测量结果，$\overline{x}$ 是多次测量数据的算术平均值代表近真值，$\Delta\overline{x}$（或 $S_{\overline{x}}$）为平均绝对误差．不能理解为测量结果只有 $\overline{x}+\Delta\overline{x}$ 和 $\overline{x}-\Delta\overline{x}$ 两个值．

六、绝对误差和相对误差

上面所讲的多次测量误差（如标准误差与平均绝对误差）、单次测量误差、重复测量误差都是绝对误差，绝对误差有单位．绝对误差尚不能完全反映出测量质量的好坏程度，还要看它在测量值中所占的比重．因此，引入相对误差的概念．相对误差 $E_x=\dfrac{\Delta x}{x_0}\approx\dfrac{\Delta\overline{x}}{\overline{x}}\times 100\%$，表示绝对误差在整个物理量中所占的比重，一般用百分数表示，也叫百分误差，无单位．例如，测某一物体的质量为1 000 kg，绝对误差为1 g. 而测另一物体的质量为100 kg，而绝对误差也为1 g. 前者的相对误差为0.1%，而后者为1%，所以认为前者较后者更可靠．因而，计算误差时绝对误差、相对误差都要计算．有时先计算相对误差，再用公式 $\Delta\overline{x}\approx\overline{x}\cdot E_x$ 计算绝对误差更方便．

如果待测量有理论值或公认值，则

$$相对误差=\frac{|测量值-公认值|}{公认值}\times 100\%$$

绝对误差、相对误差的结果只取1位或2位有效数字.

1.3 间接测量结果误差的估算——误差传递公式

在很多实验中进行的都是间接测量. 间接测量量的结果是由直接测量量的结果根据一定的数学公式计算出来的. 因为直接测量量都有误差，所以间接测量量也一定存在误差，由直接测量量的误差求间接测量量的误差的公式叫误差传递公式.

一、最大误差传递公式

设待测量 N 是 n 个独立的直接测量量 A，B，C，…，H 的函数，即 $N=f(A, B, C, \cdots, H)$，若各直接测量量的绝对误差分别为 ΔA，ΔB，ΔC，…，ΔH，则间接测量量 N 的绝对误差 ΔN 可通过数学上求全微分的办法来获得，即

$$\mathrm{d}N=\frac{\partial f}{\partial A}\mathrm{d}A+\frac{\partial f}{\partial B}\mathrm{d}B+\frac{\partial f}{\partial C}\mathrm{d}C+\cdots+\frac{\partial f}{\partial H}\mathrm{d}H \tag{1-3-1}$$

由于 ΔA，ΔB，ΔC，…，ΔH 分别相对于 A，B，C，…，H 是一个很小的量，将式(1-3-1)中的 $\mathrm{d}A$，$\mathrm{d}B$，$\mathrm{d}C$，…，$\mathrm{d}H$ 用 ΔA，ΔB，ΔC，…，ΔH 代替，同时 $\mathrm{d}N$ 用 ΔN 来代替，则

$$\Delta N=\frac{\partial f}{\partial A}\Delta A+\frac{\partial f}{\partial B}\Delta B+\frac{\partial f}{\partial C}\Delta C+\cdots+\frac{\partial f}{\partial H}\Delta H$$

由于上式右端各项分误差的符号正负不定，为了谨慎起见，作最不利情况考虑，认为各项分误差将累加，因此将各项分别取绝对值相加，即

$$\Delta N=\left|\frac{\partial f}{\partial A}\right|\Delta A+\left|\frac{\partial f}{\partial B}\right|\Delta B+\left|\frac{\partial f}{\partial C}\right|\Delta C+\cdots+\left|\frac{\partial f}{\partial H}\right|\Delta H \tag{1-3-2}$$

这是实际当中出现的最大误差的情况，因此称为最大误差传递公式. 相对误差为

$$\begin{aligned}E_N&=\frac{\Delta N}{N}=\frac{1}{f(A,B,C,\cdots,H)}\left(\left|\frac{\partial f}{\partial A}\right|\Delta A+\left|\frac{\partial f}{\partial B}\right|\Delta B+\left|\frac{\partial f}{\partial C}\right|\Delta C+\cdots+\left|\frac{\partial f}{\partial H}\right|\Delta H\right)\\&=\left|\frac{\partial \ln f}{\partial A}\right|\Delta A+\left|\frac{\partial \ln f}{\partial B}\right|\Delta B+\left|\frac{\partial \ln f}{\partial C}\right|\Delta C+\cdots+\left|\frac{\partial \ln f}{\partial H}\right|\Delta H\end{aligned} \tag{1-3-3}$$

二、标准误差传递公式

间接测量量的标准误差也是用其标准偏差来进行估算. 若各独立直接测量值的绝对误差分别用标准偏差 S_A，S_B，S_C，…，S_H 等表示，则间接测量值 N 的标准偏差需要用各直接测量值的标准偏差的方和根来合成，即间接测量值的绝对标准偏差为

$$S_N=\sqrt{\left(\frac{\partial f}{\partial A}S_A\right)^2+\left(\frac{\partial f}{\partial B}S_B\right)^2+\left(\frac{\partial f}{\partial C}S_C\right)^2+\cdots+\left(\frac{\partial f}{\partial H}S_H\right)^2} \tag{1-3-4}$$

相对误差为

$$E_N=\frac{S_N}{N}=\frac{1}{f}\sqrt{\left(\frac{\partial f}{\partial A}S_A\right)^2+\left(\frac{\partial f}{\partial B}S_B\right)^2+\left(\frac{\partial f}{\partial C}S_C\right)^2+\cdots+\left(\frac{\partial f}{\partial H}S_H\right)^2} \tag{1-3-5}$$

几种常用的误差传递公式列于表 1-3-1 中，以供参考．从表中可见，对于和或差函数关系，建议先计算出 N 的绝对误差，然后再计算相对误差；对于乘或除函数关系，建议先计算相对误差 E_N，再计算绝对误差．

表 1-3-1　几种常用的误差传递公式

函数关系	最大误差传递公式	标准误差传递公式
$N=A+B$ 或 $N=A-B$	$\Delta N=\Delta A+\Delta B$	$S_N=\sqrt{S_A^2+S_B^2}$
$N=AB$ 或 $N=\frac{A}{B}$	$\frac{\Delta N}{N}=\frac{\Delta A}{A}+\frac{\Delta B}{B}$	$\frac{S_N}{N}=\sqrt{\left(\frac{S_A}{A}\right)^2+\left(\frac{S_B}{B}\right)^2}$
$N=kA$	$\Delta N=k\Delta A$	$S_N=kS_A$
$N=\frac{A^kB^m}{C^r}$	$\frac{\Delta N}{N}=k\frac{\Delta A}{A}+m\frac{\Delta B}{B}+r\frac{\Delta C}{C}$	$\frac{S_N}{N}=\sqrt{\left(\frac{kS_A}{A}\right)^2+\left(\frac{mS_B}{B}\right)^2+\left(\frac{rS_C}{C}\right)^2}$
$N=\sqrt[m]{A}$	$\frac{\Delta N}{N}=\frac{1}{m}\cdot\frac{\Delta A}{A}$	$\frac{S_N}{N}=\frac{1}{m}\cdot\frac{S_A}{A}$
$N=\sin A$	$\Delta N=\lvert\cos A\rvert\Delta A$	$S_N=\lvert\cos A\rvert S_A$
$N=\ln A$	$\Delta N=\frac{1}{A}\Delta A$	$S_N=\frac{1}{A}S_A$

误差传递公式除了可以用来估算间接测量值 N 的误差之外，还可以用来分析各直接测量值的误差对最后结果误差影响的大小．对于那些影响大的直接测量值，可以采取措施，以减少它们的影响，为合理选用仪器和实验方法提供依据．

*1.4　测量不确定度

在所有测量中，测量结果是否有价值取决于测量结果的可信程度．人们习惯用误差来评定测量结果的可信程度．但误差定义为测量结果减去被测量量的真值，其大小反映测量结果偏离真值的程度，而真值是未知的理想概念，这使得误差在实际应用中难以确切求得．为此，国际标准化组织（International Organization for Standardization，ISO）和我国国家质量监督检验检疫总局均建议在表示与评估测量结果时使用不确定度（uncertainty）这一概念，目的是规范测量结果的表示形式，为国际比对提供基础．不确定度（又称测量不确定度）的定义：表征合理赋予被测量的值的分散性，是与测量结果相关联的参数．它表示由于测量误差的存在而对测量值不能肯定的程度，不确定度越小，测量结果的可靠程度越高，实用价值越大．用不确定度来评估测量结果，适用于工业、农业、商业等所有领域的一切测量或应用测量结果的工作．

不确定度与误差的关系是：误差表示测量结果相对真值的差异大小，可能是正值，也可能是负值，而不确定度指测量结果的不肯定程度，其值总是不为零的正值；误差是经典误差理论的核心，是主观不可知的，而不确定度则是现代误差理论的核心，是主观可知的．同时，误差与不确定度都是与测量结果相关联的参数，均由测量结果导出，从不同角度对测量结果进行评价；都具有定量描述的数值，量纲均与被测量量相同；来源都是对测量值的认识不足和测量手段的不完善．

一、测量不确定度的分类

根据评定方法的不同，不确定度可分为两大类．

A 类不确定度：可通过多次重复测量、用统计学方法估算出的不确定度．

B 类不确定度：用其他非统计分析方法估算出的不确定度．

1. A 类不确定度．在 68% 的置信概率下，A 类不确定度 U_A（称为 A 类标准不确定度）用算术平均值的标准偏差来计算，即

$$U_A = S_{\bar{x}} = \frac{\sigma}{\sqrt{n}} = \sqrt{\frac{\sum_{i=1}^{n}(x_i - \bar{x})^2}{n(n-1)}} \tag{1-4-1}$$

当测量结果取所观察到的任一次 x_i 时，A 类不确定度 U_A 用单次测量的标准偏差公式来计算，即

$$U_A = S_x = \sqrt{\frac{\sum_{i=1}^{n}(x_i - \bar{x})^2}{n-1}} \tag{1-4-1′}$$

在物理实验课程中，测量次数一般在 5 ~ 10 次的有限次，其概率密度分布服从较为平坦的 t 分布，这样，要保持同样的置信概率，显然要扩大置信区间，则在有限次测量条件下，A 类不确定度

$$U_A = tS_{\bar{x}} \tag{1-4-2}$$

式中，t 为与测量次数、置信概率有关的 t 因子．不同置信概率下 t 因子与测量次数的关系见表 1-1-1.

【例 1】　测量某一长度得到 9 个值，如表 1-4-1 所示．求该测量列的平均值、标准偏差和置信概率分别为 0. 68、0. 95、0. 99 时的 A 类不确定度．

表 1-4-1　测 量 数 据

次数	1	2	3	4	5	6	7	8	9
L/mm	42. 35	42. 45	42. 37	42. 33	42. 30	42. 40	42. 84	42. 35	42. 29

解　（1）测量列的平均值

$$\bar{x}=\frac{1}{n}\sum_{i=1}^{9}x_i=42.369\ \text{mm}\approx 42.37\ \text{mm}$$

（2）标准偏差

$$S_x=\sqrt{\frac{\sum_{i=1}^{9}(x_i-\bar{x})^2}{n-1}}=0.064\ \text{mm}$$

（3）计算平均值的标准偏差

$$S_{\bar{x}}=\frac{S_x}{\sqrt{n}}=0.021\ \text{mm}$$

（4）各置信概率下的 A 类不确定度 $U_A=tS_{\bar{x}}$，查表 1-1-1，可知测量次数为 9 次时，在置信概率为 0.68，0.95 及 0.99 下的 t 因子分别为 1.07，2.31 和 3.36，得

$$U_A=1.07\times 0.021\ \text{mm}=0.022\ \text{mm}\qquad (P=0.68)$$
$$U_A=2.31\times 0.021\ \text{mm}=0.048\ \text{mm}\qquad (P=0.95)$$
$$U_A=3.36\times 0.021\ \text{mm}=0.071\ \text{mm}\qquad (P=0.99)$$

2. B 类不确定度．A 类不确定度可用平均值的标准偏差来表示（此时置信概率为 68%）．类似地，B 类不确定度 U_B 可以用仪器的最大允许误差来表示（注意此时置信概率 $P=1$），即

$$U_B=\Delta_{仪}\qquad (P=1)\tag{1-4-3}$$

当置信概率为 68% 时，B 类不确定度应表示为

$$U_B=\frac{\Delta_{仪}}{C}\qquad (P=0.68)\tag{1-4-3′}$$

当仪器误差服从正态分布时，式中的 $C=3$；当仪器误差服从均匀分布时，式中的$C=\sqrt{3}$. 在实验中，当不能确定所使用仪器的误差分布时，可根据中国合格评定国家认可委员会的建议，一律按正态分布处理（仪器误差分布呈现正态分布的概率最大）．

二、合成不确定度

当 A 类不确定度 U_A 与 B 类不确定度 U_B 彼此独立时（在大学物理实验教学中，我们假定这一条件总成立），如果已分别得到 A 类和 B 类不确定度，则总的合成不确定度 U 为

$$U=\sqrt{U_A^2+U_B^2}\tag{1-4-4}$$

当两类不确定度存在多个分量时，如 U_{A1}，U_{A2}，…，U_{B1}，U_{B2}，…，则合成不确定度可表示为

$$U=\sqrt{\sum_i(U_{Ai})^2+\sum_i(U_{Bi})^2}\tag{1-4-5}$$

相对不确定度 U_r 为

$$U_r = \frac{U}{\bar{x}} \tag{1-4-6}$$

测量结果可表示为

$$x = \bar{x} \pm U \quad (P = \rho) \tag{1-4-7}$$

式中，$\bar{x}$ 为被测物理量 x 测量值的算术平均值，U 为合成不确定度，括号内的 P 代表置信概率，ρ 为具体的置信概率值，如0.68，0.95 等．结果表达式的含义是：测量值 x 的真值落在（$x-U$，$x+U$）内的概率为 ρ. 区间（$x-U$，$x+U$）又称为置信区间．置信概率为 0.68 的合成不确定度又称合成标准不确定度．

三、扩展不确定度

合成标准不确定度的置信概率仅为 68%，在多数情况下，需要采用诸如 95%，99% 或 99.7% 等较高的置信概率，此时可将合成不确定度乘以一个与置信概率相联系的扩展因子 K，得到增大置信概率的扩展不确定度．扩展不确定度的定义为

$$U_P = KU_{0.68} \tag{1-4-8}$$

当不确定度服从正态分布时（在大学物理实验中，除非另有说明，我们总认为不确定度服从正态分布），扩展因子 K 的取值如下：

当 $P = 0.683$ 时，$K = 1$；

当 $P = 0.950$ 时，$K = 1.96$；

当 $P = 0.955$ 时，$K = 2$；

当 $P = 0.977$ 时，$K = 3$.

今后会有越来越多的测量仪器标明不确定度和相应的置信概率．当一个仪器仅给出测量不确定度而没有给出置信概率时，可认为是 95% 的置信概率．

四、直接测量不确定度的估算

1. 单次测量的不确定度．由于无法采用统计方法来计算单次测量的 A 类不确定度，因此单次测量的合成不确定度就等于 B 类不确定度．

2. 多次测量的不确定度．对于等精度的多次测量，A 类不确定度分量等于算术平均值的标准偏差

$$U_A = S_{\bar{x}} = \sqrt{\frac{\sum_{i=1}^{n}(x_i - \bar{x})^2}{n(n-1)}}$$

B 类不确定度分量主要由仪器误差 $\Delta_{仪}$ 决定

$$U_B = \frac{\Delta_{仪}}{C}$$

对于仪器误差服从正态分布时 C 取 3，服从均匀分布时 C 取$\sqrt{3}$.

合成不确定度为

$$U=\sqrt{U_{\mathrm{A}}^{2}+U_{\mathrm{B}}^{2}}$$

对于有限次的测量，合成标准不确定度表示为

$$U_{0.68}=\sqrt{(tS_{\bar{x}})^{2}+(\Delta_{仪}/C)^{2}} \quad (P=0.683)$$

扩展不确定度为

$$U_{P}=KU_{0.68}$$

【例 2】 一位学生用量程为 0~25 mm 的一级螺旋测微器对一编号为 21 号的铜棒的直径进行了 8 次测量，测量的数据如表 1-4-2 所示，已知螺旋测微器的最大允许误差 $\Delta_{仪}=0.004$ mm，并发现有 −0.003 mm 的零点误差，试给出测量结果.

表 1-4-2 21#铜棒直径的测量数据

次数	1	2	3	4	5	6	7	8
D/mm	3.784	3.779	3.786	3.781	3.778	3.782	3.780	3.778

解 实验数据处理过程如下：

（1）螺旋测微器存在已知的零点误差（像这种符号及数值均已知的系统误差称为已定系统误差），因而首先要修订测量数据中的已定系统误差.

依据 $D_i'=[D_i-(-0.003\ \mathrm{mm})]$ 将原始测量数据逐个修正后，得到一组新的数据 D_i'，如表 1-4-3 所示.

表 1-4-3 修正后的数据

次数	1	2	3	4	5	6	7	8
D/mm	3.784	3.779	3.786	3.781	3.778	3.782	3.780	3.778
D'/mm	3.787	3.782	3.789	3.784	3.781	3.785	3.783	3.781

（2）用新的修正后的数据求出算术平均值 $\overline{D}'=3.784$ mm.

（3）利用贝塞尔公式（1-2-3）来估算标准误差.

$$S_{x}=\sqrt{\frac{\sum_{i=1}^{n}(x_{i}-\bar{x})^{2}}{n-1}}=0.0029\ \mathrm{mm}$$

（4）对原始实验数据进行审核，发现可疑数据并剔除坏数据，采用“3σ”准则，计算 $\delta_i=D'_i-\overline{D}'$，并把 δ_i 与“$3\sigma=3\times0.0029\ \mathrm{mm}=0.0087\ \mathrm{mm}$”进行比较，无异常数据可剔除.

（5）计算 A 类不确定度，它等于平均值的标准偏乘以与测量次数有关的 t 因子，即

$$U_{\mathrm{A}}=tS_{\bar{x}}=t\frac{S_{x}}{\sqrt{n}}$$

对于 68.3% 的置信概率，8 次测量时查表 1-1-1 得 $t=1.08$，故

$$U_A = 0.001\ 1\ \text{mm} \qquad (P=0.68)$$

（6）计算 B 类不确定度（螺旋测微器的仪器误差分布为正态分布）为

$$U_B = \frac{\Delta_{仪}}{3} = 0.001\ 3\ \text{mm}$$

（7）计算总的不确定度为

$$U = \sqrt{U_A^2 + U_B^2} = 0.001\ 7\ \text{mm}\ （取两位有效位数）$$

（8）测量结果可表示为

$$D = (3.784 \pm 0.002)\ \text{mm}$$

（9）相对不确定度

$$U_r = \frac{U}{\overline{D}} = 0.04\%$$

【例 3】　用一数字电压表测电源 7 次，得到的测量结果如表 1-4-4 所示．已知电压表的量程为 1 V，最大允许误差 $\Delta_{仪}=15\ \mu\text{V}$，试处理测量结果．

表 1-4-4　测 量 数 据

次数	1	2	3	4	5	6	7
V/V	0.948 570	0.948 534	0.948 606	0.948 599	0.948 572	0.948 591	0.948 585

解　（1）由题意知电压表的已定系统误差为零，不用对测量数据进行修正．

（2）算术平均值

$$\overline{V} = \frac{1}{n}\sum_{i=1}^{7} V_i = 0.948\ 579\ 6\ \text{V}$$

（3）标准偏差

$$S_V = \sqrt{\frac{\sum_{i=1}^{7}(V_i - \overline{V})^2}{n-1}} = 24\ \mu\text{V}$$

（4）判断异常数据并剔除，无异常数据（省略判断步骤）．

（5）A 类标准不确定度

$$U_A = t\frac{S_V}{\sqrt{n}} = 22\ \mu\text{V}$$

（6）B 类标准不确定度（视为均匀分布）

$$U_B = \frac{\Delta_{仪}}{\sqrt{3}} = 8.6\ \mu\text{V}$$

（7）合成不确定度

$$U=\sqrt{U_A^2+U_B^2}=23.6\ \mu V$$

（8）测量结果表示为

$$V=(0.948\ 580\pm0.000\ 024)\ V\qquad(P=0.68)$$

（9）相对不确定度

$$U_r=\frac{U}{\bar{V}}=0.002\%$$

从以上两例可以看出，对于多次的直接测量，合成不确定度的评估可以按以上九个固定步骤进行．但有时会根据实际情况，省略其中的第（1）步和第（4）步．

五、间接测量不确定度的估算

在很多实验中，我们进行的测量都是间接测量．因为间接测量量是各直接测量量的函数，所以直接测量量的误差必定会给间接测量量带来误差，又称误差传递．

设间接测量量 y 是各相互独立的直接测量量 x_1，x_2，…，x_n 的函数，其函数形式为

$$y=f(x_1,\ x_2,\ \cdots,\ x_n)\tag{1-4-9}$$

则间接测量量 y 的最佳估计值为

$$\bar{y}=f(\bar{x}_1,\ \bar{x}_2,\ \cdots,\ \bar{x}_n)\tag{1-4-10}$$

由于不确定度都是微小的量，因此间接测量量的不确定度可借鉴数学中的全微分形式来进行计算．所不同的是：①要用不确定度 U_{x_1} 等替代微分 dx_1 等；②要考虑到不确定度合成的统计性质．具体做法如下：

首先对函数式（1-4-9）求全微分

$$dy=\frac{\partial f}{\partial x_1}dx_1+\frac{\partial f}{\partial x_2}dx_2+\cdots+\frac{\partial f}{\partial x_n}dx_n\tag{1-4-11}$$

然后用不确定度 U_y，U_{x_1}，U_{x_2}，…，U_{x_n} 替代 dy，dx_1，dx_2，…，dx_n，并对等式右端进行方和根合成，得到间接测量量的不确定度方和根合成公式

$$U_y=\sqrt{\left(\frac{\partial f}{\partial x_1}U_{x_1}\right)^2+\left(\frac{\partial f}{\partial x_2}U_{x_2}\right)^2+\cdots+\left(\frac{\partial f}{\partial x_n}U_{x_n}\right)^2}\tag{1-4-12}$$

对于积商形式的函数，为计算方便，可先对函数式（1-4-9）取对数，得

$$\ln y=\ln f(x_1,\ x_2,\ \cdots,\ x_n)\tag{1-4-13}$$

再对上式求全微分

$$\frac{dy}{y}=\frac{\partial f}{\partial x_1}\cdot\frac{dx_1}{f}+\frac{\partial f}{\partial x_2}\cdot\frac{dx_2}{f}+\cdots+\frac{\partial f}{\partial x_n}\cdot\frac{dx_n}{f}\tag{1-4-14}$$

用不确定度替代后，再进行方和根合成，得到间接测量量的相对不确定度的方和根合成公式

$$\frac{U_y}{\bar{y}}=\sqrt{\left(\frac{\partial f}{\partial x_1}\cdot\frac{U_{x_1}}{f}\right)^2+\left(\frac{\partial f}{\partial x_2}\cdot\frac{U_{x_2}}{f}\right)^2+\cdots+\left(\frac{\partial f}{\partial x_n}\cdot\frac{U_{x_n}}{f}\right)^2}\tag{1-4-15}$$

用式（1-4-12）估算间接测量量的不确定度时，应保证式中各测量量的不确定度具有相同的置信概率．表 1-4-5 给出了常用函数的不确定度传递公式．

表 1-4-5 常用函数的不确定度传递公式

函数表达式	传递（合成）公式
$y = x_1 \pm x_2$	$U_y = \sqrt{U_{x_1}^2 + U_{x_2}^2}$
$y = x_1 x_2$ $y = x_1 / x_2$	$\dfrac{U_y}{y} = \sqrt{\left(\dfrac{U_{x_1}}{x_1}\right)^2 + \left(\dfrac{U_{x_2}}{x_2}\right)^2}$
$y = \dfrac{x_1^k x_2^n}{x_3^m}$	$\dfrac{U_y}{y} = \sqrt{k^2\left(\dfrac{U_{x_1}}{x_1}\right)^2 + n^2\left(\dfrac{U_{x_2}}{x_2}\right)^2 + m^2\left(\dfrac{U_{x_3}}{x_3}\right)^2}$
$y = kx$	$U_y = kU_x$，$\dfrac{U_y}{y} = \dfrac{U_x}{x}$
$y = k\sqrt{x}$	$\dfrac{U_y}{y} = \dfrac{1}{2} \cdot \dfrac{U_x}{x}$
$y = \sin x$	$U_y = \vert \cos x \vert U_x$
$y = \ln x$	$U_y = \dfrac{U_x}{x}$

【例 4】 通过分别测量某一物体在空气中的质量 m 和在一已知密度 ρ_0 的液体中的质量 m_1，可以求得该物体的密度 ρ，这一方法称为流体静力称衡法．被测物体的密度 ρ 可表示为 $\rho = \dfrac{m}{m - m_1}\rho_0$，求 ρ 的不确定度表达式．

解 （1）密度 m 的表达式为积商形式，两边求对数

$$\ln\rho = \ln\left(\frac{m}{m - m_1}\rho_0\right)$$

（2）求全微分，得

$$\frac{d\rho}{\rho} = \frac{dm}{m} - \frac{d\ (m - m_1)}{m - m_1} + \frac{d\rho_0}{\rho_0}$$

$$\frac{d\rho}{\rho} = \frac{-m_1 dm}{m\ (m - m_1)} + \frac{dm_1}{m - m_1} + \frac{d\rho_0}{\rho_0}$$

（3）用不确定度代替微分号，并进行方和根合成，得到相对不确定度的表达式

$$\frac{U_\rho}{\rho}=\sqrt{\left[\frac{m_1U_m}{m\ (m-m_1)}\right]^2+\left(\frac{U_{m_1}}{m-m_1}\right)^2+\left(\frac{U_{\rho_0}}{\rho_0}\right)^2}$$

【例 5】 用单摆法测量重力加速度，$g=4\pi^2L/T^2$，摆长 L 和周期 T 在 0.68 的置信概率下测量的结果分别为 $L=(120.51\pm0.03)$ cm 和 $T=(2.206\pm0.001)$ s. 试求重力加速度的测量结果 .

解 （1）求出重力加速度的最佳值

$$\bar{g}=4\pi^2\bar{L}/\bar{T}^2=9.776\ 2\ \mathrm{m\cdot s^{-2}}$$

（2）根据间接测量不确定度合成公式

$$U=\sqrt{\left(\frac{4\pi^2U_L}{T^2}\right)^2+\left(-\frac{2\times4\pi^2LU_T}{T^3}\right)^2}=0.005\ 1\ \mathrm{m\cdot s^{-2}}$$

（3）$g=$（9.776 2 ±0.005 1）$\mathrm{m\cdot s^{-2}}$（$P=0.68$）

【例 6】 用例 4 的方法测量一不规则的金属块的密度，用天平测得 m 与 m_1 的数据如表 1-4-6 所示 . 同时已知天平的最大允许误差为 0.01 g，在测量过程中液体水的温度在 18～20 ℃变化，求测量结果 .

表 1-4-6 对不规则金属块 7 次测量数据列表 单位：g

次数	1	2	3	4	5	6	7
m	78.459	78.450	78.450	78.454	78.455	78.449	78.453
m_1	68.459	68.448	68.453	68.460	68.459	68.450	68.455

解 依据题意，应先求出各直接量的平均值及不确定度，再根据间接测量量不确定度的传递公式求出 ρ 的合成不确定度，最后写出不同置信概率下的不确定度表达式 .

（1）水的密度随温度及大气压变化，在标准大气压下 18 ℃时水的密度为 0.998 62 $\mathrm{g\cdot cm^{-3}}$，19 ℃时为 0.998 43 $\mathrm{g\cdot cm^{-3}}$，20 ℃时为 0.998 23 $\mathrm{g\cdot cm^{-3}}$，取 19 ℃时水的密度为其平均值 . 实验期间，水密度的最大变化 $\Delta\rho_0=\pm0.000\ 20\ \mathrm{g\cdot cm^{-3}}$（即置信概率等于 1）. 假设实验过程中温度是随机变化的，其误差分布满足正态分布，借用仪器误差的概念，在 68% 的置信概率下 ρ_0 的不确定度为

$$U_{\rho_0}=\frac{\Delta_{\rho_0}}{3}=\pm0.000\ 07\ \mathrm{g\cdot cm^{-3}}$$

（2）m 的最佳值及不确定度为

$$\bar{m}=\frac{1}{7}\sum_{i=1}^{7}m_i=78.452\ 9\ \mathrm{g}\quad（此时有效位数可多取一位）$$

$$S_m=\sqrt{\frac{\sum_{i=1}^{9}(m_i-\bar{m})^2}{n-1}}=0.003\ 5\ \mathrm{g}\quad（用“3\sigma”准则检验无坏值）$$

9 次测量的 A 类不确定度

$$U_{A,m}=t\times\frac{S_m}{\sqrt{n}}=0.001\ 2\ \mathrm{g}$$

天平测量 m 的最大允许误差为 0.01 g，天平的误差分布属于正态分布，m 的 B 类不确定度为

$$U_{B,m}=\frac{\Delta_{仪}}{3}=0.003\ \mathrm{g}$$

用 A 类不确定度与 B 类不确定度的方和根表示测量列 m 的合成不确定度，则有

$$U_m=\sqrt{U_{A,m}^2+U_{B,m}^2}=0.003\ 2\ \mathrm{g}$$

（3）类似 m_1 的最佳值及不确定度分别为

$$\overline{m}_1=68.454\ 9\ \mathrm{g},\ S_{m_1}=0.004\ 7\ \mathrm{g}$$

m_1 的 A 类不确定度

$$U_{A,m_1}=t\times\frac{S_{m_1}}{\sqrt{n}}=0.002\ \mathrm{g}$$

m_1 的 B 类不确定度

$$U_{B,m_1}=\frac{\Delta_{仪}}{3}=0.003\ \mathrm{g}$$

m_1 的合成不确定度

$$U_{m_1}=\sqrt{U_{A,m_1}^2+U_{B,m_1}^2}=0.003\ 6\ \mathrm{g}$$

（4）密度 ρ 的算术平均值（最佳值）

$$\overline{\rho}=\frac{\overline{m}}{\overline{m}-\overline{m}_1}\overline{\rho}_0=7.834\ \mathrm{g\cdot cm^{-3}}$$

（5）参考例 4，可得密度 ρ 的不确定度

$$\frac{U_{\overline{\rho}}}{\overline{\rho}}=\sqrt{\left[\frac{\overline{m}_1U_m}{\overline{m}\ (\overline{m}-\overline{m}_1)}\right]^2+\left(\frac{U_{m_1}}{\overline{m}-\overline{m}_1}\right)^2+\left(\frac{U_{\rho_0}}{\rho_0}\right)^2}=0.000\ 46$$

或

$$U_{\overline{\rho}}=0.004\ \mathrm{g\cdot cm^{-3}}$$

（6）测量结果可表示为

$$\rho=(7.834\pm0.004)\ \mathrm{g\cdot cm^{-3}}\quad (P=0.68)$$

从前面三个例子，我们可以归纳出计算间接测量量不确定度的一般步骤：

（1）根据直接测量不确定度的评估步骤，分别计算各直接测量量的 A 类不确定度、B 类不确定度，并计算每个直接测量量的合成不确定度.

（2）通过各直接测量量的最佳值得到间接测量量的最佳值.

（3）用不确定度传递公式，求出间接测量量的不确定度或相对不确定度.

（4）写出包含置信概率、最佳值、不确定度三要素的测量结果表达形式.

六、微小标准差可忽略判据

从上面的内容我们发现，当间接测量量是多个直接测量量的函数时，间接测量量合成不确定度的计算随着自变量的增多而越来越烦琐．实际上，每个直接测量量的不确定度大小不同，对合成不确定度的贡献也不同，可能只有个别项起作用，其他一些项因为贡献小可忽略不计，这就是微小标准差可忽略判据：当某一测量量的不确定度小于总的合成不确定度的1/6～1/3时，这一小分量的不确定度可以忽略不计．具体分数的取值取决于对测量结果准确度的要求．当取1/3时，忽略微小量会引入5%的误差；当取1/6时，引入的误差约为1.4%．中国合格评定国家认可委员会于2006年制定的《测量不确定度要求的实施指南》中规定："对那些比最大分量的1/3还小的分量不必仔细评估（除非这种分量数目较多）．"因此在教学中我们统一简单约定：当某项不确定度分量小于最大的不确定度分量的1/3时，就可以省略该微小项．

七、不确定度分析在实验设计中的作用

间接测量量的不确定度合成公式除了用来估算间接测量的不确定度之外，还有一个重要的功能，就是可以用它来分析各直接测量值的不确定度对间接测量结果不确定度的贡献，为合理选用测量仪器和实验方法提供依据．

在实际测量中，通常要事先确定待测物理量的不确定度．在对间接测量量不确定度的要求确定后，对各直接测量量的不确定度的要求仍是不定的，只能在某些假定条件下进行不确定度的分配．本教材只介绍比较简单的不确定度等作用假设．它是假定各个不确定度分量对总不确定度有相同的贡献，由此得到各直接测量量的不确定度，进而确定测量各个直接测量量应选用的仪器．

【例7】 根据公式$\rho=\dfrac{4m}{\pi D^2 H}$测量圆柱体的密度，其中$m$、$D$、$H$分别为圆柱体的质量、底面直径和高．现要求对物体密度测量的相对不确定度小于0.5%，若$m\approx 33$ g，$D\approx 12$ mm，$H\approx 35$ mm，那么m、D、H应选择何等级别的仪器进行测量？

解 间接测量量不确定度合成公式为

$$\frac{U_\rho}{\rho}=\sqrt{\left(\frac{U_m}{m}\right)^2+\left(\frac{2U_D}{D}\right)^2+\left(\frac{U_H}{H}\right)^2}$$

根据不确定度等作用假设，令m、D、H三个直接测量量的不确定度具有相等的贡献，即

$$\frac{U_m}{m}=\frac{2U_D}{D}=\frac{U_H}{H}=\frac{1}{\sqrt{3}}\frac{U_\rho}{\rho}$$

则

$$\frac{U_m}{m}\leqslant\frac{0.5\%}{\sqrt{3}},\quad \frac{2U_D}{D}\leqslant\frac{0.5\%}{\sqrt{3}},\quad \frac{U_H}{H}\leqslant\frac{0.5\%}{\sqrt{3}}$$

将 m、D、H 的数值分别代入上面三式，计算得

$$U_m \leqslant 0.095\ \text{g}, \quad U_D \leqslant 0.017\ \text{mm}, \quad U_H \leqslant 0.1\ \text{mm}$$

由相应产品说明书可查得：感量为 0.05 g 的物理天平的仪器最大允差不会超过 0.05 g；0 ~ 25 mm 的一级千分尺的仪器最大允许误差为 0.004 mm；量程为 0 ~ 300 mm、分度值为 0.05 mm 的游标卡尺的仪器最大允许误差为 0.05 mm. 因此，称量圆柱体的质量可选用感量为 0.05 g 的物理天平；测量底面直径选用 0 ~ 25 mm 的一级千分尺；测量高度选用 0 ~ 300 mm、分度值为 0.05 mm 的游标卡尺便可满足要求.

按等作用假设对不确定度进行分配后，有可能对某些值的测量要求过于严格，有些则过于宽松. 同上，有时还需要根据具体情况进行调整，直至满足要求.

【例 8】　对电流、电压及电阻的测量精度分别为 $\frac{U_I}{I} = 2.5\%$，$\frac{U_V}{V} = 2.0\%$，$\frac{U_R}{R} = 1.0\%$. 试给出间接测量电功率的最佳测量方案.

解　利用电流、电压及电阻的测量来间接测量功率的方法有三种：

（1）$P = VI$，则 $\frac{U_P}{P} = \sqrt{\left(\frac{U_I}{I}\right)^2 + \left(\frac{U_V}{V}\right)^2} = 3.2\%$；

（2）$P = \frac{V^2}{R}$，则 $\frac{U_P}{P} = \sqrt{\left(\frac{2U_V}{V}\right)^2 + \left(\frac{U_R}{R}\right)^2} = 4.1\%$；

（3）$P = I^2R$，则 $\frac{U_P}{P} = \sqrt{\left(\frac{2U_I}{I}\right)^2 + \left(\frac{U_R}{R}\right)^2} = 5.1\%$.

第一种方法在测量电功率时的不确定度最小，因此是最佳测量方案.

1.5　有效数字及其计算

实验中总要记录很多测量值，并进行计算，但是，记录数据时应取几位？运算后有应保留几位？这些问题均涉及实验数据的有效数字位数与修约规则.

一、有效数字简介

对物理量进行测量，其结果总是要有数字表示出来的. 正确而有效地表示出测量结果的数字称为有效数字. 它是由测量结果中可靠的几位数字加上可疑的一位数字构成. 有效数字中的最后一位虽然是有可疑的，即有误差，但读出来总比不读要精确. 它在一定程度上反映了客观实际，因此它也是有效的. 例如，用具有最小刻度为毫米的普通米尺测量某物体长度时，其毫米的以上部分是可以从刻度上准确地读出来的. 我们称为准确数字. 而毫米以下的部分，只能估读一下它是最小刻度的十分之几，其准确性是值得怀疑的. 因此，我们称它为可疑数字. 若测量长度 $L = 15.2$ mm，“15”这两位是准确的，而最后一位“2”是可疑的，但它也是有效的，因此，对测量结果 15.2 mm 来说，这三位都是有效

的，称为三位有效数字．

为了正确有效地表示测量结果，使计算方便，对有效数字做如下的规定：

1. 物理实验中，任何物理量的数值均应写成有效数字的形式．

2. 误差的有效数字一般只取一位，最多不超过两位．

3. 任何测量数据中，其数值的最后一位在数值上应与误差最后一位对齐（相同单位、相同10次幂情况下）．如 $L=(1.00\pm0.02)$ mm，是正确的，$I=(360\pm0.25)$ μA 或 $g=(980.125\pm0.03)$ cm/s^2 都是错误的．

4. 公式中2、1/2、$2^{\frac{1}{2}}$，π 及光速 c 等常数，可认为其有效数字位数是无限的．

5. 当0不起定位作用，而是在数字中间或数字后面时，和其他数据具有相同的地位，都算有效数字，不能随意省略．如31.01、2.0、2.00中的0，均为有效数字．

6. 有效数字的位数与单位变换无关，即与小数点位置无关．如 $L=11.3$ mm $=1.13$ cm $=0.011\ 3$ m $=0.000\ 011\ 3$ km 均为三位有效数字．由此，也可以看出：用以表示小数点位置的“0”不是有效数字，或者说，从第一位非零数字算起的数字才是有效数字．

7. 在记录较大或较小的测量量时，常用一位整数加上若干位小数再乘10的幂的形式表示，称为有效数字的科学计数法．如测得光速为 2.99×10^8 m/s，有效数字为三位．电子质量为 9.11×10^{-31} kg 有效数字也是三位．

二、有效数字的运算法则

由于测量结果的有效数字最终取决于误差的大小，所以先计算误差，就可以准确知道任何一种运算结果所应保留的有效数字，这应该作为有效数字运算的总法则．此外，当数字运算时参加运算的分量可能很多，各分量的有效数字也多少不一，而且在运算中，数字越来越多，除不尽时，位数也越写越多，很是繁杂．我们掌握了误差及有效数字的基本知识后，就可以找到数字计算规则，使得计算尽量简单化，减少徒劳的计算．同时也不会影响结果的精确度．

1. 舍入原则．通常的法则是四舍五入，而对于大量尾数都是五的数据来讲，这样的舍入是很不合理的，因为总是入的机会大于舍的机会．现在通用的法则为：“尾数小于五舍去，大于五入，等于五则把尾数的前位凑成偶数”（此处的尾数是指所有去掉部分）．这种舍入原则使尾数入与舍的机会均等．

例如，1.545 003 取三位有效数字为1.55（去掉部分0.005 003比0.005大）；1.548 6取三位有效数字为1.55；1.545 0取三位有效数字为1.54.

2. 加减法．几个数相加减时，最后结果的有效数字尾数要和参加运算的各因子中尾数最靠前的因子取齐，即“尾数对齐”．

例如，$123.4+5.678=129.1$；$215.6-82.624=133.0$.

具体计算时步骤如下：

（1）找出各分量中具有最大误差的量（也可按同等单位下，小数点后位数最少）.

（2）以这个分量为标准，把其他的各分量的数值化简，使它们的末位与之对齐（仍按舍入法则取舍）.

（3）进行结果的计算.

（4）根据误差传递公式计算误差.

（5）由绝对误差定结果的有效数字.

【例9】 已知 $N=\frac{1}{2}A-B+C-D$，式中 $A=(38.206\pm0.001)$ cm，$B=(13.2489\pm0.0001)$ cm，$C=(161.25\pm0.01)$ cm，$D=(21.3\pm0.5)$ cm. 试求 N.

解 以 D 为标准化简，$\frac{1}{2}A=19.103$，取 19.1；B 取 13.2；C 取 161.2.

$$N=(19.1-13.2+161.2-21.3)\ \text{cm}=145.8\ \text{cm}$$

由误差传递公式知

$$\Delta N=\frac{1}{2}\Delta A+\Delta B+\Delta C+\Delta D=(0.0005+0.0001+0.01+0.5)\ \text{cm}=0.5506\ \text{cm}$$

误差取一位有效数字

$$\Delta N=0.6\ \text{cm}$$

$$N=(145.8\pm0.6)\ \text{cm}$$

3. 乘除法. 几个数相乘除，结果的有效数字位数与参与运算的诸因子中有效数字位数最少的一个相同，即“位数取齐”.

例如，$2.5\times800=2.0\times10^3$；$788\div0.2=4\times10^3$. 具体计算时步骤如下：

（1）找出分量中具有最少有效数字的量.

（2）以这个分量为标准，把其他各分量（包括常量，如 π 等）的数值化简，使它们的有效数字的位数与之相同（按舍入原则）.

（3）进行计算，结果与有效数字最少的分量的位数相同或多一位.

（4）由绝对误差定结果的有效数字.

（5）对误差的计算要注意：凡参与计算误差的量，有效数字最多取两位.

【例10】 计算圆柱体的密度 $\rho=\frac{4M}{\pi D^2H}$，各量测量结果为：$M=(236.12\pm0.02)$ g，$D=(2.345\pm0.005)$ cm，$H=(8.21\pm0.01)$ cm，求密度 ρ，并写成 $\rho\pm\Delta\rho$ 的形式.

解 各量中 H 的有效数字最少，为三位，D 化简为 2.34，M 化简为 236，得

$$\rho=\frac{4\times236}{3.14\times2.34^2\times8.21}\ \text{g/cm}^3=6.688\ \text{g/cm}^3\text{（多保留 1 位）}$$

相对误差为

$$E_\rho=\frac{\Delta\rho}{\rho}=\frac{\Delta M}{M}+2\frac{\Delta D}{D}+\frac{\Delta H}{H}$$

$$=\frac{0.02}{2.36\times10^{2}}+2\times\frac{0.005}{2.34}+\frac{0.01}{8.21}=0.56\%$$

绝对误差为

$$\Delta\rho=\rho\cdot E_{\rho}=6.688\times0.56\%\ \text{g/cm}^3=0.037\ \text{g/cm}^3$$

故

$$\rho=(6.688\pm0.037)\ \text{g/cm}^3$$

如果密度ρ的结果与有效数字位数最少的相同，取6.69g/cm^3，有

$$\rho=(6.69\pm0.04)\ \text{g/cm}^3$$

【思考与练习题】

1. 用0～25 mm的螺旋测微器测球的直径五次，数据分别为（单位mm）：1.679、1.670、1.676、1.673、1.672，试求直径的平均值、绝对误差、相对误差及结果的表达式（绝对误差要用平均绝对误差和平均标准偏差两种方法来计算）.

2. 试利用有效数字运算法则计算下列各式的结果.

（1）$98.754+1.35$；（2）$107.5010-2.51$；

（3）111×0.100；（4）$237.5\div0.101$；

（5）$\dfrac{76.00}{40.0-2.00}$；（6）$\dfrac{800.0\pi}{(200+1.00\times10^{-4})\times50}$.

3. 下列结果表达式或说法是否正确？如不正确请改正.

（1）$L=(10.435\pm0.1)$ cm　（2）$t=(85.2\pm0.1)$ s

（3）$L=12.0\text{km}\pm100\text{m}$　（4）$d=(2.2207\pm5\times10^{-4})$ m

（5）28 cm＝280 mm　（6）20 mm＝0.02 m

（7）$0.0221\times0.0221=0.00048841$

（8）用同一仪器测量两个长度量，结果可写成$l_1=(400.0\pm0.8)$ cm、$l_2=(5.0\pm0.1)$ cm，则l_1的相对误差大.

4. 据尾数舍入法则将下列各值取五位有效数字.

（1）$\pi=3.14159265$；（2）$t=1.00005$ s；

（3）$m=4.80325\times10^{-10}$g；（4）$g=980.13500$ cm/s^2.

5. 计算下列间接测量量的绝对误差ΔN、相对误差E_N，并写出间接测量量的结果表达式$N\pm\Delta N$.

（1）$N=A+B-\frac{1}{3}C$. 其中$A=(0.5768\pm0.0002)$cm，$B=(85.07\pm0.02)$cm，$C=(3.247\pm0.002)$cm.

（2）$N=\dfrac{4M}{\pi D^2H}$. 其中$M=(236.124\pm0.010)$g，$D=(2.345\pm0.005)$cm，$H=(8.201\pm0.012)$cm.

6. 写出下列函数的最大误差.

（1）$N=3A-5B+2C$，$\Delta N=$____________.

（2）$N=4\pi\dfrac{A^2B^3}{C^4}$，$E_N=$____________.

*7. 分别写出下列各式的不确定度传递公式.

（1）$Q=\frac{x-y}{x+y}$；　　（2）$N=\frac{1}{A}(B-C)D^2-\frac{1}{2}A$；

（3）$N=\frac{A^2-B^2}{4C}$；　　（4）$V=\frac{\pi d^2 h}{4}$.

*8. 用千分尺（仪器最大误差为 ±0.004 mm）测量一钢球直径 6 次，测量数据为 14.256 mm，14.278 mm，14.262 mm，14.263 mm，14.258 mm，14.272 mm；用天平（仪器最大误差为 ±0.06 g）测量它的质量一次，测量值为 11.84 g，试求钢球密度及不确定度.

第2章　实验数据处理

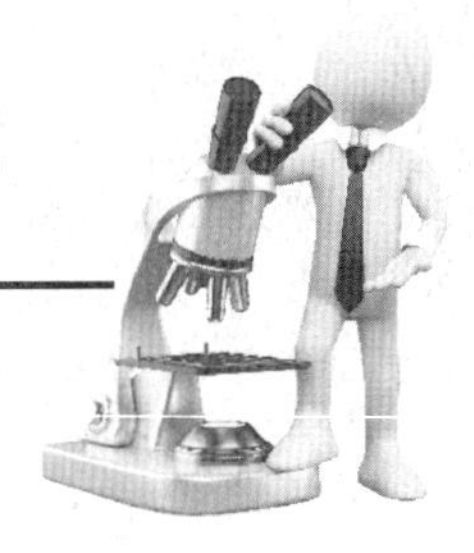

2.1　实验数据处理的方法

一、列表法

对一个物理量进行多次测量，或者测量几个量之间的函数关系，往往借助于列表法把实验数据列成表格．列表法就是将一组实验数据中的自变量、因变量中的各个数值，依一定的形式和顺序一一对应的列出来．其优点是简单明了，便于比较．所列表格没有统一的格式，一般应注意以下几点：

1. 根据实验具体要求（如哪些量是单次测量量，数据间的关系以及实验条件等）列出适当的表格，在表格上方简明扼要地写上表的名称．

2. 表内标题栏内注明物理量的名称、符号和单位．而不要把单位记在数字后．

3. 数据要正确地反映测量的有效数字．

4. 表格力求简单、清楚、分类明显．

二、作图法

作图法是研究物理量的变化规律、找出物理量间的函数关系、求出经验公式的最常用的方法之一．它可以把一组数据之间的关系或其变化情况用图线直观地表示出来．利用作图法得出的曲线，能迅速地读出在一定范围内一个量所对应的另一个量，能从图中很简便地求出实验所需的某些数据，在一定条件下还可以从曲线的延伸部分读出测量数据以外的数据点．

作图要遵从以下的规则：

1. 选用合适的坐标纸．坐标纸有直角坐标纸、对数坐标纸、半对数坐标纸和极坐标纸等几种．在物理实验中常用的是直角坐标纸（又称毫米方格坐标纸）．

2. 确定坐标轴并标度．通常用横坐标表示自变量，纵坐标表示因变量．在坐标轴的末端要注明物理量的符号和单位．坐标比例的选取，原则上做到数据中的可靠数字在图中是可靠的．坐标比例的选取应以便于读数为原则，一般情况，坐标轴的起点不一定从零开始，以使画出的图线能比较对称地充满整个图纸．

3. 描点和连线．用一定的符号，如“+”、“×”、“⊙”等将数据点准确地标明在坐标纸上．同一坐标纸上不同图线的数据点应用不同的符号以示区别．然后用直尺或曲线板把数据点连成直线或光滑的曲线．连线时要根据数据点的分布趋势，使其均匀分布在图线两侧，且使图线通过尽可能多的数据点．个别偏离图线很远的点要重新审核，进行分析后决定取舍．这样描绘出来的图线有“取平均”的效果．对于仪器仪表的校正曲线和定标曲线，连接时应将相邻的两点连成直线，整个图线呈折线形状．

4. 注解和说明．在图纸上明显处注明图线名称、作图者姓名、日期以及实验需满足的条件（温度、压力等）．根据已画出的实验图线，可以用解析方法求出图线上各种参数及物理量之间的关系即经验公式．尤其当图线是直线时，图解法最为方便．直线图解法首先是求出斜率 a 和截距 b，进而得出直线方程 $y = ax + b$．其步骤如下：

（1）求斜率．在直线上取相距较远的两点 A（x_1，y_1）和 B（x_2，y_2）．因为直线不一定通过原点，所以不能用一点求斜率．这两点不一定是实验数据点，但一定要是直线上的点，在所取的点旁边注明其坐标值，将它们的坐标代入直线方程得到斜率

$$a = \frac{y_2 - y_1}{x_2 - x_1} \tag{2-1-1}$$

通常该斜率是一个有单位的物理量．

（2）求截距．若横坐标起点为零，则可将直线用虚线延长得到与纵坐标轴的交点，便可求出截距．若起点不为零，则可用下式计算截距

$$b = \frac{x_2 y_1 - x_1 y_2}{x_2 - x_1} \tag{2-1-2}$$

三、差值法

差值法是利用两次实验中自变量的改变量 ΔX 和函数的改变量 ΔY 求待测量物理量的方法．目的是减小或消除某些系统误差．例如，用拉伸法测量钢丝的劲度系数 k，若仅加力测一次，有

$$F = k\ (L - L_0)$$

其中 $L - L_0$ 包含了钢丝由弯曲变直造成的伸长，必然存在系统误差．若改变力测两次，其关系为

$$F_1 = k\ (L_1 - L_0)$$

$$F_2 = k\ (L_2 - L_0)$$

两式相减得

$$F_2 - F_1 = k\ (L_2 - L_1)$$

由此式求 k 就能消除上述误差．

差值法是在测量中常用的一种方法．例如，通过作直线图求斜率来求取物理量的方法、逐差法等都是由差值法的基础上发展来的，所以都具有差值法的优点．

四、逐差法

逐差法是人们为了改善实验数据结果、减小误差影响而引入的一种实验及数据处理方法．这种要求实验过程中不断改变自变量，从而实现多次测量．表 2-1-1 给出在气轨上弹簧振子的简谐振动实验数据，表 2-1-1 中，m_i 是振子质量，T_i 是振动周期，K 是弹簧的劲度系数．考虑弹簧的等效质量 m_0，周期公式应该是 $T=2\pi\sqrt{(m+m_0)/K}$. 在数据处理时，求 $m_{i+4}-m_i$ 和 $T_{i+4}^2-T_i^2$ 的差值，再利用 $K_i=4\pi^2\dfrac{m_{i+4}-m_i}{T_{i+4}^2-T_i^2}$分别求出相应的 K_i，最后对各个 K_i 进行统计处理．

表 2-1-1　简谐振动中测量的数据

i	m_i/g	T_i/s	T_i^2/s^2	$(m_{i+4}-m_i)$ /g	$(T_{i+4}^2-T_i^2)$ /s^2	K/ (N/m)
1	773.2	2.5594	6.5505	794.2	6.688	4.688
2	979.2	2.8784	8.2852	792.5	6.691	4.676
3	1170.2	3.1450	9.8910	793.5	6.708	4.670
4	1366.3	3.3961	11.533	803.1	6.797	4.665
5	1567.4	3.6385	13.239			
6	1771.7	3.8699	14.976			
7	1963.7	4.0742	16.599			
8	2169.4	4.2813	18.330			

1. 逐差法具有的优点：

（1）充分利用了测量所得的数据，对数据具有取平均的效果．如例中所有数据都参与了运算．

（2）可以消除一些定值系统误差，求得所需要的实验结果．如周期公式中明显受弹簧 m_0 的影响．如果不进行差值运算，弹簧的等效质量 m_0 不能被忽视，直接由 $K=4\pi^2m/T^2$计算出的结果就会偏小．进行了差值运算，结果不受 m_0 的影响．

逐差法是目前实验中常用的一种数据处理方法．这种方法除了具备差值法的优点外，还可以方便地验证两个变量之间是否存在多项式关系，发现实验数据的某些变化规律等．与差值法比较，其突出的改变自变量必须等间距变化．

综上所述，把符合线性函数的测量值分成两组，相隔 $k=\dfrac{n}{2}$（n 为测量次数）项逐项相减，这种方法叫逐差法．逐差法除了上述两种用途外，还可以用来发现系统误差或实验数据的某些变化规律．即当我们假定函数为某种多项式形式，用逐差法去处理测量数据而未得到预期的结果时，就可以认为存在某种系统误差；或者根据数据的变化规律对假定的公式作进一步的修正．

2. 逐差法的应用条件. 在具备以下两个条件时，可以用逐差法处理数据.

（1）函数可以写成 x 的多项式形式，即

$$y = a_0 + a_1 x$$

或
$$y = a_0 + a_1 x + a_2 x^2$$

或
$$y = a_0 + a_1 x + a_2 x^2 + a_3 x^3$$

等等.

实际上，由于测量精度的限制，三次以上逐差已很少应用.

有些函数可以经过变换写成以上形式时，也可以用逐差法处理. 如弹簧振子的周期公式 $T = 2\pi\sqrt{m/K}$可以写成

$$T^2 = \frac{4\pi^2}{K}m$$

即 T^2 是 m 的线性函数.

阻尼振动的振幅衰减公式 $A = A_0 e^{-\beta t}$可以写成

$$\ln A = \ln A_0 - \beta t$$

即 $\ln A$ 是 t 的线性函数.

（2）自变量 x 是等间距变化，即

$$x_{i+1} - x_i = C$$

式中，C 为一常数.

除上述四种实验数据处理的方法外，还有最小二乘法等，在此不再赘述.

2.2　用 Excel 软件处理实验数据

Excel 软件是 Microsoft 公司出品的 Office 办公软件的一个组件，它可用来制作电子表格，完成复杂的数据运算，进行数据分析及预测，还具备强大的制图功能. 其中，Excel 的数据运算及曲线拟合功能可用于物理实验数据的处理及分析，以下对物理实验中常用的一些功能作简单介绍.

打开 Excel 软件，创建一个新的工作簿，每个工作簿默认包含三个工作表（Sheetl，Sheet2，Sheet3），每个工作表由行和列组成，列序号用 A，B，C，… 表示，行序号用 1，2，3，…表示，如 A4、B2 分别表示 A 列中的第 4 个数和 B 列中的第 2 个数，如图 2-2-1 所示.

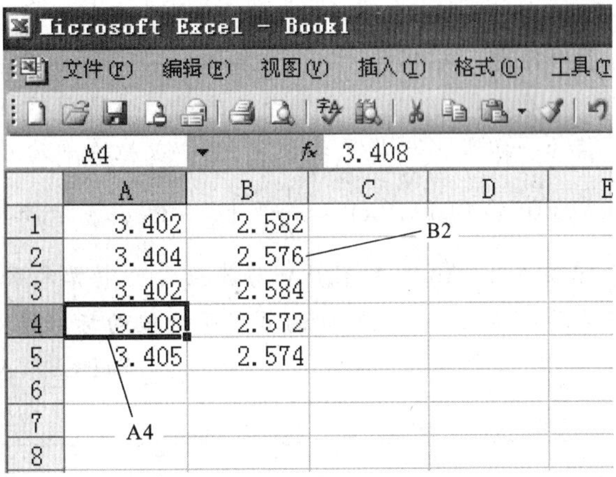

图 2-2-1　Excel 的窗口界面

在 Excel 中，有着非常丰富的函数，我们可以方便地调用这些函数来对实验数据进行处理.

一、物理实验中常用的 Excel 函数

1. 求和函数 SUM. 该函数用于计算单元格区域中所有数的和.

例如，SUM（A1：An）表示计算 A 列中第 1 个数 A1 到第 n 个数 An 的总和 $\sum_{i=1}^{n} A_i$.

2. 求平均值函数 AVERAGE. 该函数用于计算单元格区域中选定数的平均值.

例如，AVERAGE（B1：Bn）或 AVERAGE（B1，B2，B3，…，Bn）表示计算 B 列中第 1 个数到第 n 个数的算术平均值.

$$\overline{B} = \frac{1}{n}\sum_{i=1}^{n} B_i.$$

3. 求标准偏差函数 STDEV. 该函数用于计算得到数据的标准偏差，其值反映了测量值相对于平均值的离散程度.

例如，STDEV（D2：Dn）表示计算 D 列中第 2 个数据到第 n 个相对于平均值的标准偏差. 在 Excel 软件中，对标准偏差函数 STDEV 的定义为

$$\text{STDEV（X1：Xn）} = \sqrt{\frac{n\sum_{i=1}^{n} x_i^2 - \left(\sum_{i=1}^{n} x_i\right)^2}{n(n-1)}},$$

不难证明

$$\sqrt{\frac{n\sum_{i=1}^{n} x_i^2 - \left(\sum_{i=1}^{n} x_i\right)^2}{n(n-1)}} = \sqrt{\frac{\sum_{i=1}^{n}(x_i - \overline{x})^2}{n-1}}$$

注意

在 Excel 中，定义了一个函数：平均值的标准偏差 AVEDEV，该函数计算结果返回值为一组数据与其平均值的绝对偏差的平均值，用于评测这组数据的离散度. 例如，AVEDEV（C1：Cn）$=\frac{1}{n}\sum_{i=1}^{n}\left|C_i - \overline{C}\right|$，表示计算 C 列中第一个数到第 n 个数的平均值的标准偏差. 函数 AVEDEV 与物理实验中算术平均值的标准偏差 $S_{\overline{x}}$ 有本质上的不同. 在实验教学上，我们默认的算术平均值的标准偏差的定义等效于

$$S_{\overline{x}} = \frac{\text{STDEV（X1：Xn）}}{\sqrt{n}}$$

4. 求两组数的相关系数函数 CORREL. 该函数用于计算单元区域中两组数据之间的相关系数.

例如，COR = CORREL（A：B）= CORREL（A1：An，B1：Bn），表示 A，B 两列数据的相关系数．如果两列数据的个数不等，返回的相关系数是空值．

二、Excel 软件中直线拟合的方法

在物理实验中，最小二乘法的线性回归法是处理实验数据的一个重要方法，但计算量较大．Excel 软件中提供了计算直线方程参数的现成函数，主要用到的有以下两种：

1. 直接利用函数求出拟合曲线参数．直线拟合中需要计算得到的参量有直线的斜率 k、截距 b、相关系数 r 和应变量的标准偏差 σ_y，设 y_1，y_n，x_1，x_n 分别表示 Excel 数据表中应变量和自变量的数值．则可调用 Excel 软件中的以下函数来得到直线方程的参数．

SLOPE：该函数用于计算得到线性回归拟合直线方程的斜率 k，函数形式为

$$k = \mathrm{SLOPE}\ (\mathrm{yl:\ yn,\ xl:\ xn})$$

INTERCEPT：该函数用于计算线性回归拟合直线方程的截距 b，函数形式为

$$b = \mathrm{INTERCEPT}\ (\mathrm{yl:\ yn,\ xl:\ xn})$$

CORREL：该函数用于计算得到 x 和 y 的相关系数 r，函数形式为

$$r = \mathrm{CORREL}\ (\mathrm{yl:\ yn,\ xl:\ xn})$$

STEYX：该函数用于计算得到应变量 y 的标准偏差 S_y，函数形式为

$$S_y = \mathrm{STEYX}\ (\mathrm{yl:\ yn,\ xl:\ xn})$$

2. 插入图表后直接显示参数．直接显示参数的这种方法是在选定数据后，根据这些数据在 Excel 中插入图表．在插入的图表中选择“标准类型”中的“XY 散点图”，再从所示的散点图中选择“平滑散点图”，即可得到带数据点的平滑曲线．为了显示曲线相关参数，再在菜单栏中“图表”下拉菜单中选择“添加趋势线”中的“线性类型”命令，选中“显示公式”和“显示 R 平方值”，这样即可在图中显示方程 $y = kx + b$ 及相关系数 R^2，如图 2-2-2 所示，测量钢丝杨氏模量中测得的一些数据，可以用所得斜率 0.033 6 N/m去求杨氏模量．

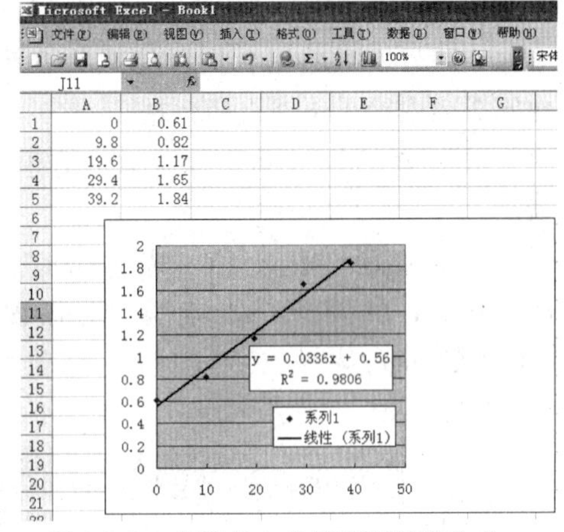

图 2-2-2　由图表中直接得到经验公式

2.3　用 Origin 软件绘制实验图表

目前科学绘图及数据处理软件除 Excel 软件外，还有 Origin、SigmaPlot 和 Axum 等. Origin 使用简单，兼容性好，是科技工作者常用的一种科学绘图及数据处理软件．

Origin 是一个多文档界面（Multiple Document Interface）的应用程序．它将用户所有

的工作窗口都保存在 *.OPJ（Project）文件中，打开时窗口都按保存时的位置弹出．另外，各子窗口也可以单独保存，以便被其他项目文件调用．一个项目文件可以包括多个子窗口，子窗口可以是工作表（Worksheet）窗口、绘图（Graph）窗口、函数绘图（FunctionGraph）窗口、矩阵（Matrix）窗口和版面设计（Layout）窗口等，并且项目文件中的各窗口相互关联，可以实现数据实时更新．

Origin 软件包含了物理实验中所用到的数据处理功能和绘图功能，下面举例说明．

一、数据处理

【例 1】 用一级千分尺对小球直径测量 8 次，测量结果如表 2-3-1 所示．

表 2-3-1　一级千分尺测量结果

测量次数	1	2	3	4	5	6	7	8
D/mm	0.975	0.974	0.981	0.979	0.980	0.972	0.982	0.970

要求用 Origin 软件的数据处理功能计算小球的直径平均值$\overline{D}$、单次测量值实验标准误差 S_D 及平均值的实验标准误差 $S_{\overline{D}}$.

解　打开 Origin 软件，工作界面如图 2-3-1 所示，双击数据工作表 Date1 中第 1 列表头，弹出列属性对话框，修改 ColumnName 为 N；在 label 区输入“测量次数”，确定后在第 1 列表中输入测量次数数据；同样修改第 2 列的属性及在第 2 列中输入小球直径数据．

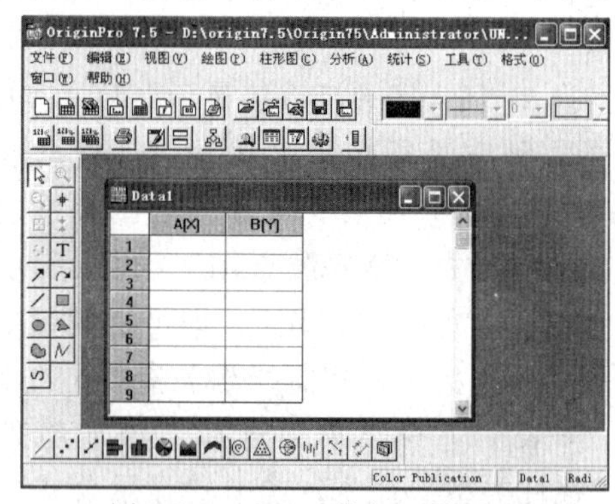

图 2-3-1　Origin 的窗口界面

选中第 2 列，单击 统计列 ，结果如图 2-3-2 所示.

图 2-3-2 中，Mean（Y）表示小球直径的平均值 $\overline{D}$ = 0.976 62 mm，sd 表示标准误差 S_D = 0.004 47 mm，se 表示平均值的标准偏差 $S_{\overline{D}}$ = 0.001 15 mm.

	Col(X)	Rows(Y)	Mean(Y)	sd(yEr±)	se(yEr±)	Min(Y)	Max(Y)	Range(Y)	Sum(Y)	N(Y)
1	D	[1:8]	0.97662	0.00447	0.00158	0.97	0.982	0.012	7.813	8
2										
3										

图 2-3-2　用 Origin 处理实验数据

二、绘图及曲线的拟合

【例 2】 用 Origin 软件绘制一小球做自由落体运动时，下落的位移 s 与时间 t 的关系曲线．实验测量的数据如表 2-3-2 所示．

表 2-3-2 实验测量数据

s/m	0.00	0.20	0.40	0.60	0.80	1.00	1.20
t/s	0.000	0.198	0.296	0.341	0.417	0.443	0.508

解 启动 Origin 软件，将上表数据输入数据工作表中，并修改有关数据工作表的设置，如图 2-3-3 所示．选中数据表中两列数据，选择主菜单 Plot 中的 Line + Symbol 命令，可自动绘出 Graph1 图，如图 2-3-4 所示．

双击 Graph1 图中的"XAxisTitle"和"YAxisTitle"，分别修改为"时间 t/s"和"距离 s/m"；选择主菜单 Analysis 中的 FitPolynomial（多项式拟合）命令，自动得出拟合曲线和拟合参数，如图 2-3-5 和图 2-3-6 所示，即 s 和 t 的关系为

$$s = 4.448\,77t^2 + 0.157\,42t - 0.003\,29 \approx \frac{1}{2}gt^2$$

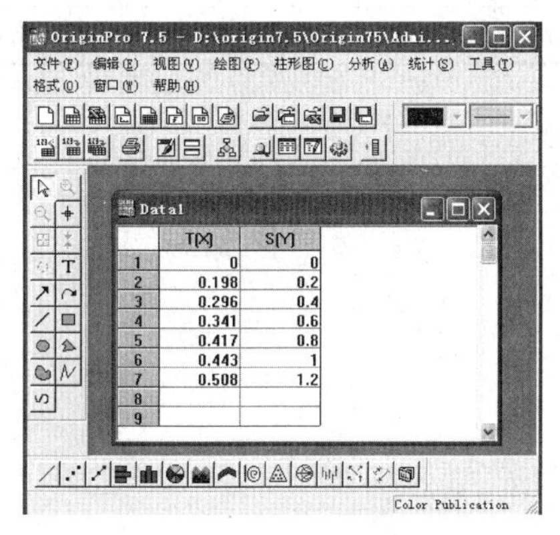

图 2-3-3 数据表

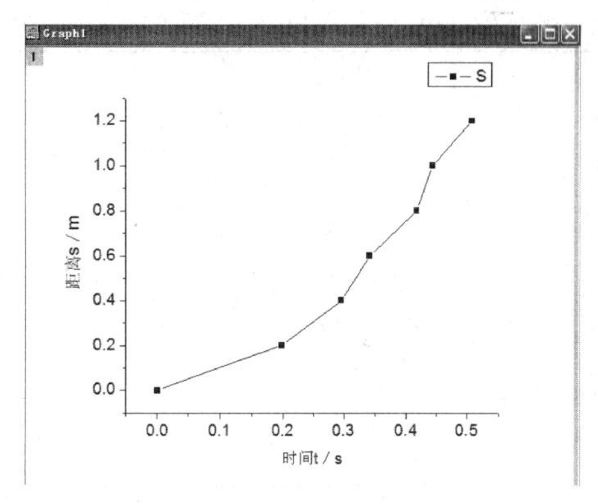

图 2-3-4 点线图

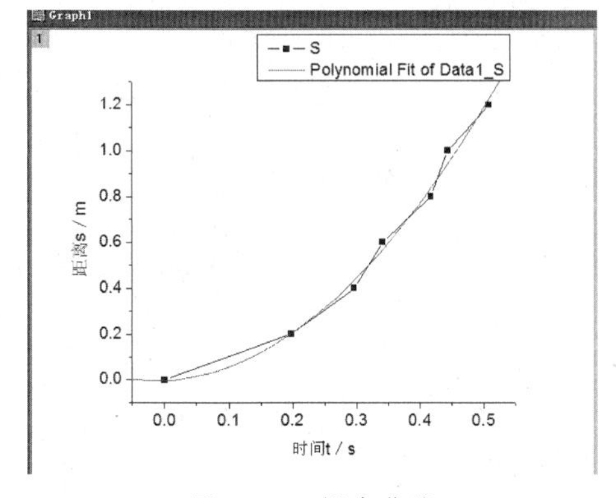

图 2-3-5 拟合曲线

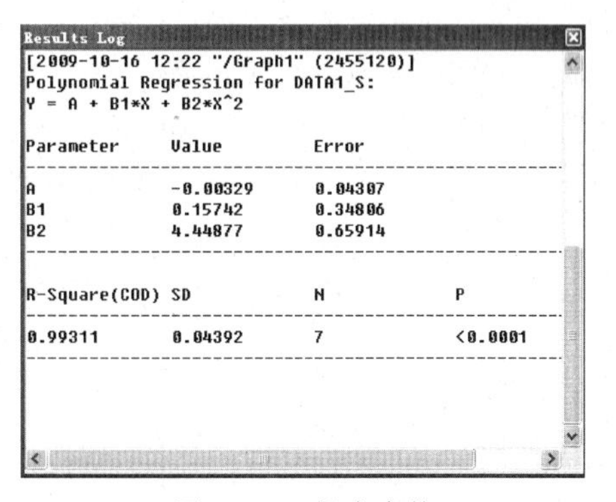

图 2-3-6 拟合参数

Origin 软件的功能远不止以上这几种，同学们可参考有关书籍进一步学习．

【思考与练习题】

1. 金属丝长度与温度的关系为 $L=L_0\ (1+\alpha t)$，式中 α 为线胀系数，实验数据如下表所示，试用逐差法、作图法分别求出 α，并分析不确定度．

温度/℃	10.0	15.0	20.0	25.0	30.0	35.0	40.0	45.0
长度 L/mm	1003	1005	1008	1010	1014	1016	1018	1021

2. 水的表面张力在不同温度时的数值如下表所示．设 $F=aT-b$，其中 T 为热力学温度，试用 Origin 软件处理数据，并确定常数 a 和 b.

温度 T/K	283	293	303	313	323	333	343
表面张力 F/（$10^{-3}\mathrm{N}\cdot\mathrm{m}^{-1}$）	74.22	72.75	71.18	69.56	67.91	66.18	64.41

第3章 物理实验的基本方法与技术

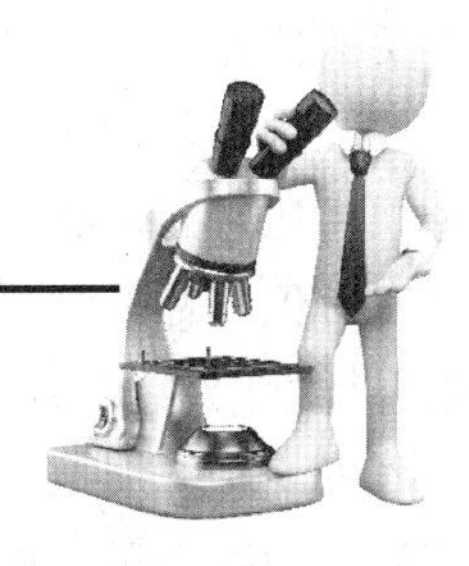

3.1 物理实验的基本方法

一、比较测量法

测量就是把被测物理量与选作计量标准单位的同类物理量进行比较的过程．也就是说，同一实验原理，在相同的实验条件下，通过将待测的未知物理量与已知的标准量进行比较而达到实验的目的，这种方法称为比较法．

测量的过程就是找出被测物理量是计量单位的多少倍，这个倍数称为读数，读数附上单位被记录下来，便是实验测量数据．从广义上讲，所有的测量都属于比较法，比较测量法是物理测量中最普遍、最基本和最常用的方法，比较法可分为直接比较法和间接比较法两种．

1. 直接比较法．将待测的未知物理量与已知的标准量进行直接比较而测出未知量的方法称为直接比较法．也就是说，将待测量直接与标准量进行比较，直接读出数据．例如，用米尺测量长度、用秒表测量短跑运动员的运动成绩等．

直接比较测量法有如下几个特点．

（1）同量纲．被测量与标准量的量纲相同．例如，用米尺测量某物体的长度，米尺与被测物体的量纲是相同的．

（2）直接可比．被测量与标准量是直接可比的，从而直接获得被测量的量值．例如，用天平称物体的质量，当天平平衡时，砝码的示值就是被测量的量值．

（3）同时性．被测量与标准量的比较是同时发生的，没有时间的超前和滞后．例如，用秒表测量某过程的时间：过程开始，启动秒表；过程结束，停止秒表．两者是同时开始，同时终止．

直接比较法的精度受到测量仪器或量具自身的局限．因此，如果要提高测量的精度，就必须提高量具的精度．

2. 间接比较法．多数物理量是难于制成标准量具的，无法通过直接比较法进行测量．

只有利用物理量之间的函数关系制定相应的仪器与方法，通过转换而间接获得所需结果的方法，这种方法称为间接比较法．或者说，先利用物理量之间的函数关系制成与被测量有关的仪器，再用这些仪器与被测量进行比较，这种仪器也称为量具，比如温度计、电表等．这种借助于一些中间量，或将被测量进行某种变换，来间接实现测量的方法，称为间接比较测量法．

有时仅有标准量还是不够，还需要配备比较系统，使被测量与标准量能够进行比较．例如，标准电池在不能直接比较测量出未知电压时，就要利用由比较电阻组成的电势差计，才可能实现测量，这种装置称为比较系统．有时还可以将被测量转换成能够进行比较的另一种物理量，即结合转换法同时进行，比如李沙育图形（又称李萨如图形）测量交流电信号的频率就是如此．间接比较法测量的结果，往往可以达到很高的精度．实际上，所有测量都是将待测量与标准量进行比较的过程，只不过是其形式是明显或不明显而已．

二、放大测量法

在测量中，有时由于被测量过分小，用给定的某种仪器进行测量会造成很大的误差，甚至于无法进行测量．此时，我们可以借助于一些方法将待测量放大后再进行测量．放大被测量所采用的原理或方法，称为放大测量法．

放大法是常用的测量方法之一，它分为累积放大法、机械放大法、电磁放大法和光学放大法．许多物理量的测量，最后往往都归结为长度、时间和角度的测量．所以，关于长度、时间和角度等量的放大是放大法的主要内容．

1. 累积放大法．在被测物理量能够简单重叠的条件下，将它展开成若干倍再进行测量的方法，称为累积放大法（或称为叠加放大法）．例如，纸的厚度、金属丝的直径（在一根光滑的圆柱体上，均匀密绕100圈，测量出其密布的长度 L，则细丝的直径为 $L/100$）等．又如，在转动惯量的测量中，用秒表测量三线摆的周期，不是测一次扭摆转动周期的时间，而是测出连续40次扭转周期的总时间 t，则三线摆的周期 $T=t/40$．

累积放大法的优点是在不改变测量性质的情况下，将被测量扩展若干倍数后，再进行测量，从而增加有效数字的位数，减小测量的相对误差．在使用累积放大法时应该注意两点：一是在扩展过程中被测量不能发生变化；二是在扩展过程中应努力避免引入新的误差因素．

2. 机械放大法．利用机械部件之间的几何关系，使标准单位量在测量的过程中得到放大的方法，称为机械放大法．螺旋测微器和读数显微镜就是利用机械放大法进行精密测量的典范，它们均将与被测物相关联的测量尺面与螺杆连接在一起，螺杆尾端加上一个圆筒，称为微分筒．若微分筒边缘等分为50格，微分筒每转一周，恰好使测量尺面移动0.5 mm．那么，当微分筒转动一小格时，量尺面便移动了0.01 mm．

若微分筒做得大一些，如微分筒的外径 $D=16$ mm，若微分筒的周长为 L，则 $L=\pi D=50$ mm，即微分筒上的每一格的弧长相当于 1 mm 的长度. 也就是说，当测量尺面移动了 0.01 mm 时，在微分筒上却变化了 1 mm. 于是，微小位移 0.01 mm 被放大了 100 倍. 由此可见，机械放大法充分地提高了测量仪器的分辨率，增加了测量结果的有效位数.

3. 电磁放大法. 利用放大电路，对被测电磁信号加以放大后进行测量的方法，称为电磁放大法. 在电磁学实验中，微弱电流或微小的电压常常要用电子仪器将被测的电信号加以放大后，再进行测量. 例如，在光电效应法测量普朗克常量的实验中，就是将十分微弱的光电流通过微电子测量放大器放大后进行测量的；又如，利用示波器，将电信号放大. 不仅仅是显示直观，而且还可以进行定量地测量，这类方法称为电磁放大法或电子电路放大法.

电信号的放大很容易，因而电子电路放大法应用相当广泛. 当前把电信号放大几个甚至于几十个数量级已经不再是一件困难的事情了. 因此，常常在非电量的测量中，将非电量转换为电量，再将该电量放大后进行测量，这已成为科学研究和工程技术中常用的测量方法之一. 应当指出：在使用电子电路放大法时，除了要提高物理量本身的量值之外，还要注意提高信噪比和测量的灵敏度.

4. 光学放大法. 利用光学原理和光学仪器对被测物理量放大的实像、虚像加以观察或放大物理量本身进行测量的方法，称为光学放大法. 例如，在日常生活中常用的玻璃体温计刻度部分的圆弧形玻璃相当于凸透镜，起着放大的作用，以便读数，这就是光学放大法在测量中的应用.

一般的光学放大法有两种：一种是被测物理量通过光学仪器形成放大的像，便于观察和判断. 例如，常用测微目镜、读数显微镜等. 这些仪器在观察中只起放大视角的作用，并非把实物的尺度加以变化. 所以，并不增加误差. 因而，许多仪器都在最后的读数装置上加一个视角放大设备以提高该仪器的测量精度；另一种是通过测量放大后的物理量，间接测得本身微小的物理量. 光杠杆就是一种常见的光学放大系统. 它不仅可测长度的微小变化，而且可以测量角度的微小变化，例如在拉伸法测金属丝的杨氏模量实验中就使用了光杠杆.

为了进一步提高光放大的倍数，有些仪器还采用了光杠杆的多次反射，最高精度可以达到 10^{-6} m 以上. 光学放大法具有稳定性好、抗干扰能力强和灵敏度高的特点.

三、平衡测量法

“平衡”是物理学的一个重要概念，利用某种平衡条件来完成对物理量测量的方法就称为平衡测量法. 例如，天平利用力学平衡原理实现了物体质量的测量；单臂电桥利用电流、电压等电学量之间的平衡，可以测量电阻；同样，稳态测量法也是平衡法在物理测量中的具体应用．当物理系统处于静态或处于动态平衡时，系统内的各项参数不随时间变化，这为准确测量提供了极大方便，利用这一状态进行的测量就是稳态测量法．例如，“落球法测定液体在不同温度的黏度”和“密立根油滴仪实验”就是用的稳态测量法．

四、转换测量法

许多物理量，由于属性关系无法用仪器直接进行测量，或者即使能够进行测量，但是测量起来很不方便，且准确性差．因此，常常先将这些物理量转换成其他能方便、准确测量的物理量来进行测量，然后再反过来求得待测量，这种测量方法叫做转换法．或者说，根据物理量之间的各种关系和多种效应，运用转换原理对于不能直接与标准量比较的物理量转换成可以比较的量而进行测量．

转换法测量具有深刻的意义：一是把不可测的量转换为可测的量．例如，我国古代曹冲称象的故事中，把不能直接称的大象的重量，转换成石块的重量进行测量．二是把不易测准的量转换为可测准的量．例如，古代阿基米德称皇冠的故事，利用阿基米德原理测不规则物体的体积，把不易测准的体积量，转换为容易测准的浮力来进行测量．三是把测量物理量的改变量来代替待测物理量．例如，金属丝杨氏模量的测量就是通过测量金属丝长度的改变量进行的．四是绕过一些不易测准的量．例如，利用爱因斯坦的光电效应方程，测出不同入射光的频率 ν 对应的光电流的截止电压 U_0 ，做出 U_0-ν 关系直线，由该直线的斜率很方便地得出普朗克常量 h .

转换法测量包括两种基本的方法，即参量转换法和能量转换法．

1. 参量转换法．运用一定的参量变换关系或变化规律，将难以直接测量或难以准确测量的物理量转换成可进行准确测量的物理量进行测量的方法，称为参量转换法．

2. 能量转换法．利用换能器（如传感器等），将一种形式的能量转换成另一种形式的能量来进行测量的方法，称为能量转换法．一般来说，能量转换法其含义是将非电学量转换成电学量．例如，热电转换就是将热学量转换为电学量的测量；压电转换就是将压力转换为电学量的测量；光电转换就是将光学量转换为电学量的测量；磁电转换就是将磁学量转换为电学量的测量．能量转换法的主要优点在于：

（1）非电学量转换成电学量信号，由于电信号便于传递和处理，因而可方便地进行远距离的自动控制和遥测．

（2）对测量的结果可以数字化显示，并可以与计算机相连接进行数据处理和在线分析．

（3）电学量测量装置的惯性小、灵敏度高、测量幅度范围大和测量频率的范围宽．

因此，能量转换法在科学技术和工程实践中得到了广泛的应用，特别是在静态测试向动态测试的发展过程中显示出更多的优越性．

五、补偿测量法

补偿法是物理实验中常用的测量方法之一. 所谓补偿是指某一系统若受某种作用产生A效应，受另一种同类作用产生B效应，如果由于B效应的存在而使A效应显示不出来，就叫做B效应对A效应进行补偿. 利用补偿概念来进行测量的方法叫做补偿法. 补偿法往往要与平衡法、比较法结合使用，大多用在补偿测量和补偿校正这两个方面.

1. 补偿法. 假设某一系统中A效应的量值为测量对象. 但是，由于A效应的量值不能直接测量，或难于准确测量，就采用人为的方法构造一个B效应补偿，构造B效应的原则是B效应量值易测量或完全已知. 于是用测量B效应量值的方法求出A效应的量值. 我们常见的测力仪器，如弹簧秤就是采用了最简单的补偿法所形成的补偿装置. 因为在力学测量中常常是人施力于系统，使之与待测力达到平衡，也就是与待测力补偿，从而求得待测力. 物理实验中电桥应用非常广泛，种类也很多，它是利用电压补偿原理，并通过指零装置——灵敏电流计来显示出待测电阻（电压）与补偿电阻（电压）比较结果的.

补偿测量系统一般是由待测装置、补偿装置、测量装置和指零装置四个基本部分组成. 待测装置产生待测效应，它要求测量尽量稳定，便于补偿；补偿装置产生补偿效应，并要求补偿量值准确达到设计精度；测量装置可将待测量与补偿量联系起来进行比较；指零装置是一个比较系统，它将显示出待测量与补偿量比较的结果. 比较系统可用零示法和差示法，零示法是完全补偿，差示法是不完全补偿. 一般都采用零示法，因为人眼对刻线重合比刻线不重合去估读的判断能力要高出近10倍，从而可以提高补偿测量的精度.

2. 用补偿法修正系统误差. 测量过程中往往由于存在某些不合理的因素而导致系统误差，而且又无法排除. 于是人们想办法制造另一种因素去补偿这种不合理因素的影响，使得这种因素的影响消失或减弱，这个过程就是用补偿法修正系统误差. 例如，在测量电路中的电流时，需要在电路中串一个电流表；在测量电路中某两点之间的电压时，需要在这两点并联一个电压表. 在原电路中串一个电流表或并联一个电压表都将改变原电路的结构，使测量结果与原电路中的实际数值不相符，而通过补偿法可以减少这种误差. 又如，在光学实验中，为防止由于光学元器件的引入而影响光程差的改变，因而在光路中人为地适当安置某些补偿元件来抵器，再用这些仪器与被测量进行比较，这种仪器也称为量具，比如温度计、电表等. 这种借助于一些中间量，或将被测量进行某种变换，来间接实现测量的方法，称为间接比较测量法. 有时仅有标准量还是不够，还需要配备比较系统，使被测量与标准量能够进行比较. 例如，标准电池在不能直接比较测量出未知电压时，就要利用由比较电阻组成的电势差计，才可能实现测量. 这种装置称为比较系统. 有时还可以将被测量转换成能够进行比较的另一种物理量，即结合转换法同时进行，比如李沙育图形测量交流电信号的频率就是如此．间接比较法测量的结果，往往可以达到很高的精度．实际上，所有测量都是将待测量与标准量进行比较的过程，只不过是其形式是明显或不明显而已．

六、模拟测量法

模拟法是一种综合研究被测对象物理属性或规律的实验方法，它以模拟理论为基础，不直接研究某一自然现象或过程本身，而是通过对一个与测试对象物理状态或过程类似且便于实现的模型来间接研究测量目标的方法．这种方法就是设计与被测原型（被测物理量或物理现象等）有物理或数学相似的模型，然后通过对模型的测量间接地测得原型数据或了解其性质及规律．这使得我们对诸如过分庞大（如大型水库、电站等）、十分危险（如核反应堆等）或反应缓慢而难以直接进行测量的研究对象（如星体的寿命等）得以通过模拟法进行测量，还可以使十分抽象的物理理论具体化．

模拟法实验能方便地使自然现象重现；可进行单因素或多因素的交叉实验；能加速或减缓物理过程的进行；甚至有时可以用实物的部件进行模拟实验，取得更准确的数据和信息．因此，在科学研究、工程设计和实践等方面广泛性地使用模拟法，可以大大节省人力、物力和财力，少走弯路，提高效率．

模拟法可分为物理模拟法、数学模拟法、混合模拟法和计算机模拟法．

1. 物理模拟法．通过实验装置模拟真实条件，对具有同一物理本质的现象进行研究的方法称为物理模拟法．首先，要求模型的几何尺寸与原型的几何尺寸成比例地缩小或放大，即在形状上模型与原型完全相似，这称为几何相似条件；其次，要求模型与原型遵从同样的规律，只有这样才能用模型代替原型进行物理规律范围内的测试，这称为物理相似条件．

2. 数学模拟法．以本质不同的数学表现形式，来表现相同的物理过程进行替代研究的方法称为数学模拟法．或者说，数学模拟法两个完全不同性质的物理现象或过程，依赖它们数学方程形式的相似而进行的模拟的方法．数学模拟法又称为类比法，它既不满足几何相似条件，也不满足物理相似条件，原型和模型在物理规律的形式和本质上均毫无共同之处，只是它们遵循了相同的数学规律．

在模拟法描绘静电场的实验中，就是利用稳恒电流场的等势线来模拟静电场的等势线．这是因为电磁场理论指出：静电场和稳恒电流场具有相同的数学方程式．我们知道，直接对静电场进行测量是十分困难的，因为任何测量仪器的引入都将明显地改变静电场的原有状态．

力电模拟也是一种常用的数学模拟．在实际问题中，改变一些力学量，不是一件轻而易举的事，而在实验中改变电阻、电容或电感的数值则是一件很容易的事，是很容易实现的．例如，在研究弹簧振子的振动时，就可以把上述力学系统用电学系统来进行模拟.

3. 混合模拟法. 物理模拟法和数学模拟法相结合的模拟方法称为混合模拟法.

4. 计算机模拟法. 采用计算机对某一物理过程或现象进行仿真, 这种对某一物理量进行测量的方法称为计算机模拟法或计算机仿真实验.

计算机多媒体辅助实验教学把实验设备、教学内容、教师指导和学生操作有机融于一体, 通过仿真物理实验, 使学生对实验的物理思想和方法, 仪器的整体结构及原理的理解进一步增强, 对仪器的关键部位可拆卸解剖, 熟悉其内部结构, 起到普通实验难于实现的效果, 并培养了学生的动手能力, 逻辑思维能力, 增强了学生对物理实验的兴趣, 大大提高了实验教学水平.

七、干涉测量法

应用相干波干涉时, 所遵循的物理规律进行有关物理量测量的方法, 称为干涉测量法. 利用干涉测量法可以进行测量物体的长度、薄膜的厚度、微小的位移和微小的角度、光波的波长、透镜的曲率半径、气体或液体的折射率等物理量的精确测量, 并可以检验某些光学元件的质量等.

在牛顿环的实验中, 通过对等厚干涉图样牛顿环的测量, 求出凸透镜的曲率半径; 在迈克耳孙干涉仪使用的实验中, 应用干涉图样, 可以准确地测量出光束的波长. 测量薄膜的厚度、微小的位移和微小的角度等都是通过对等厚干涉图样的测量和分析而获得, 这就是根据光的干涉原理将待测量转换为干涉图样进行测量的方法.

测量振动频率的重要的方法之一, 就是共振干涉法. 将一未知振动施加于频率可调的已知振动系统, 调节已知振动系统的频率, 当两者发生共振时, 已知频率就是未知振动的频率, 即该未知振动系统的固有频率. 例如, 弹簧式频率计的工作原理, 就是共振干涉法.

在采用驻波干涉法测定声波波长的实验中, 因为驻波是由振动方向相同、振幅相等、振动频率相同和波速相等的两列波在同一直线上, 沿相反的方向传播时叠加而形成的一种特殊形式的干涉现象. 因此, 通过改变反射面和反射面的距离, 用压电陶瓷换能器, 将声波的能量转换为电能, 通过示波器所呈现的图形来确定驻波的波节位置和相应的波长, 从而测定声波的波长.

以上介绍了几种基本实验方法, 但是每一种方法都不是孤立的, 有些实验中可能是多种方法的结合, 大家一定要在大学物理实验学习阶段善于总结, 注意它们之间的互相联系, 学会灵活运用和综合使用, 以便在今后的工作中有所发明、创造.

3.2 物理实验的基本技术

实验中正确调整和操作仪器、仪表和装置, 可以将系统误差减小到最低限度, 保证测量结果的准确性和有效性．因此，物理实验的基本技术是一项重要训练内容，我们应养成良好的习惯，在进行任何测量之前，应首先将所需的仪器设备的工作状态进行调整，以达到最佳状态．实验的基本技术内容广泛，下面介绍一些最基本的、具有一定普遍意义的调整和操作技术．其他的调整、操作技术可通过以后有关的实验不断学习和积累．

一、零位调整

在测量之前应首先检查各仪器的零位是否正确．虽然仪器出厂时已经校准，但由于搬运、使用磨损或环境的变化等原因，其零位往往会发生变化．如果实验前未检查、校准，测量结果中将人为地引入系统误差．零位校准时，如果测量仪器本身有零位校准器（如电表等），可直接进行调整，使仪器在测量前处于零位．如仪器零位不准，且无法调整、校准（如磨损了的米尺、游标卡尺、螺旋测微器等），则需在测量前记录初读数，以备在测量结果中加以修正．

二、水平、铅直调整

物理实验所用的仪器或装置中，有些需进行水平或铅直调整，如平台的水平、支柱的铅直等．大部分需调整的仪器或装置自身装有水准仪或悬锤，底座有两个或三个可调节的螺钉，只需调节螺钉，使水准仪的气泡居中或铅锤的锤尖对准底座上的座尖，即可达到调整要求．对有些没有水准仪或铅锤的仪器，需要调节水平或铅直时，可用自身装置进行调整，如焦利秤可以通过调整底座螺钉使悬镜处在玻璃的中间等．

对于既没有配置水平仪又不能用自身装置来调整水平的仪器，可选用相应的水准仪来调整，如用长方形水准仪来调整一般的平面，可在互相垂直的两个方向上调整；用圆形水准仪，可较方便地调整较小的圆形平面，例如三线摆的上下圆盘、分光计的载物平台等．

三、消除视差的调整

使用仪器测量读取数据时，会遇到读数准线（如电表的指针、光学仪器中的叉丝等）与标尺平面不重合的情况，这时观察者的眼睛在不同方位读数时，得到的示值就会有一定的差异，这就是视差．

有无视差可根据观察者在调整仪器或读取示值，眼睛上下或左右稍稍移动时，观察标线与标尺刻线间是否有相对移动来判断．要避免出现视差，一般仪器仪表在读数时应做到正面垂直观测．如精密的电表在刻度盘下有平面反射镜，读数时只有垂直正视，指针和其平面镜中的像重合时，读出的标尺上的示值才是无视差的正确数值．

在光学实验中，消除视差是测量前必不可少的操作步骤．对于测量用光学仪器，如测微目镜、望远镜、读数显微镜等，这些仪器在其目镜焦平面内侧装有作为读数准线的十字叉丝（或是刻有读数准线的玻璃分划板）．当用这些仪器观测待测物体时，有时会发现随着眼睛的移动，物体的像和叉丝或分划板间有相对位移，这说明二者之间有视差存在. 调节目镜（包括叉丝）与物镜的距离，边调节边稍稍移动眼睛观察，直到叉丝与物体所成的像之间基本无相对移动，则说明被测物体经物镜成像到叉丝所在的平面上，视差消除.

四、等高共轴调整

在由两个或两个以上的光学元件组成的实验系统中，为获得高质量的像，满足近轴成像条件，必须使各光学元件的主光轴重合，这就需要在观测前进行共轴调整. 调整一般可分两步进行.

首先可进行目测粗调，把光学元件和光源的中心都调到同一高度，同时要求调节各光学元件相互平行且均垂直于水平面. 这时各光学元件的光轴已接近重合.

然后依据光学成像的基本规律来细调. 调整可根据自准直法、二次成像法（共轭法）等，利用光学系统本身或借助其他光学仪器来进行.

五、逐次逼近法

仪器的调整都需经过仔细的反复调节，才能达到预期目的. 依据一定的判据，由粗及细逐次缩小调整范围，快捷而有效地获得所需状态的方法，称为逐次逼近调节法. 物理实验中常采用“逐次逼近法”进行调整，特别是运用零示法的实验或零示仪器，如天平测质量、电位差计测量电压或电势、电桥测量电阻、分光计使用等实验，采用反向逐次逼近调节技术，能较快地达到目的. 如输入量为 x_1 时，零示仪器向右偏转五个分度，输入量为 x_2 时，向左偏转三个分度，可判断出平衡位置应出现在输入量 $x_2 < x < x_1$ 范围内. 再输入 x_3（$x_2 < x_3 < x_1$）时，若向右偏转二个分度，输入 x_4（$x_2 < x_4 < x_1$）时，向左偏转一个分度，则平衡位置应在输入量 $x_4 < x < x_3$ 范围内. 如此逐次逼近调节，可迅速找到平衡位置.

六、先定性、后定量原则

实验前，通过预习实验内容，对使用的仪器设备都已经有所了解，在进行实验时，不要急于获取实验结果，而是采取“先定性、后定量”的原则进行实验. 具体做法是：仪器调整好，在进行定量测定前，先定性地观察实验变化的全过程，了解物理量的变化规律. 对于有函数关系的两个或多个物理量，要注意观察一个量随其他量改变而变化的趋势，得到函数曲线的大致图形，在定量测试时，可根据曲线变化趋势分配测量间隔，曲线变化平缓处，测量间隔大些，变化急剧处，测量间隔就应小些，这样作出的图就比较合理.

七、电学实验的基本操作技术

电学实验需要电源、电气仪表、电子仪器等，许多仪表都很精密，实验中既要完成测试任务，又要注意人身安全和仪器的安全，为此应注意以下几个方面.

1. 安全用电. 实验中常用电源有220 V交流电和0 ~ 30 V直流电，有的实验电压高达上万伏，一般人体接触36 V以上的电压，就会有触电的危险. 因此实验中一定要注意用电安全，不要随意移动电源，接、拆线路时应先关闭电源，测试中不要触摸仪器的高压带电部位，能单手操作的，不要双手操作.

2. 合理布局. 实验前对实验线路进行分析，按实验要求安排布置仪器，布局应遵循"便于连线与操作，易于观察，保证安全"的原则. 需经常操作和读数的仪器放在面前，开关应放在便于操作的位置.

3. 正确接线. 接线前应先将开关断开，弄清电源及直流电表的"+"、"-"极性，然后从电源的正极开始，从高电位到低电位依次连接. 如果电路比较复杂，可分成几个回路，应按电路图的逐个回路接线，一个分回路接完后再接另一个分回路. 例如，对于图3-2-1所示的电路，可以分为六个回路（①~⑥），连线时应从①回路开始，依次连接到⑥回路. 连线时，要合理分配每个接线端上的导线，注意利用等势点，以使每个接线端的线尽量少，还要注意接头要旋紧. 电路接线完成通电之前，必须进行复查，确认电路无误，经指导教师检查同意后，才可接通电源进行实验.

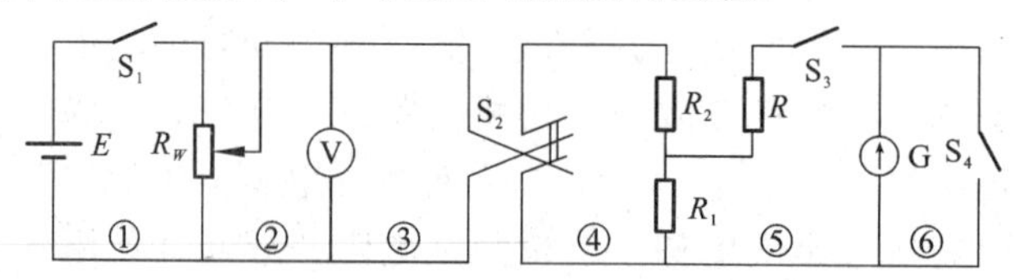

图3-2-1　正确接线方法示意图

4. 通电实验. 通电实验前，各器件同时要调节到安全位置. 如不知电压或电流大小时，电表应取最大量程，分压器应调到输出电压最小的位置，限流器的阻值要调到最大等.

接通电路的顺序为：先接通电源，再接通测试仪器（如示波器等）；断电时顺序相反. 其目的是以防电源通或断时因含有感性元件产生瞬间高压损坏仪器. 接通电源时，应关注所有仪器和元件，发现异常应立即切断电源，进行排查. 实验过程中要暂停实验或改接电路时，必须断开电源.

5. 断电与拆线. 实验完成，经教师检查数据合格后，先切断电源，再拆除线路，拆线要按与接线相反的顺序进行. 同时要整理好仪器，并注意将仪器回复到原来状态. 有零点保护的仪器（如灵敏检流计）要置于保护状态（开关扳至短路挡）.

八、光学实验基本操作技术

1. 光学仪器的使用：

(1) 光学仪器是精密仪器，其机械部分大都经过精密加工，易损坏，有些仪器结构复杂，使用之前需进行仔细调整，操作时动作要轻缓，用力均匀平稳，以达到最佳使用状态．仪器应在通风、干燥和洁净的环境中使用和保存，以防受潮后发霉、受腐蚀．对长期搁置不用或备用的仪器，要按仪器说明妥善保管，并定期进行保养．

（2）光学元件大部分都是特种玻璃经过精密加工制成，光学面经过精细抛光，表面光洁（如三棱镜），有些元件表面有均匀镀膜（如平面反射镜），在使用时要防止磕、碰、打碎，取放时手不要接触光学面，避免擦、划、污损表面．若光学元件表面不洁，需根据元件表面的具体情况，或用镜头纸，或用无水乙醇、乙醚等来处理，切忌哈气、手擦等违规操作．光学仪器、元件平时要注意防尘．

（3）对于光学实验所用的各种光源，实验前应了解其性能、正确使用，光源的高压电源需要注意防护．高亮度的光源不要直视，特别是激光，绝对不要用眼睛正视，以防灼伤眼睛．

（4）在暗房工作，各种器皿、药品要按固定位置摆放，不能随意放置，以防用错药品，造成操作失误．

以上几条只是一般光学仪器和元件使用时应注意的问题．随着科学技术的发展，实验器材、设备不断更新，对于特殊的光学仪器和元件，操作技术会有特殊要求，使用与保管时应具体问题具体对待．

2．成像位置的判断．光学实验中，有时要根据成像位置完成物理量的测量，这时对成像位置的准确判断是很重要的．例如，透镜焦距的测量实验中，需要测量物距、像距，才能计算出焦距．根据透镜成像规律，像与物之间是共轭的，只有在共轭像平面上才能得到理想的像．要准确地确定共轭像面位置，必须有意识地找出焦深范围，即前后移动光屏，找到像开始变模糊的前后两个位置，两个位置之间的距离即为焦深．焦深的中点就是共轭像面的位置．

【思考与练习题】

1. 放大测量法主要有哪几种？分别举出几例．
2. 举例说明平衡测量法的测量原理．
3. 简述补偿测量法的主要思路．
4. 物理模拟与数学模拟有什么不同？
5. 你见过的能量换测法中的传感器有哪些？举出几例．
6. 如果不对仪器进行零位调整会产生什么误差？
7. 使用光学仪器，如测量显微镜、望远镜等，应如何消除视差？
8. 光学实验的等高共轴调节主要分哪两步？
9. 简述电学实验中正确接线的基本方法．

第4章　基础性实验

基础性实验不仅包含着丰富的物理思想、巧妙的实验方法，而且还包含有现代的测量技术和手段. 本章的主要目的是学会基本物理量的测量、基本实验器材的使用，掌握基本实验技能和基本测量方法、误差（或不确定度）及数据处理的理论与方法等，强化基本实验知识的学习和基本实验技能的训练. 物理学研究的对象具有极大的普遍性，它的基本理论渗透到自然科学的许多领域，应用于生产技术的各个方面，它是自然科学的许多领域和工程技术的基础. 所以，学好基础性物理实验对研究周围的事物、开阔我们的思维、增长我们的见识都有着很大的好处.

本章安排了10个基础性实验，内容涉及力学、热学、电磁学和光学等各个方面. 通过这些实验，可以测量质量、长度、时间、角度、弹性模量、线胀系数、电压、电动势、电流、电阻、磁感应强度、波长等常见物理量；训练零位调节、水平调节、铅直调整、仪器初态和安全位置调整、消除空程误差、消除视差、逐次逼近、各半调节等基本调整操作技术；练习游标卡尺、千分尺、物理天平、电子秒表、电脑通用计时器、气垫导轨、数字电压表、电桥、读数望远镜、读数显微镜、光杠杆、旋光仪等常用测量仪器和装置的使用；学习比较法、放大法、补偿法、转换法、模拟法和干涉法等基本实验测量方法；巩固和进一步掌握列表法、作图法、逐差法等常用的实验数据处理方法（或估算不确定度的方法），逐步培养和提高学生对基本实验知识和实验技能的运用能力，强调理论知识与实验技能相结合的基础训练，使学生逐步掌握物理实验的基本方法和规律，为后面的综合性、提高性物理实验打下良好的基础. 本部分实验内容可根据不同专业选取不同实验项目.

4.1　长度和密度的测量实验

长度和密度是物质的基本特性. 随着科学技术的发展，对长度的测量和传递的精度要求越来越高. 国际上对米的定义已有了三次大的改变. 第一次是在1889年，国际计量大会一致通过将经过巴黎的子午线由北极到赤道距离的一千万分之一作为长度的单位——国际标准米，并将这个标准具体化，制作了标准米原器. 第二次是在1960年，第十一次国际计量大会决定以氪-86橘红色光波，即氪-86的核外电子从$2P_{10}$能级跃迁到$5d_5$能级所对应辐射的波长的1 650 763.73倍作为一个标准米. 第三次是在1983年，第十七次国际计量大会定义1米为光在真空中1/299 792 458秒时间间隔内所经过路径的长度.

在实际生产和生活中，人们常根据不同的测量要求选择不同精度的长度测量工具. 例如，用皮卷尺丈量房间长或用木折尺量木料时，最小刻度是厘米就可以了；锯削钢铁坯件时，要用最小刻度为毫米的钢直尺或钢卷尺；在机床上加工零件时，要使用最小读数为0.05 mm或0.02 mm的游标卡尺，或者最小读数为0.01 mm的外径千分尺；测量物体的微小形变或位移时，要用到光学测量仪器；测量远处的长度时，要用光学测距仪或更精密的激光测距仪. 而密度与物质的纯度有关，不同物质具有不同的密度. 工业上通过对密度的测定，可以对原料进行成分分析和纯度鉴定等.

在本实验中，学习游标卡尺、外径千分尺和天平的原理，学会它们的正确使用方法，根据误差要求合理地选择测量仪器；对多次等精度测量结果的误差进行估算.

【预习提示】

1. 游标卡尺读数方法：游标上的第n格与尺身上的某一格对齐，则游标的读数ΔL值为：$n\times$精度. 尺身与游标读数之和即为测量值.

2. 千分尺“0”点读数的读取方法为“正偏正读为正值，反偏反读为负值”. 实际值的修正公式为

$$测量值=读数值-“0”点读数$$

3. 使用天平时按以下步骤进行.

（1）调水平：旋转天平的底脚螺钉，使底座水平仪中气泡处于中间位置.

（2）调平衡：调节横梁两端平衡螺母，使得称量前指针达到刻度中央位置.

（3）称量：先制动天平，将待测物放在左盘，砝码放在右盘，再稍微启动天平，观察指针是否在中央，如不在中央，应先制动天平，反复调整砝码和游码，直至天平平衡为止.

（4）读取待测物质量值.

【实验目的】

1. 学会使用游标卡尺和螺旋测微器，掌握其原理.
2. 学会使用天平，了解天平精度概念.
3. 巩固误差理论和有效数字的计算，正确记录和表示测量结果.

【实验器材】

游标卡尺、螺旋测微器（千分尺）、物理天平、待测件.

【实验原理】

游标卡尺和螺旋测微器是最常用的测长度的仪器，表征这些仪器主要规格的有量程和分度值. 量程是测量范围；分度值是仪器所标示的最小量度单位，分度值的大小反映仪器的精密程度.

一、游标卡尺

米尺是测量长度最简单的仪器，为了提高其精度，常在它上面附加一段能够滑动的副尺，便构成了游标卡尺，如图 4-1-1 所示. 滑动的副尺叫做游标，它常被装配在各种测量仪器上，有测量长度的长度游标，也有测量角度的角度游标.

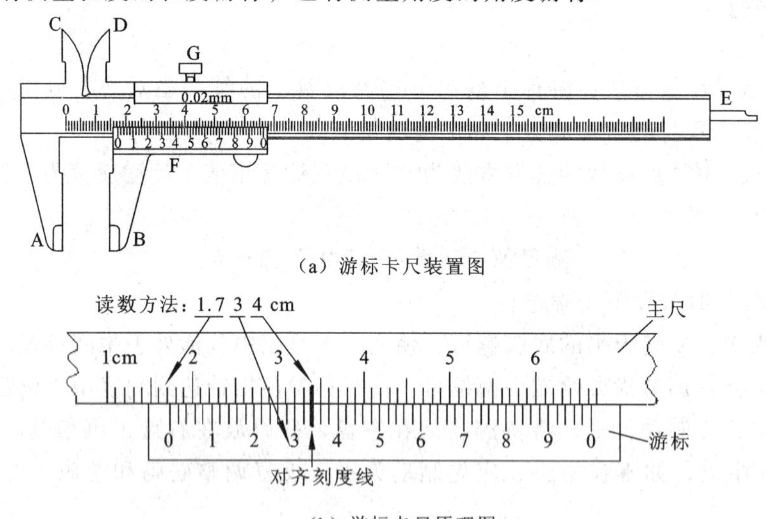

（a）游标卡尺装置图

（b）游标卡尺原理图

图 4-1-1　游标卡尺

A、B—下量爪；C、D—上量爪；E—测深直尺；F—游标；G—紧固螺钉

游标卡尺的基本原理是：游标上 N 个分度格的长度与主尺上 $N-1$ 个分度格的长度相同. 若主尺上最小分度值为 a，游标上最小分度值为 b，则

$$(N-1)\ a = Nb$$

主尺上每一格与游标上一格之差为游标的精度值或游标的最小分度值. 即

$$a-b=a-\frac{N-1}{N}a=\frac{a}{N} \tag{4-1-1}$$

若游标卡尺为 $N=50$，$a=1$ mm，其精确度为（1/50）mm＝0.02 mm.

游标尺的读数方法是：先读出主尺上与游标“0”刻度对应的整数刻度 I（单位：mm）值，再把主尺上 I 以后不足1 mm的部分（ΔI）从游标上读出．若游标上第 K 条线与主尺上某一刻度线对齐，N 为副尺的格数，则 ΔI 部分的读数为：

$$\Delta I=K(a-b)=K\frac{a}{N}$$

最后结果为

$$L=I+\Delta I=I+K\frac{a}{N} \tag{4-1-2}$$

图4-1-1（b）所示读数为［17＋17×（1/50）］mm＝17.34 mm.

作为工具用，游标卡尺读数要学会直接读出．具体方法是：先读出副尺的零点所对的主尺左边的毫米整数，为一级读数．图4-1-1（b）中，尺上为17，再看副尺上与主尺对齐的条纹的左边的刻度标值为二级读数．如副尺上对齐条纹的左边的刻度标值为3. 由于副尺的3～4之间只有5个格，读数只能有双数，对齐的是第四条线，所以4是第三级读数，一级接一级连读就是结果17.34 mm，与原理推出的结果相同．熟悉这种读法后，能迅速读出测量结果.

二、螺旋测微原理

游标卡尺中游标的精度值为1/50 mm时，游标上要刻50条刻线．如果精度为1/100 mm,游标就要刻100条刻线，而且它的总长度至少为 $N-1=100-1=99$（单位：mm），这在使用时是很不方便的．比游标更精密的测量长度的量具是利用螺旋测微原理制成的，有螺旋测微器（又称千分尺）、读数显微镜等.

螺旋测微器由一根精密螺杆和与它配套的螺母套筒两部分组成．螺杆后端连接一个可旋转的微分套筒．如图4-1-2所示，微分套筒每旋转一周，螺杆前进（或后退）一个螺距．若微分套筒圆周上刻有 N 个分度，螺距为 a（单位：mm），则每转动一个分度，螺杆移动的距离为 a/N（单位：mm）．在图4-1-3中，螺距为 $a=0.5$ mm，微分套筒圆周上刻有50个分度，每转动一个分度，螺杆移动距离为0.5/50＝0.01（单位：mm）．读数时还要估计一位．微分筒在固定套筒上的位置如图4-1-2所示时，读数为6.792 mm. 图4-1-3（a）所示读数为5.733 mm.

螺旋测微器在使用前要记下它的零点读数，即校正值，见图4-1-3（b）和图4-1-3（c）.

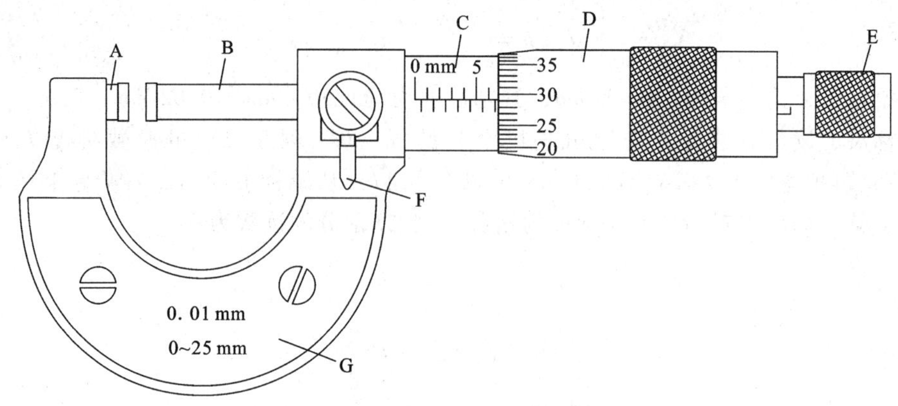

图 4-1-2　螺旋测微器装置图

A—测量帧台；B—测量螺杆；C—螺母套筒；D—微分套筒；

E—棘轮；F—锁紧手柄；G—弓架

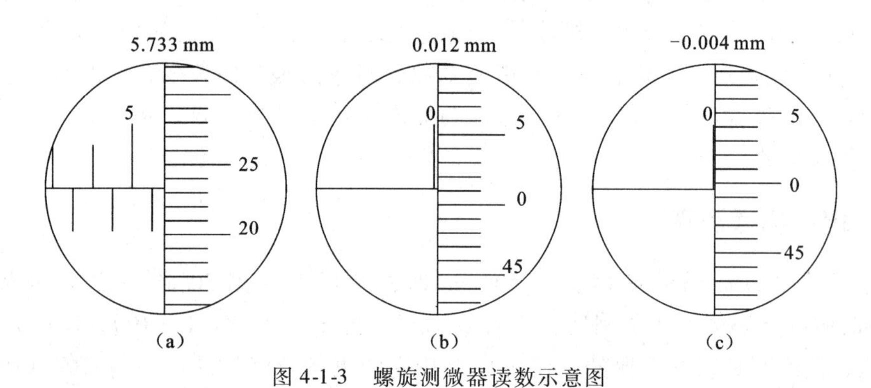

图 4-1-3　螺旋测微器读数示意图

三、天平

天平按其称衡的精确度分等级，精度低的是物理天平，精确度高的是分析天平. 不同精确程度的天平配置不同等级的砝码. 天平的规格除了等级以外，主要还有最大称量和感量（或灵敏度），最大称量是天平允许称量的最大质量. 感量是天平摆针从标度尺上零点平衡位置偏转一个最小分格时，天平两称盘上的质量差. 灵敏度是感量的倒数.

1. 天平的原理及构造. 天平的原理就是利用一个等臂杠杆的原理制成的，它是一种比较仪器，只有和量具组砝码一起配合使用时，才成为一种测量仪器. 其构造如图 4-1-4 所示.

2. 天平的使用. 物理天平的操作口诀是：调水平、调平衡、左物右码、常制动. 常制动是指调平衡、加被测件、加减砝码、动游码等把天平落下，看是否平衡时再升起，指针沿中间上升即为平衡.

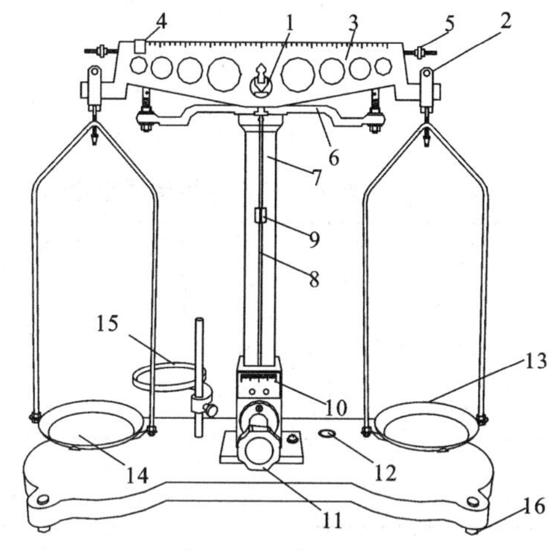

图 4-1-4 物理天平

1—主刀口；2—边刀；3—横梁；4—游码；5—平衡螺母；6—制动架；7—支柱；8—指针；
9—重心调节螺钉；10—标尺；11—制动旋钮；12—水准器；13—砝码托盘；14—载物托盘；
15—托盘；16—底脚螺钉

【实验步骤】

1. 熟悉仪器，练习它们的使用方法，并能正确读数.

2. 用游标卡尺测出钢筒的内外径、高度，在不同位置分别测 5 次，求平均值，计算其体积、绝对误差，将数据填入表 4-1-1 中.

3. 用千分尺测钢球的直径，测 5 次求平均值，计算其体积及绝对误差，将数据填入表 4-1-2 中.

4. 调整好物理天平，分别称出钢筒及钢球的质量各一次，计算其密度及误差，将数据填入表 4-1-3 中.

【注意事项】

1. 在使用千分尺时，当测量长为零时，读数应为零. 如不为零，要把这一数值记录下来，在测量时作为校正值 d_0，测量值等于读数减去校正值.

2. 在使用千分尺时，要注意不要丢掉主尺上可能露出的半整数.

3. 在天平启动状态下，禁止一切操作，启动天平只能用来观察横梁是否平衡.

4. 在使用天平时，若须增加 1 g 以内的质量，尽量通过移动游码来完成.

【数据处理与要求】

表 4-1-1　用游标卡尺测量钢筒的数据

测量次数	外直径 D/cm	内直径 d/cm	高 H/cm
1			
2			
3			
4			
5			
平均值			

表 4-1-2　用千分尺测钢球的数据

测量次数	钢球直径		
	读数 d^*/cm	校正值 d_0/cm	测量值 $d=d^*-d_0$/cm
1			
2			
3			
4			
5			
平均值			

表 4-1-3　用天平称钢筒和钢球的数据

$m_{筒}$/g	$m_{球}$/g	Δm/g	$m\pm\Delta m$/g

注：表中的 Δm 指的是天平单次称量的误差.

1. 按下面的公式计算钢筒的体积及相应误差.

$\overline{V}=\frac{\pi}{4}(\overline{D}^2-\overline{d}^2)\overline{H}=$______________;

$\Delta\overline{D}=$______________;

$\Delta\overline{d}=$______________;

$\Delta\overline{H}=$______________;

$E_V=\frac{2\overline{D}}{\overline{D}^2-\overline{d}^2}\Delta\overline{D}+\frac{2\overline{d}}{\overline{D}^2-\overline{d}^2}\Delta\overline{d}+\frac{1}{\overline{H}}\Delta\overline{H}=$______________;

$\Delta\overline{V}=\overline{V}E_V=$______________;

$\overline{V} \pm \Delta \overline{V} =$ ________.

2. 按下面的公式计算钢球的体积及相应误差.

$\overline{V} = \frac{1}{6}\pi \overline{d}^3 =$ ________;

$\Delta \overline{d} =$ ________;

$E_V = \frac{3\Delta \overline{d}}{\overline{d}} =$ ________;

$\Delta \overline{V} = \overline{V} \cdot E_V =$ ________;

$\overline{V} \pm \Delta \overline{V} =$ ________.

3. 计算钢筒和钢球的密度及相应误差.

（1）按公式 $\overline{\rho} = \frac{M}{\overline{V}}$ 分别计算 $\overline{\rho}_{筒}$、$\overline{\rho}_{球}$.

（2）由 $E_\rho = \frac{\Delta \overline{V}}{\overline{V}} + \frac{\Delta M}{M}$ 分别计算出钢筒和钢球的相对误差.

（3）由 $\Delta\overline{\rho} = \overline{\rho} \times E_\rho$ 分别计算出钢筒和钢球的绝对误差.

（4）将结果分别表示为 $\overline{\rho} \pm \Delta\overline{\rho}$ 的形式.

注意

每个公式要有代入数据的过程.

【思考与练习题】

1. 在使用游标卡尺时，怎样了解它的精度？
2. 在游标卡尺上读数时，从尺上何处读出被测量的毫米整数部分，如何求出不是1 mm的小数？
3. 一个游标万能角度尺，尺身上每分格为 0.5°，即 30′，而尺身上 29 分格对应于游标上 30 分格，问它的精度是多少？数值应读到哪一位？
4. 外径千分尺上的棘轮有什么用处？测量时不用它是否可以？为什么？
5. 天平的操作规程中，哪些规定是保护刀口的？哪些规定是保证测量精度的？

*6. 如何计算钢筒和钢球密度 ρ 的不确定度？

4.2 钢丝的杨氏模量测定实验

在材料力学实验中，需要进行各种材料的力学性质的实验. 拉伸实验是一个简单但又很典型的实验. 得出的拉伸曲线可以说明材料的应力和应变之间的关系. 材料受外力作用时要发生形变，弹性模量（又称杨氏模量）是衡量材料受力后变形能力大小的参数之一，或者说是描述材料抵抗弹性形变能力的一个重要的物理量. 它是生产、科研中选择合适材料的重要依据，也是工程技术设计中常用的参数.

本实验采用静态拉伸法测定钢丝的杨氏模量. 由于钢丝的改变量很小，测量中采用了光杠杆，它是一种应用光学转换放大原理测量微小长度变化的装置，它的特点是直观、简便、精度高，工程测量中常被采用. 实验中还涉及了不同度量的测量，并使用了不同的测量工具，该实验是力学测量中最基本的实验.

虽然利用静态法测量杨氏模量直观、简便、精度高，但是由于测量过程是由人工加载力，加载速度慢，存在弛豫过程，不能真正反映材料内部结构的变化. 这种方法也不适合于测量脆性材料，更不能测量不同温度下的杨氏模量. 为了解决这一问题，可以采用动态法（或称共振法）测量杨氏模量.

【预习提示】

杨氏模量是描述弹性体材料受力后形变大小的参数，常用字母 E 表示，E 越大，使材料发生一定的弹性形变所需的应力越大，或在一定的应力作用下所产生的弹性形变越小. 杨氏模量 E 与外力 F、物体的长度 L 和横截面积 S 的大小无关，而只取决于材料本身，它的大小反映了材料抵抗弹性形变能力的大小. 此实验的关键是物体的伸长（或缩短）量 ΔL 的测量.

【实验目的】

1. 学会用光杠杆法测量微小长度变化的原理和调节方法.
2. 学会用拉伸法测量金属丝的杨氏模量.
3. 练习用作图法、逐差法处理数据.

【实验器材】

杨氏模量测定仪（包括测量架、砝码、光杠杆及望远镜尺组）、螺旋测微器、钢卷尺、待测金属丝.

【实验原理】

固体材料在外力作用下都要发生形变，最简单的形变是棒状物体受外力后的伸长或缩短. 设有一物体长为 L，横截面积为 S，沿长度方向受到力 ΔF 后，物体的伸长（或缩短）量为 ΔL. 根据胡克定律：在弹性形变的限度内，物体的拉伸应力（胁强）$\Delta F/S$ 与拉伸应变（胁变）$\Delta L/L$ 成正比，即有

$$\frac{\Delta F}{S}=E\frac{\Delta L}{L}$$

式中，E 为该材料的杨氏弹性模量．实验证明，杨氏弹性模量 E 与外力 ΔF、物体的长度 L 和横截面积 S 的大小无关，而只决定于物体的性质．在国际单位制 SI 中 E 的单位为 $N \cdot m^{-2}$．对直径为 d 的金属丝，其横截面积为 $S=\frac{1}{4}\pi d^2$，代入上式可得

$$E=\frac{4\Delta FL}{\pi d^2 \Delta L} \tag{4-2-1}$$

式中，F、d、L 都较易测量，而 ΔL 是一个微小的长度变化量，无法用普通量具直接测量，我们采用光学放大法，即用光杠杆原理间接进行测量．

杨氏模量测量装置如图 4-2-1 所示，由支架、光杠杆、望远镜 T 和读数标尺 W 所组成．光杠杆的平面反射镜 M 到标尺 W 的水平距离为 D，光杠杆后足到两前足中心的距离为 l．被测金属丝上端固定在支架顶部的夹头上，下端连接砝码托，中间固定在一小圆柱形夹头上，此圆柱形夹头放在支架工作平台的圆孔中，并可在圆孔中上下自由滑动．一个直立的平面反射镜 M 装在三角形支架上成为光杠杆，光杠杆的三个足尖成等腰三角形．使用时两前足尖放在支架中间平台的凹槽内，后足尖放在夹金属丝的圆柱形夹头上．在反射镜前 1.5 ~ 2 m 放有另一支架，其上安有望远镜和竖直标尺，从望远镜中同时能看到望远镜的基准叉丝线和标尺的清晰像，从而可读出叉丝线在标尺像上的位置．

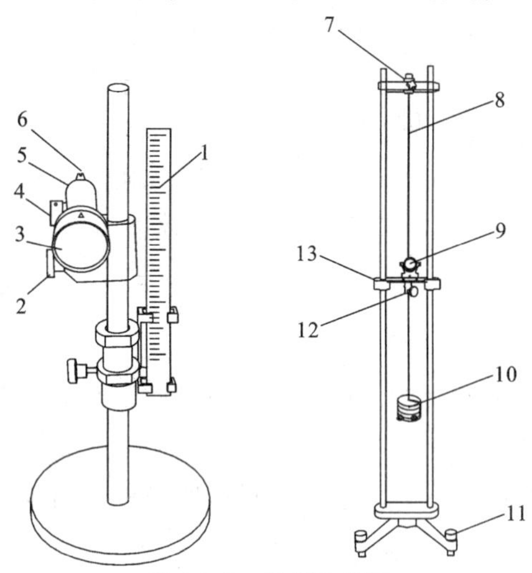

图 4-2-1　仪器装置图

1—标尺；2—锁紧手轮；3—望远镜；4—调焦手轮；5—目镜；6—准星；7—钢丝上夹头；8—钢丝；9—光杠杆；10—砝码；11—支架调平螺钉；12—钢丝下夹头；13—工作平台

当钢丝下端砝码重量改变前，光杠杆和标尺平行，望远镜叉丝对准标尺经平面镜 M 反射回的刻度值为 P；当钢丝下端增加拉力 ΔF 后，使钢丝伸长 ΔL，夹紧钢丝的圆柱形夹头下降，光杠杆的后足随之下降，平面反射镜 M 以光杠杆两前足为轴转过一微小角度 θ，根据光的反射定律，反射线将旋转 2θ，这时望远镜叉丝对准标尺的刻度值为 Q，标尺

上刻度值改变量 $\Delta x = PQ$. 由于 ΔL 很小，反射镜 M 偏转角也极微小.

如图 4-2-2 所示，$\tan\theta = \dfrac{\Delta L}{I} \approx \theta$，$\tan 2\theta = \dfrac{\Delta x}{D} \approx 2\theta$，则

$$\frac{\Delta L}{I} = \frac{\Delta x}{2D}$$

$$\Delta L = \frac{I}{2D}\Delta x \tag{4-2-2}$$

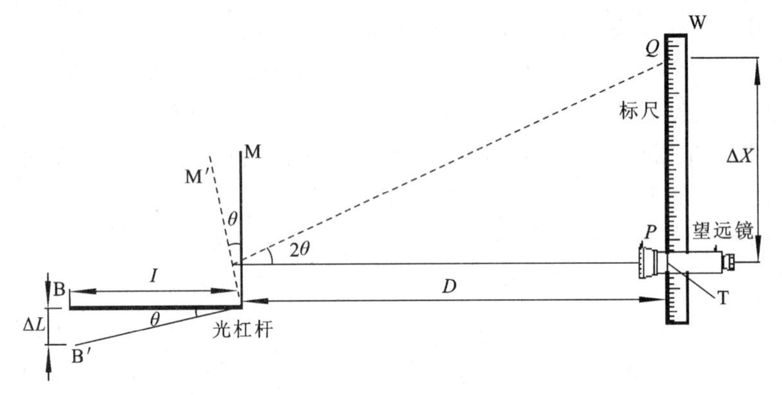

图 4-2-2　光杠杆原理图

将式（4-2-2）代入式（4-2-1），得

$$E = \frac{8DL}{\pi d^2 I} \cdot \frac{\Delta F}{\Delta x} \tag{4-2-3}$$

【实验步骤】

1. 调支架铅直. 在砝码托上加 1 或 2 个砝码（此砝码不计入作用力 ΔF 内），使钢丝拉直.

2. 将光杠杆两前足放在支架中间工作平台的凹槽内，后足放在夹紧钢丝的圆柱形夹头上. 反射镜镜面竖直.

3. 将望远镜置于光杠杆前 1.5 ~ 2 m 处，微调反射镜镜面，使之与尺平行，将眼睛位于望远镜上方，顺着镜筒方向，通过准星调整望远镜的高度，或左右移动望远镜底座，使望远镜镜筒上方的准星、缺口与反射镜中标尺的像在一条直线上.

4. 调节目镜焦距使十字叉丝清晰. 然后调节物镜焦距在目镜中调出反射镜的像，稍动望远镜底座和微调俯仰螺钉，使反射镜的像在目镜视野中央. 进一步调节物镜焦距使目镜视野中出现标尺清晰的像，此时十字叉丝水平线对准的标尺刻度值为 x_0. 稍调反射镜的倾角或标尺的高度或微调俯仰螺钉，使 x_0 为尺上黑色刻度而且是稍大于零的值.

5. 先记下十字叉丝长横线对应的标尺读数初始值 x_0，依次在砝码托上增加 1 kg 的砝码共增加五个砝码，砝码缺口要错落放置，从望远镜中观察标尺读数，逐次记下相应的读数 x_1，x_2，x_3，x_4，x_5. 然后依次取下 1 kg 砝码，记下相应的读数 x_4，x_3，x_2，x_1，x_0. 求出同样砝码对应的平均读数 $\overline{x_i}$（$i=0$，1，2，3，4，5）. 将测量数据填入表 4-2-1 中.

6. 用卷尺量出反射镜面（反射镜两个前脚所在的槽）到标尺的距离 D，用钢板尺量出紧固钢丝的两个螺钉的中心间的距离 L. 在纸上印出平面反射镜三个足尖痕迹，测出后足尖到两个前足尖连线的垂直距离 l. 用千分尺在钢丝上不同位置测直径 d 共 5 次，将测量数据填入表 4-2-2中，求出平均值.

【数据处理与要求】

1. 用逐差法处理数据，求出钢丝的杨氏模量 E_1.

表 4-2-1 测钢丝伸长量数据表

增加拉力 ΔF/N	加砝码时 x_i/cm	减砝码时 x_i/cm	平均值 $\overline{x_i}$/cm
0			
1 ×9.8			
2 ×9.8			
3 ×9.8			
4 ×9.8			
5 ×9.8			

表 4-2-2 钢丝直径及长度等测量数据表

不同位置测钢丝直径 d/mm						D/cm	l/cm	L/cm
1	2	3	4	5	$\overline{d}$			

2. 以拉力改变量 ΔF 为纵坐标，以标尺读数改变量 Δx（$\Delta x=x_i-x_0$）为横坐标作图，求出斜率代入式（4-2-3），求出 E_2.

3. 以普通钢丝杨氏模量 $E_0=2.00\times10^{11}$ N/m^2 为公认值，分别计算 E_1、E_2 的相对误差 E_{E_1}、E_{E_2}.

*4. 练习用 Origin 或 Excel 数据处理软件对所测数据进行直线拟合，确定该直线方程，利用直线斜率计算出钢丝的杨氏模量 E_3，并画出以 Δx 为横坐标、ΔF 为纵坐标的相应图形.

【思考与练习题】

1. 若标尺不垂直于望远镜镜筒轴，或镜筒轴不垂直于光杠杆镜面，这时实验结果有何不同？

2. 材料相同，但粗细、长度不同的两根钢丝，它们的杨氏模量是否相同？

3. 实验中的几个长度测量采用不同的仪器，为什么这样安排？实验中哪个量的测量误差对结果影响较大？如何进一步改进？

4. 光杠杆有何优点？怎样提高光杠杆测量微小长度变化的灵敏度？

5. 为什么用逐差法处理本实验数据能减小测量的相对误差？

*6. 如何计算杨氏模量 E 的不确定度？

【相关科学家介绍】

托马斯·杨（Thomas Young，1773—1829）英国医生兼物理学家，光的波动学说的奠基人之一．1773 年 6 月 13 日，托马斯·杨生于萨默塞特郡的米菲尔顿．他从小就有神童之称，兴趣十分广泛，后来进入伦敦的圣巴塞罗缪医学院学医，21 岁时，即以他的第一篇医学论文成为英国皇家学会会员．为了进一步深造，他到爱丁堡和剑桥大学继续学习，后来又到德国哥廷根去留学．在那里，他受到一些德国自然哲学家的影响，开始怀疑光的微粒说．1801 年，他进行了著名的杨氏干涉实验，为光的波动说的复兴奠定了基础．他于 1829 年 5 月 10 日在伦敦逝世．

1. 杨氏干涉实验．著名的杨氏干涉实验为光的波动说奠定了基础．杨氏干涉实验的巧妙之处在于，让通过一个小针孔 S_0 的一束光，再通过两个小针孔 S_1 和 S_2，变成两束光．这样的两束光因为来自同一光源，所以它们是相干的．结果表明，在光屏上果然看见了明暗相间的干涉图样．后来，他又以狭缝代替针孔，进行了双缝干涉实验，得到了更明亮的干涉条纹．在他之前，不少人曾进行过光的干涉实验，由于他们是用两个独立的非相干光源发出的两束光叠加，因此，这些实验都失败了．

托马斯·杨用这个实验首先引入干涉概念，论证了波动说，又利用波动说解释了牛顿环的成因和薄膜的彩色．1801 年他引入叠加原理，把惠更斯的波动理论和牛顿的色彩理论结合起来，成功地解释了规则光栅产生的色彩现象．1803 年，他又用波动理论解释了障碍物影子具有彩色毛边的现象．1820 年他用比较完善的波动理论对光的偏振做出了比较满意的解释，认为只要承认光波是横波，必然会产生偏振现象．

2. 三原色原理．托马斯·杨通过对人眼感知颜色的研究，建立了三原色原理．他第一个测量了七种颜色光的波长．他曾从生理角度说明了人眼的色盲现象，建立了三原色原理，指出一切色彩都可以由红、绿、蓝这三种原色的不同比例的混合而得到．

3. 关于弹性力学的研究．托马斯·杨对弹性力学很有研究，特别是对胡克定律和弹性模量．后人为了纪念托马斯·杨的贡献，把纵向弹性模量（正应力与线应变之比）称为杨氏模量．

4. 关于考古学的研究．1814 年，托马斯·杨开始研究考古发现的古埃及石碑，他用了几年时间破译了碑上的文字，对考古学做出了贡献．

托马斯·杨一生兴趣广泛，博学多才．他除了以物理学家闻名于世外，在其他许多领域都有所成就．他从小就广泛阅读各种书籍，对古典书、文学书以及科学著作无所不好，并能一目数行；他精通绘画、音乐，几乎掌握当时的全部乐器．他一生研究过力学、数学、光学、声学、生理光学、语言学、动物学、埃及学等，可以说是一位百科全书式的学者．

4.3 简谐振动的研究实验

振动是一种重要而又普遍的运动形式，在日常生活以及物理学、无线电学、医学和各种工程技术领域中都广泛存在．简谐振动是最基本、最简单的振动，一切复杂的振动都可以看作是多种简谐振动的合成．因此，熟悉简谐振动的规律及其特征，对于理解复杂振动的规律是非常重要的．振动和波动的理论是声学、地震学、光学、无线电技术等科学的基础．本实验在气垫导轨上观察简谐振动现象，测定简谐振动的周期并求出弹簧的劲度系数和等效质量．

【预习提示】

1．简谐振动指的是位移 x 随时间 t 按余弦（或正弦）规律作周期性运动的振动．

2．简谐振动的周期 T 与简谐振动的振幅 A 无关，与振动系统的质量 m 成正比，与弹簧的劲度系数 k 成反比，其表达式为

$$T^2=\frac{4\pi^2}{k}\left(m_1+m_0+m_i\right)$$

通过对周期 T 的测量可以确定弹簧的倔强系数和等效质量 m_0．

3．本实验的关键是对简谐振动周期 T 的测定．

【实验目的】

1．了解简谐振动的规律和特征，测出弹簧振子的振动周期．

2．测量弹簧的劲度系数和等效质量．

3．熟练掌握实验数据处理的方法——逐差法和作图法．

【实验器材】

气垫导轨、气源、MUJ-5B 计时、计数、测速仪、滑块、弹簧、砝码等．

【实验原理】

在水平的气垫导轨上放置一滑块，用两个弹簧分别将滑块和气垫导轨两端连接起来，如图 4-3-1（a）所示．当弹簧处于原长时，选滑块的平衡位置为坐标原点 O，沿水平方将向右建立 x 轴．将滑块从平衡位置移到某点 A，其位移为 x，此时，左边的弹簧被拉长，右边的弹簧被压缩如图 4-3-1（b）所示．

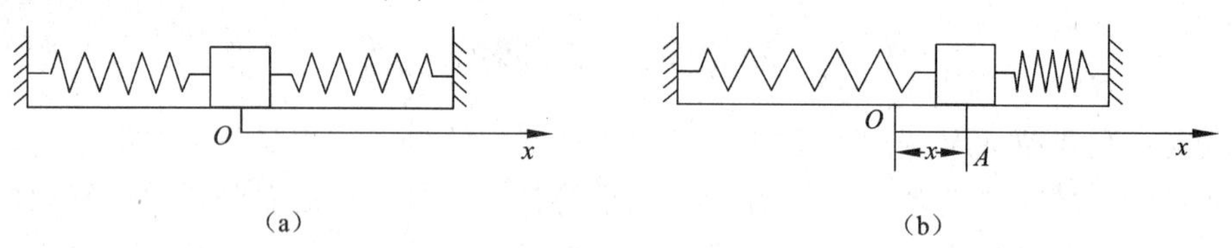

图 4-3-1　简谐振动示意图

若两个弹簧的劲度系数分别为 k_1、k_2，则滑块受到一个向左的弹性力

$$F = -(k_1 + k_2)x \tag{4-3-1}$$

式中，负号表示力和位移的方向相反．在竖直方向上滑块所受的重力和支持力平衡，忽略滑块和气轨间的摩擦，则滑块仅受在 x 轴方向的弹性力 F 的作用，将滑块放开后系统将作简谐振动．其运动的动力学方程为

$$-(k_1 + k_2)x = m\frac{\mathrm{d}^2x}{\mathrm{d}t^2} \tag{4-3-2}$$

令 $\omega^2 = (k_1 + k_2)/m$，则方程变为

$$\frac{\mathrm{d}^2x}{\mathrm{d}t^2} + \omega^2 x = 0 \tag{4-3-3}$$

这个二阶常系数微分方程的解为

$$x = A\cos(\omega t + \varphi)$$

式中，ω 为角频率，A 为振幅，φ 为初相．且角频率为

$$\omega = \sqrt{\frac{k_1 + k_2}{m}}$$

简谐振动的周期为

$$T = \frac{2\pi}{\omega} = 2\pi\sqrt{\frac{m}{k_1 + k_2}} = 2\pi\sqrt{\frac{m_1 + m_0}{k_1 + k_2}} \tag{4-3-4}$$

式中，$m = m_1 + m_0$ 是弹簧振子的有效质量，m_1 为滑块的质量，m_0 为弹簧的等效质量．严格地说，谐振动周期与振幅无关，与振子的质量和弹簧的劲度系数 k 有关．当两弹簧劲度系数相同，即 $k_1 = k_2 = \frac{k}{2}$时，简谐振动的周期为

$$T = 2\pi\sqrt{\frac{m_1 + m_0}{k}} \tag{4-3-5}$$

若在滑块上放质量为 m_i 的砝码，则弹簧振子的有效质量变为 $m = m_1 + m_0 + m_i$，简谐振动的周期变为

$$T = 2\pi\sqrt{\frac{m_1 + m_0 + m_i}{k}}$$

$$T^2 = \frac{4\pi^2}{k}(m_1 + m_0 + m_i) \tag{4-3-6}$$

【实验步骤】

1. 观察简谐振动周期与振幅的关系并测定周期.

(1) 接通气源和 MUJ-5B 计时计数测速仪电源，熟悉 MUJ-5B 计时计数测速仪面板上各键的功能及使用方法. 气垫导轨、气源、计时计数测速仪连接如图 4-3-2 所示.

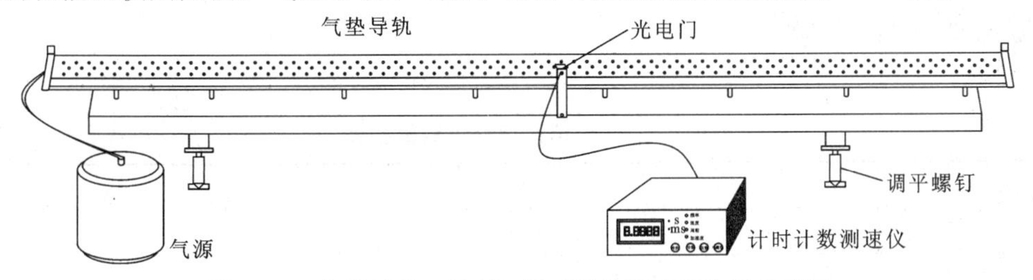

图 4-3-2 气垫导轨、气源、计时计数测速仪连接示意图

(2) 打开气源电源开关，把滑块置于气轨上并将气垫导轨调水平.

(3) 将弹簧连于滑块和气轨之间. 使滑块离开平衡位置后，观察其振动情况.

(4) 打开 MUJ-5B 计时计数测速仪电源开关，按功能键选择测周期功能，即可开始测量，当显示屏上显示值为 5 时按转换键停止测量，1 s 后显示屏上显示数值即为五个周期共用时间值.

(5) 将滑块的振幅依次取 5 cm、10 cm、15 cm、20 cm，分别测其振动五个周期的时间. 每个振幅各测三次，将数据填入表 4-3-1 中.

2. 观察简谐振动周期 T 与 m 的关系并测定弹簧的劲度系数和弹簧的等效质量.

(1) 设定测量 10 个周期. 打开 MUJ-5B 计时计数测速仪电源开关，按功能键选择测周期功能. 之后一直按下转换键，直到显示屏上数字从 1 增加到 10.

(2) 测振动 10 个周期. 当滑块在导轨上振动后，按功能键即可开始测量，每过一个周期，显示屏上显示数字减少 1，10 个周期之后显示屏上显示出 10 个周期共用的时间值. 按取数键可依次显示每一个周期所用时间值.

（3）在滑块上依次加 50 g、100 g、150 g、200 g、250 g 的条形砝码，测出不同质量下振动 10 个周期时间，每个质量测三次，将数据填入表 4-3-2 中．求出一个振动周期的平均值．其周期的平方可用下式表示

$$T_i^2=\frac{4\pi^2}{k}(m_1+m_0+m_i)\quad(i=0,1,2,3,4,5) \tag{4-3-7}$$

式中，m_1 为滑块质量，m_0 为弹簧等效质量，m_i 为所加砝码质量．

3．用天平称出滑块的质量（或给出 m_1）．

【注意事项】

1．实验过程中，振幅不要太大，以免损坏振动系统．

2．小心使用滑块，避免掉到地面上损坏滑块．

3．不要把 2 个弹簧拉长后合在一起或一个弹簧首尾相接，以免损坏弹簧．

【数据处理与要求】

表 4-3-1　测简谐振动周期数据表

周期 / 振幅/cm	5T/s			平均值$\overline{T}$/s
	1	2	3	
$A_1=5.00$				
$A_2=10.00$				
$A_3=15.00$				
$A_4=20.00$				

表 4-3-2　测弹簧倔强系数和等效质量数据表

周期 / 砝码质量 m_i/g	10T/s			$\overline{T}$/s
	1	2	3	
0				
50				
100				
150				
200				
250				

1．测定周期，求出振动系统的周期平均值，并分析振动的情况．

2. 用逐差法进行数据处理，测定弹簧的劲度系数和等效质量 m_0.

3. 用作图法进行数据处理，在直角坐标纸上以 m_i 为横坐标，以 T^2 为纵坐标作图，根据拟合直线的斜率和截距求出 k 和 m_0 的值.

*4. 用 Origin 数据处理软件对所测数据进行处理，确定该直线方程，利用直线斜率和截距计算出弹簧的劲度系数和等效质量，并描绘出 T^2-m_i 直线.

【思考与练习题】

1. 仔细观察滑块的振幅有无衰减，分析其原因.
2. 弹簧振动时的等效质量并不等于弹簧的全部质量，为什么？

【知识拓展】

MUJ-5B 计时、计数、测速仪简介.

MUJ-5B 计时、计数、测速仪以单片机为核心，具有计时 1、计时 2、加速度、碰撞、重力加速度、周期、计数、信号源功能. 它能与气垫导轨、自由落体仪等多种仪器配合使用.

一、MUJ-5B 计时计数测速仪前面板

MUJ-5B 计时计数测速仪前面板如图 4-3-3 所示，下面按键号顺序叙述面板结构.

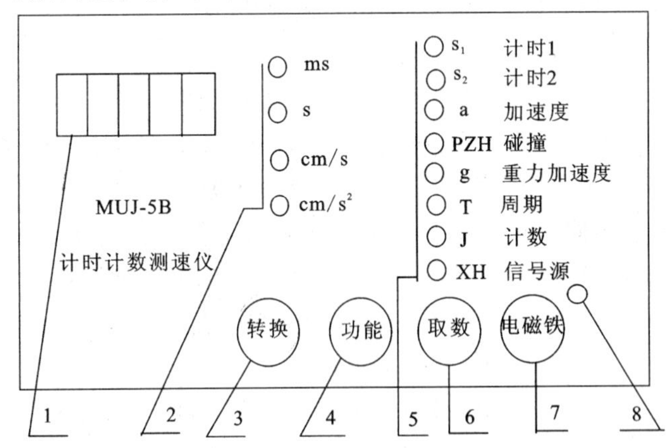

图 4-3-3　MUJ-5B 计时计数测速仪前面板图

1—LED 显示屏；2—测量单位指示灯；3—转换键；4—功能键；5—功能转换指示灯；6—取数键；7—电磁铁键；8—电磁铁工作指示灯

1. LED 显示屏. LED 显示屏位于前面板的左上方。

2. 测量单位指示灯. 根据测量量不同，自动显示，显示屏右侧那个灯亮，即为显示屏上的数值单位.

3. 转换键. 用于测量单位的转换，当光片宽度的设定及简谐运动周期值的设定. 在计时、加速度、碰撞功能时，按转换键小于 1 s，测量值在时间或速度之间转换. 按转换键大于 1 s，可重新选择所用的挡光片宽度 1.0 cm、3.0 cm、5.0 cm、10.0 cm.

4. 功能键. 用于八种功能的选择或清除显示数据. 按住功能键不放，可进行功能循环选择.

功能键也是复位键. 光电门遮光，显示屏显示测量数据后，按功能键，可清“0”复位.

5. 功能转换指示灯. 哪个指示灯亮，右边所示即为所测量. 具体如下：

（1）计时 1. 测量对任一光电门的挡光时间（不适合气垫导轨实验）.

（2）计时 2. 测量 P1 输入接口两光电门两次挡光或 P2 输入接口两光电门两次挡光的间隔时间，而不是 P1、P2 输入接口各挡光一次.（适合气垫导轨实验，测量时间应使用凹形当光片）

（3）加速度. 测量凹形挡光片通过两只光电门的速度及通过两光电门之间距离的时间，可接 2 ~ 4 个光电门. 如接入 2 个光电门，做完实验，循环显示下列数据.

1	第一个光电门
×××××	第一个光电门测量值
2	第二个光电门
×××××	第二个光电门测量值
1 ~ 2	第一至第二光电门
×××××	第一至第二光电门测量值

如接入 4 个光电门将继续显示第 3 个、第 4 个光电门及 2-3、3-4 段的测量值.

（4）碰撞. 进行等质量，不等质量碰撞实验. 在 P1、P2 输入接口各接入一只光电门，两只滑行器上安装相同宽度的凹形挡光片及碰撞弹簧，滑行器从气轨两端向中间运动，各自通过一只光电门后碰撞. 做完实验，会循环显示下列数据：

P1.1	P1 接口光电门第一次通过
×××××	P1 接口光电门第一次测量值
P1.2	P1 接口光电门第二次通过
×××××	P1 接口光电门第二次测量值
P2.1	P2 接口光电门第一次通过
×××××	P2 接口光电门第一次测量值
P2.2	P2 接口光电门第二次通过
×××××	P2 接口光电门第二次测量值

如滑块三次通过 P1 口光电门，一次通过 P2 口光电门，本机将不显示 P2.2，而显示 P1.3，表示 P1 口光电门进行了三次测量.

如滑块三次通过 P2 口光电门，一次通过 P1 口光电门，本机将不显示 P1.2，而显示 P2.3，表示 P2 口光电门进行了三次测量.

（5）重力加速度．将电磁铁插头接入电磁插口，两个光电门接入．P2 光电门插口，按动电磁铁键，电磁指示灯亮，吸上钢球；再按动电磁铁键，电磁指示灯灭，钢球下落计时开始，钢球下部遮住光电门，计时器显示结果：

1	第一个光电门
×××××	t1 值
2	第二个光电门
×××××	t2 值

若第三个光电门插在 P1 光电门内侧插口，还可测到第三个数值.

将两光电门之间距离设定大些，可减少测量误差.

（6）周期．接入一个光电门，测量简谐运动 1～10 000 周期的时间，可选用以下两种方法.

不设定周期数：开机仪器会自动设定周期数为 0，完成一个周期，显示周期数加 1，按转换键即停止测量．显示最后一个周期数约 1 s 后，显示累计时间值．按取数键，可提取每个周期的时间值.

设定周期数，按住转换键，确认所设定的周期数时放开此键．只能设定 100 以内的周期数，每完成一个周期，显示周期数会自动减 1，当完成最后一次周期测量，会显示累计时间值．按取数键可显示本次实验每个周期的测量值.

待运动平稳后，按功能键，开始测量.

（7）计数．测量光电门的遮光次数.

（8）信号源．将信号源输出插头，插入信号源输出插口，可在插头上测量本机输出时间间隔为 0.1 ms、1 ms、10 ms、1 000 ms 的电信号，按转换键可改变电信号的频率.

6. 取数键．在使用计时 1、计时 2、周期功能时，仪器可自动存储前 20 个测量值．取出存储数据，按取数键，可依次显示数据存储顺序及相应值．清除存储数据，在显示存储值过程中，按功能键.

7. 电磁铁键．按此键可控制电磁铁的通、断.

8. 电磁铁工作指示灯.

二、MUJ-5B 计时计数测速仪后面板

MUJ-5B 计时计数测速仪后面板如图 4-3-4 所示．后面板结构包括如下部分.

1. P1 光电门插口（外口兼电磁铁插口）.

2. P2 光电门插口.

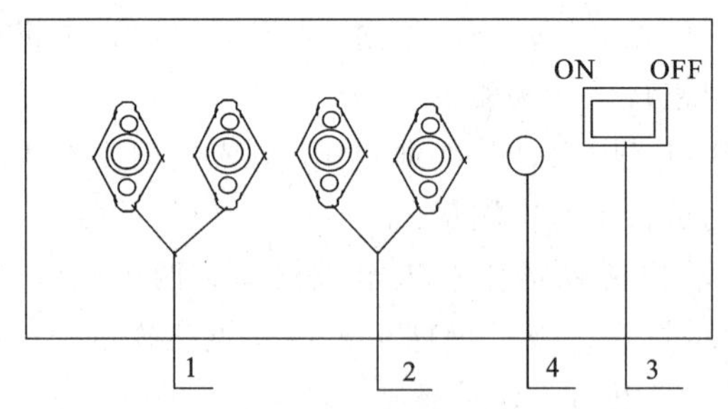

图 4-3-4　MUJ-5B 计时计数测速仪后面板图

3. 信号源输出插口.

4. 电源开关.

MUJ-5B 计时计数测速仪具有自检功能. 按住取数键，开启电源开关，数码管显示“22222”、“5. 5. 5. 5. 5. ”，发光二极管全亮，显示 250. 47 ms，说明仪器正常.

4.4　测量金属线膨胀系数实验

绝大多数物质具有热胀冷缩的特性，在一维情况下，固体受热后长度的增加称为线膨胀. 在相同条件下，不同材料的固体，其线膨胀的程度各不相同，我们引入线膨胀系数来表征物质的膨胀特性. 线膨胀系数是物质的基本物理参数之一，在道路、桥梁、建筑等工程设计，精密仪器仪表设计，材料的焊接、加工等各种领域，都必须对物质的膨胀特性予以充分的考虑. 例如，铁轨在夏天和冬天、白天和晚上的长度会有变化，在铺设铁轨时必须注意到这一点. 在制造高压或真空容器时，如果选用两种以上材料，而且这些材料的热胀冷缩的程度相差很大，就有可能形成事故隐患. 本实验利用固体线膨胀系数测量仪和温控仪，对固体的线膨胀系数进行准确测量.

在科研、生产及日常生活的许多领域，常常需要对温度进行调节、控制. 温度调节的方法有多种，PID 调节是对温度控制精度要求高时常用的一种方法. 物理实验中经常需要测量物理量随温度的变化关系，本实验提供的温控仪针对学生实验的特点，让学生自行设定调节参数，并能实时观察到对于特定的参数温度及功率随时间的变化关系及控制精度. 加深学生对 PID 调节过程的理解，让等待温度平衡的过程变得生动有趣.

【预习提示】

1. 当温度升高时，原子间的平均距离也相应增大，这就导致整个固体的膨胀，线胀系数 α 指的是当温度升高 1 ℃时，固体在一维方向上的相对伸长量.

2. 在温度变化不太大时，线胀系数 α 可认为是一个恒量，本实验关键是测量固体相应的长度变化量 ΔL.

3. 实验中用千分表测量 ΔL. 千分表是通过精密的齿条齿轮传动，将线位移转化成指针的偏转，这种千分表目前在机械加工行业仍广泛使用.

【实验目的】

1. 测量金属的线膨胀系数.
2. 学习 PID 调节的原理并通过实验了解参数设置对 PID 调节过程的影响.

【实验器材】

金属线膨胀实验仪、ZKY-PID 温控实验仪、千分表. 三种实验器材具体介绍如下.

一、金属线膨胀实验仪

仪器外形如图 4-4-1 所示. 金属棒的一端用螺钉连接在固定端，滑动端装有轴承，金属棒可在此方向自由伸长. 通过流过金属棒的水加热金属，金属的膨胀量用千分表测量. 支架都用隔热材料制作，金属棒外面包有绝热材料，以阻止热量向基座传递，保证测量准确.

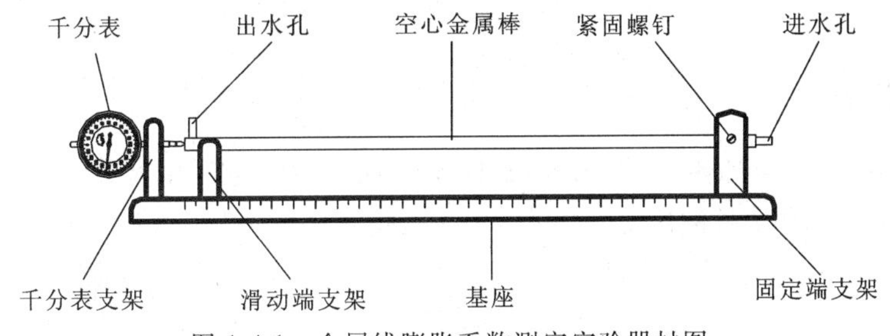

图 4-4-1 金属线膨胀系数测定实验器材图

二、开放式 PID 温控实验仪

温控实验仪包含水箱、水泵、加热器、控制及显示电路等部分.

本温控实验仪内置微处理器，带有液晶显示屏，具有操作菜单化，能根据实验对象选择 PID 参数以达到最佳控制，能显示温控过程的温度变化曲线和功率变化曲线及温度和功率的实时值，能存储温度及功率变化曲线，控制精度高等特点，仪器面板如图 4-4-2 所示.

开机后，水泵开始运转，显示屏显示操作菜单，可选择工作方式、输入序号及室温，设定将加热的温度及 PID 参数. 使用►、◄键选择项目，使用▲、▼键改变参数，按确认键进入下一屏，按返回键返回上一屏. 全部项目设置完毕后按确认键. 进入测量界面后，屏幕上方的数据栏从左至右依次显示序号，设定温度、初始温度、当前温度、当前功率、加热时间等参数. 图形区以横坐标代表时间，纵坐标代表温度（功率），并可用

▲、▼键改变温度坐标值. 仪器每隔 15 s 采集一次温度及加热功率值，并将采得的数据标示在图上. 温度达到设定值并保持 2 min 温度波动小于 0.1℃，仪器自动判定达到平衡，并在图形区右边显示过渡时间 t，动态偏差 σ，静态偏差 e.

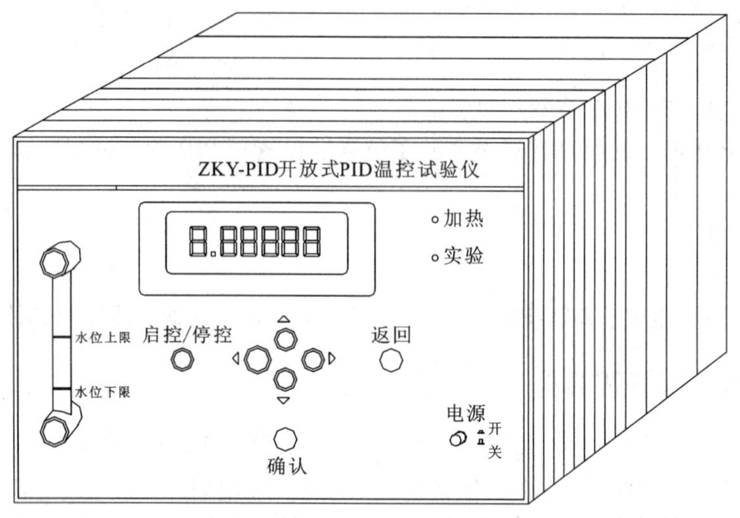

图 4-4-2　开放式 PID 温控实验仪

三、千分表

千分表是用于精密测量位移量的量具，如图 4-4-3 所示. 它利用齿条—齿轮传动机构将线位移转变为角位移，由表针的角度改变量读出线位移量. 大表针转动 1 圈（小表针转动 1 格），代表线位移 0.2 mm，最小分度值为 0.001 mm. 图 4-4-3 所示千分表的读数为 153.7×10^{-3}mm.

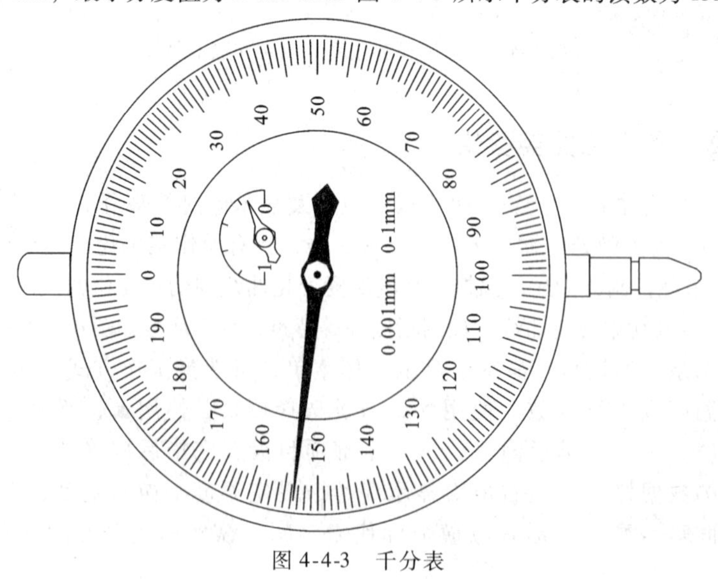

图 4-4-3　千分表

【实验原理】

一、线膨胀系数

设在温度为 t_0 时固体的长度为 L_0，在温度为 t_1 时固体的长度为 L_1. 实验指出，当温度变化范围不大时，固体的伸长量 $\Delta L = L_1 - L_0$ 与温度变化量 $\Delta t = t_1 - t_0$ 及固体的长度 L_0 成正比，即

$$\Delta L = \alpha L_0 \Delta t \tag{4-4-1}$$

式中，比例系数α 称为固体的线膨胀系数，由上式知

$$\alpha = \frac{\Delta L}{L_0} \cdot \frac{1}{\Delta t} \tag{4-4-2}$$

可以将α 理解为当温度升高 1℃时，固体增加的长度与原长度之比. 多数金属的线膨胀系数在（0.8 ~2.5） $\times 10^{-5}$/℃之间.

线膨胀系数是与温度有关的物理量. 当 Δt 很小时，由式（4-4-2）测得的α 称为固体在温度为 t_0 时的微分线膨胀系数. 当 Δt 是一个不太大的变化区间时，我们近似认为α 是不变的，由式（4-4-2）测得的α 称为固体在 $t_0 \sim t_1$ 温度范围内的线膨胀系数.

由式（4-4-2）知，在 L_0 已知的情况下，固体线膨胀系数的测量实际归结为温度变化量 Δt 与相应的长度变化量 ΔL 的测量，由于α 数值较小，在 Δt 不大的情况下，ΔL 也很小，因此准确地控制 t、测量 t 及 ΔL 是保证测量成功的关键.

二、PID 调节原理

PID 调节是自动控制系统中应用最为广泛的一种调节规律，自动控制系统的原理可用图 4-4-4 说明.

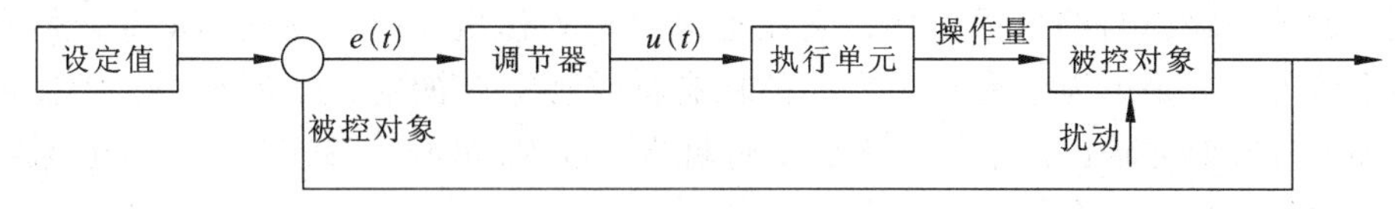

图 4-4-4　自动控制系统框图

假如被控量与设定值之间有偏差 $e(t)$ =设定值 - 被控量，调节器依据 $e(t)$ 及一定的调节规律输出调节信号 $u(t)$，执行单元按 $u(t)$ 输出操作量至被控对象，使被控量逼近直至最后等于设定值. 调节器是自动控制系统的指挥机构.

在我们的温控系统中，调节器采用 PID 调节，执行单元是由可控硅控制加热电流的加热器，操作量是加热功率，被控对象是水箱中的水，被控量是水的温度.

PID 调节器是按偏差的比例（proportional）、积分（integral）、微分（differential）进

行调节，其调节规律可表示为

$$u(t) = K_p\left[e(t) + \frac{1}{T_I}\int_0^t e(t)\mathrm{d}t + T_D\frac{\mathrm{d}e(t)}{\mathrm{d}t}\right] \tag{4-4-3}$$

式中，第一项为比例调节，K_P 为比例系数；第二项为积分调节，T_I 为积分时间常数；第三项为微分调节，T_D 为微分时间常数.

PID 温度控制系统在调节过程中温度随时间的一般变化关系可用图 4-4-5 表示，控制效果可用稳定性、准确性和快速性评价.

系统重新设定（或受到扰动）后经过一定的过渡过程能够达到新的平衡状态，则为稳定的调节过程；若被控量反复振荡，甚至振幅越来越大，则为不稳定调节过程，不稳定调节过程是有害而不能采用的. 准确性可用被调量的动态偏差和静态偏差来衡量，二者越小，准确性越高. 快速性可用过渡时间表示，过渡时间越短越好. 实际控制系统中，上述三方面指标常常是互相制约、互相矛盾的，应结合具体要求综合考虑.

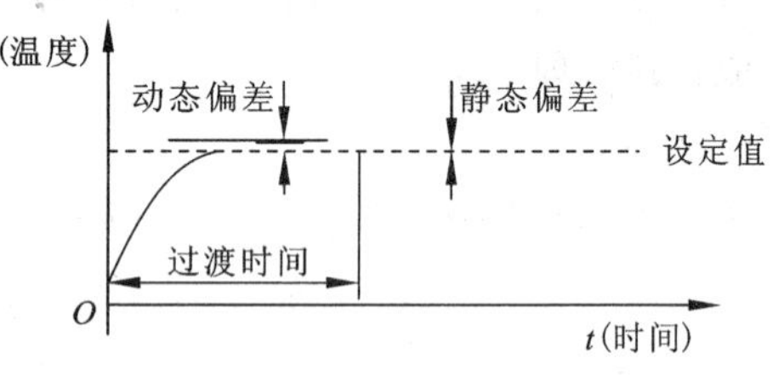

图 4-4-5　PID 调节系统过渡过程

由图 4-4-5 可见，系统在达到设定值后一般并不能立即稳定在设定值，而是超过设定值后经一定的过渡过程才重新稳定，产生超调的原因可从系统惯性、传感器滞后和调节器特性等方面予以说明. 系统在升温过程中，加热器温度总是高于被控对象温度，在达到设定值后，即使减小或切断加热功率，加热器存储的热量在一定时间内仍然会使系统升温，降温有类似的反向过程，这称为系统的热惯性. 传感器滞后是指由于传感器本身热传导特性或是由于传感器安装位置的原因，使传感器测量到的温度比系统实际的温度在时间上滞后，系统达到设定值后调节器无法立即作出反应，产生超调. 对于实际的控制系统，必须依据系统特性合理整定 PID 参数，才能取得好的控制效果.

比例调节项输出与偏差成正比，它能迅速对偏差作出反应，并减小偏差，但它不能消除静态偏差. 这是因为任何高于室温的稳态都需要一定的输入功率维持，而比例调节项只有偏差存在时才输出调节量. 增加比例调节系数 K_P 可减小静态偏差，但在系统有热惯性和传感器滞后时，会使超调加大.

积分调节项输出与偏差对时间的积分成正比，只要系统存在偏差，积分调节作用就不断积累，输出调节量以消除偏差. 积分调节作用缓慢，在时间上总是滞后于偏差信号的变化. 增加积分作用（减小 T_I）可加快消除静态偏差，但会使系统超调加大，增加动态偏差，积分作用太强甚至会使系统出现不稳定状态.

微分调节项输出与偏差对时间的变化率成正比，它阻碍温度的变化，能减小超调量，克服振荡. 在系统受到扰动时，它能迅速作出反应，减小调整时间，提高系统的稳定性. PID 调节器的应用已有一百多年的历史，理论分析和实践都表明，应用这种调节规律对许多具体过程进行控制时，都能取得满意的结果.

【实验步骤】

1. 检查仪器上的水位管，从仪器顶部的注水孔将水箱水加到水位上限附近.

2. 实验开始前检查金属棒是否固定良好，千分表安装位置是否合适. 一旦开始升温及读数，就不可再触动实验仪和千分表.

3. 打开开放式 PID 温控实验仪电源开关，此时水应流动循环起来. 否则就是软管中有一段空气柱阻碍了水的流动，这时关掉电源开关，将软管拔下将空气排出.

4. 若水循环无碍后，再进入测量界面，设定环境温度、设定温度（初步设定温度为25 ℃）. 使用►、◄键选择项目，哪个数字反灰即表明此数字是当前可改变项. 使用▲、▼键可增大或减少当前改变项目的数值. 设置好后按“确认”键，然后按“启控/停控”键进行加热. 仪器上会显示出即时温度值及过渡时间.

5. 加热 4 ~5 min 后，应已达到设定温度值（与设定值偏差不超过 0.01 ℃），这时读出千分表的示值. 按“返回”键，回到设置温度的界面，再将温度设定为 30 ℃，设置好后按“启控/停控”键进行加热.

6. 重复步骤 5，温度设置值逐渐升高为 35 ℃、40 ℃、45 ℃、50 ℃. 分别记录不同温度下千分表的示值. 记录温度及千分表示值于表 4-4-1 中.

表 4-4-1　测量金属的线胀系数数据表

次数	1	2	3	4	5	6
温度/℃	25	30	35	40	45	50
千分表读数/（10^{-3} mm）						

【注意事项】

1. 实验过程中严禁移动实验仪器，尤其是千分表.

2. 温控仪最高预设温度为 60 ℃.

【数据处理与要求】

1. 用逐差法进行数据处理，求待测金属的线胀系数，已知固体样品长度 $L_0 = 500$ mm.

2. 用作图法进行数据处理，以 Δt_i（$\Delta t_i = t_i - 25$ ℃）为横坐标、以 ΔL_i（$\Delta L_i = L_i -$

L_{25}）为纵坐标作图，根据直线的斜率求出线胀系数.

*3. 练习用 Origin 数据处理软件对所测数据进行拟合，确定该直线方程，利用直线斜率计算出线胀系数，并绘出 ΔL_i-Δt_i 图形.

【思考与练习题】

1. 你能否想出另一种测量微小伸长量的方法，从而测出材料的线胀系数？

2. 线胀系数为 α，对于各向同性的物体，每当温度改变 1 ℃时，面积的相对变化率为 2α，那么体积 V 的相对变化率为多少？

4.5　用模拟法测量静电场实验

用一般仪表直接测量带电体在空间形成的静电场是非常困难的. 因为仪器的探针一旦引入静电场，将在探针上产生感应电荷，这些电荷又产生电场，使原静电场改变. 为了解决这个问题，可以采用静电仪表进行测量. 人们通常也采用电流场模拟静电场的方法进行测量. 因为电流场很容易测量. 用电流场模拟静电场是研究静电电场最简单的方法之一.

【预习提示】

为克服直接测量静电场的困难，可仿造一个与待测静电场分布完全一样的电流场，用容易直接测量的电流场去模拟静电场. 静电场与稳恒电流场本是两种不同的场，但它们两者之间在一定条件下具有相似的空间分布，也就是说静电场的电力线和等势线与稳恒电流场的电流密度矢量和等位线具有相似的分布，所以测定出稳恒电流场的电位分布也就求得了静电场的电场分布.

带电圆柱体电场中任意点的电场强度大小为

$$E = \frac{\lambda}{2\pi\varepsilon_0 r}$$

式中，λ 为电荷线密度，r 为电场中某点到中心轴线的距离.

电场中某两点 A、B 之间的电位差

$$U_{AB} = V_A - V_B = \int_{r_A}^{r_B} \vec{E} \cdot \mathrm{d}\vec{r}$$

【实验目的】

1. 学习用模拟法测量电场分布的原理和方法，了解模拟的概念和使用模拟法的

条件.

2. 测定给定电极间的电场分布.

3. 加深对电场强度和电位概念的理解.

【实验器材】

GVZ－3 型导电微晶静电场描绘仪，导线，探针等.

【实验原理】

一、用电流场模拟静电场

电流场和静电场是两种性质完全不同的场，为什么可以用前者来模拟后者呢？我们首先要明确模拟法的基本思想.

仿造另一个场（称模拟场），使它与原来的静电场完全一样，当探针伸入模拟场进行测量时，原来的场不受干扰，而电流场恰好满足这个基本思想.

1. 静电场和电流场规律在形式上的相似性. 静电场的基本规律有高斯定律、拉普拉斯方程等，对稳恒电流场也适用，所以两种情况下的电场分布是等同的，知道了其中一个场的电场分布情况就可以代替另一个电场. 因此，对容易测量的电流场进行研究，来代替不易测量的静电场进行研究.

2. 电位的相似性. 虽说两种场不同，但对两个场都引入了电位的概念. 如果某一静电场是由几个带电体组所产生的，每个带电体的位置形状以及电位 V_1，V_2，…均已知，如图 4-5-1 所示. 那么可以把同样形状的良导体，按同样的位置放在电介质中，使它们的电位也为 V_1，V_2，…，如图 4-5-2 所示，这样得到电流场内任意一点 P' 的直流电位 V'，跟静电场中对应点 P 的静电电位 V 完全一样，而直流电位很容易用伏特计测出，对应的静电场电位也就确定了.

3. 电流线与电力线的相似性. 当把同样电极放在导电介质上的同样位置上，加上相应的电压时，则导电介质中各点有相应的电流流过，每一点的电流密度 j 与该点的电场强度成正比，且方向相同，即遵守欧姆定律的微分形式

$$j = \sigma E$$

式中，E 是电介质内的电场强度，σ 是电介质的电导率，其倒数 ρ 称为电阻率.

于是，在此电介质中，由于电荷运动所形成的稳恒电流线与上述电场中的电力线就有相似的形状. 因此，可由电流线的分布来模拟电力线. 采用稳恒电流场模拟静电场是需要一定条件的，即：

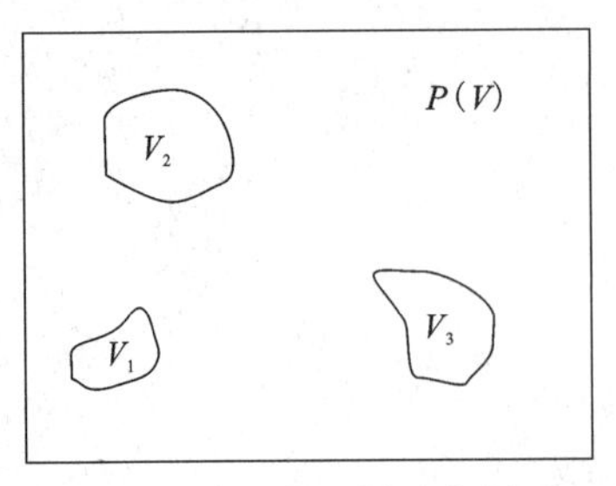

图 4-5-1　静电场示意图

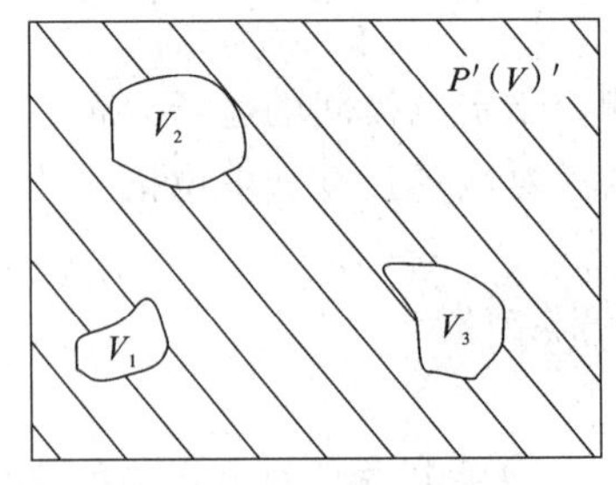

图 4-5-2　电流场示意图

1. 电流场中导电介质分布，必须与静电场介质分布相对应. 若模拟真空场，则模拟场的电介质必须均匀.

2. 要模拟的静电场中的导体如果表面是等位面，则电流场中的导体也应是等位面，这就要求采用良导体制作电极，而且导电介质的电导率不宜太大，若太大就会造成在良导体的电极上有分压，而良导体表面不再是等位面.

3. 测量导电介质中的电位时，必须保证探针支路中无电流流过，以保证电流场不发生畸变.

二、同轴电缆中的电场分布

如图 4-5-3（a）所示，在真空中有一个半径为 $r_1 = a$ 的长圆柱体 A（A 是导体）和一个半径为 $r_2 = b$ 的长圆筒导体 B（同轴电缆），它们中心轴重合，设电极上电位分别为 $U_A = U_0$ 和 $U_B = 0$（接地），带等量异号电荷，则在两个电场间产生静电场.

由于电力线与等位面具有对称性，在垂直于轴线的任一截面 S 内有均匀分布的辐射状电力线，电场的等位面是许多同轴管状面构成，等位面与电力线正交，共同组成一幅形象的电场分布图.

我们取同轴电缆的任一截面进行分析，由对称性就可找到整个电场的分布情况. 如图 4-5-3（b）所示，根据高斯定理，距轴线 r 点处的场强为

$$E = \frac{k}{r} \qquad (a < r < b) \tag{4-5-1}$$

式中，$k = \dfrac{\lambda}{2\pi\varepsilon_0}$，$k$ 与圆柱体线电荷密度 λ 有关.

根据电场中某两点之间的电位差公式 $U_{AB} = U_A - U_B = \int_{r_A}^{r_B} \vec{E} \cdot \mathrm{d}\vec{r}$，得

$$U_{r=a} - U_{r=b} = \frac{\lambda}{2\pi\varepsilon_0}\int_a^b \frac{\mathrm{d}r}{r} = \frac{\lambda}{2\pi\varepsilon_0}\ln\frac{b}{a}$$

把边界条件 $U_{r=a} = U_0$，$U_{r=b} = 0$ 代入上式

$$U_0 = \frac{\lambda}{2\pi\varepsilon_0}\ln\frac{b}{a} \tag{4-5-2}$$

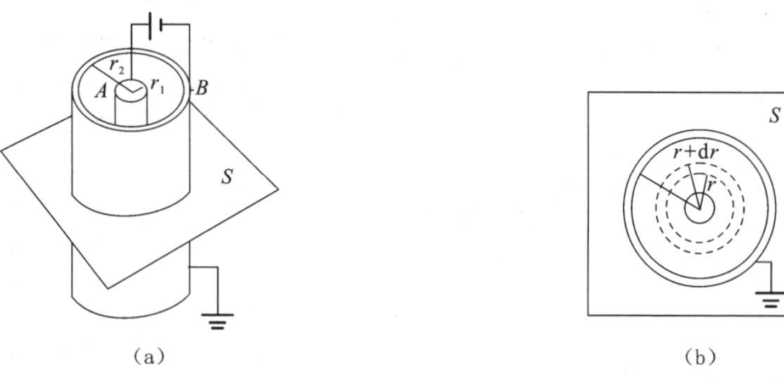

图 4-5-3　同轴电缆中电场分布图

同理，对于电场中任意点的电位 U_r 应有

$$U_r = \frac{\lambda}{2\pi\varepsilon_0}\ln\frac{b}{r} \tag{4-5-3}$$

上面两式相比得

$$U_r = U_0\frac{\ln\frac{b}{r}}{\ln\frac{b}{a}} \tag{4-5-4}$$

【实验步骤】

1．测定两同轴电缆间的电位分布.

（1）按图 4-5-4 所示接好电路.

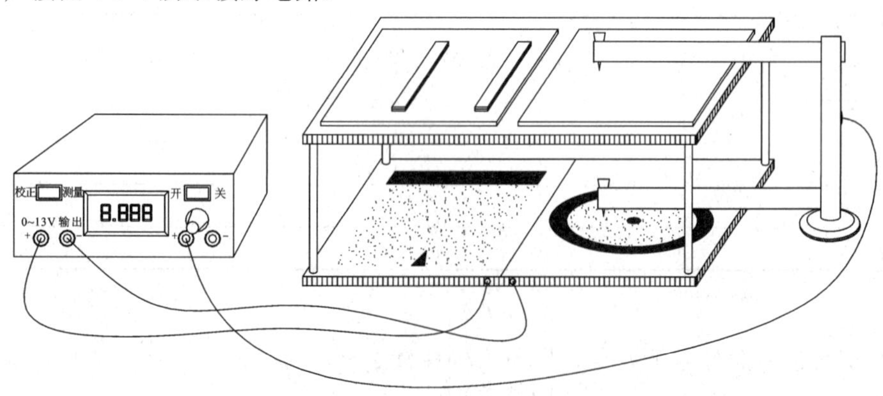

图 4-5-4　实验装置图

（2）将电源电压调为 $U_0 = 10$ V. 从电压 $U = 1$ V 开始打点，点间隔约 0.5 cm，点打

得密一些，以方便描线．然后分别打出 $U=2$ V，4 V，6 V 的一系列点．

（3）用圆滑曲线连接相同电位点，描绘出等位线，根据正交原理画出电力线．

（4）分别对 $U=1$ V，2 V，4 V，6 V 等位线所构成的圆进行测量，测其直径，同一等位线不同的位置测五次直径取平均，并将数值填入表 4-5-1中．

2．模仿静电聚焦电场．

（1）搞清电极构造及接线方式．

（2）取 $U=10$ V，从电压 $U=8$ V 开始，每隔 1 V 或 2 V 测出一条等位线．

（3）用圆滑曲线描绘出等位线，根据正交原理画出电力线，如图 4-5-5 所示．

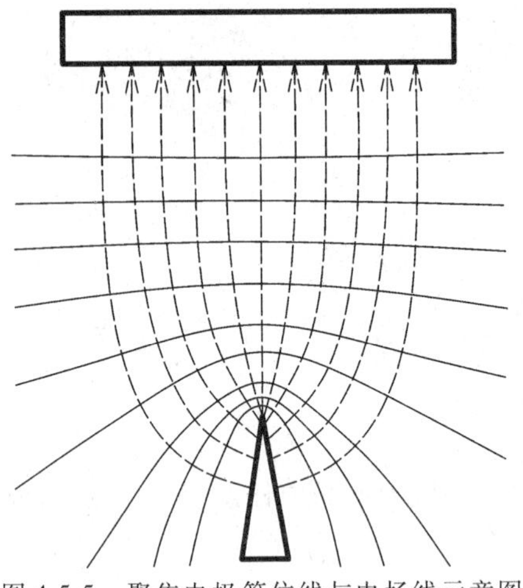

图 4-5-5　聚焦电极等位线与电场线示意图

【注意事项】

1．移动探针时，不要把导电涂层划坏．

2．打点完毕，让老师检查无误后再卸下描点纸．

【数据处理与要求】

表 4-5-1　同轴电缆间电位分布数据表

$U_{实}$/V ＼ r/cm	r_1/cm	r_2/cm	r_3/cm	r_4/cm	r_5/cm	$\bar{r}_{实}$/cm
1.00						
2.00						
4.00						
6.00						

利用同轴电缆电位公式 $U_r=U_0\left[\dfrac{\ln\left(\dfrac{b}{r}\right)}{\ln\left(\dfrac{b}{a}\right)}\right]$计算出各个等位线的电位值，将得到的值与实验值进行比较，计算它们的相对误差，要有详细计算过程．公式中 $a=0.50$ cm，$b=7.50$ cm，$U_0=10$ V．

【思考与练习题】

1. 电力线与等位面（线）之间具有什么关系？等位面（线）密处，场强如何？等位面（线）疏处场强又如何？

2. 电流场模拟静电场需要满足的条件是什么？

3. 聚焦电场描绘出的电力线、电位线进行分析，为何在这种电极情况下对电荷有聚焦作用.

4.6 用电位差计测量电动势实验

直流电位差计是用补偿法和比较法进行测量的一种仪器. 它不但能用来精确测量电动势、电压、电流和电阻等，还可用来校准精密电表，在非电量的测量仪器及自动测量和控制系统中，应用也很广泛.

【预习指导】

1. 本实验用补偿法测量电源的电动势，该方法特点是测量时测量装置与被测电动势之间不发生能量交换，不破坏被测电动势的原始工作状态，是一种高精度的测量技术，常和比较法、平衡法一起使用.

2. 实验中的补偿电路是由稳压电源（3 V）、电阻箱（20 Ω）、电阻丝（11 线电位差计）构成，电阻丝上某两点间的电压用来补偿待测电动势或标准电动势.

3. 电位差计的定标：把调整工作电流 I 使单位长度电阻丝上电位差为 U_0 的过程称为电位差计定标. 为了能相当精确地测量出未知的电动势（或电压），一般采用标准电池定标法. 实验室常用的标准电动势 $E_0=1.018\ 6$ V，若选定每单位长度（单位：m）电阻丝上的电位差 $U_0=0.200\ 00$ V，把 E_0 和检流计串联后并联到电阻丝某两点间，使两点间的电阻丝的长度为

$$L_0=\frac{E_0}{U_0}=\frac{1.018\ 6}{0.200\ 00}\ \mathrm{m}=5.093\ 0\ \mathrm{m}$$

然后调整工作电流 I，使电阻丝上两点间的电位差和 E_0 补偿. 经这样调节后，每单位长度电阻丝上的电位差就确定为 0.200 00 V，此时定标工作就算完成. 定标后的电位差计可用来测量不超过定标值 U_0 乘电阻丝长度的电动势（或电压）.

【实验目的】

1. 熟悉电位差计的基本原理，掌握使用电位差计的基本方法.

2. 学会用 11 线电位差计测量电池的电动势.

【实验器材】

11 线电位差计、标准电池、电阻箱、检流计、待测电池、稳压电源等.

【实验原理】

测量电池的电动势时，将电压表并联到电池两端，此时有电流通过电池内部，由于电池内部有电阻 r，在电池内部不可避免地存在电位降落 I_r，因而电压表指示值只是电池的端电压 U，而电源的电动势为

$$E_x = Ir + U \tag{4-6-1}$$

显然，只有当 $I=0$ 时，电池两端的电压 U 才等于电动势 E_x. 利用电位差计可使被测电动势与一已知电压相互补偿，从而能准确测出未知电动势的数值.

图 4-6-1 为电位差计原理图，AB 为粗细均匀的线状电阻，E 为稳压电源，E 和电阻 AB 串联，电路 $EABR_nE$ 称作辅助回路. AB 两端有恒定的电压 U_{AB}，回路中有恒定的电流 I_0. 若将待测电池 E_x 和检流计 G 串联，接至 C、D 两点，回路 CE_xGDC 就称为补偿回路. 当 $U_{AB} > E_x$ 时，调节 C、D 的位置会出现下列三种情形：

1. $E_x > U_{CD}$，补偿回路中电流顺时针方向流动（指针偏向一侧）.
2. $E_x < U_{CD}$，补偿回路中电流逆时针方向流动（指针偏向另一侧）.
3. $E_x = U_{CD}$，补偿回路中无电流（指针无偏转）.

第三种情形称为电位差计平衡或电位差计处于补偿状态.

AB 是粗细均匀的线状电阻，若其每单位长度上的电阻为 r_0，C、D 间线状电阻长度为 L_x，则待测电动势为

$$E_x = U_{CD} = I_0 r_0 L_x \tag{4-6-2}$$

由于 r_0 是温度的函数，在温度不同的情况下，r_0 值也不同. 在同样环境下将限流电阻 R_n 固定不变，也就是保持工作电流 I_0 不变. 在同样的条件下，用一个电动势很稳定且准确已知的标准电池 E_0 替换，适当调节 C、D 位置至 C'、D'，同样可使检流计 G 的指针不偏转，达到补偿状态，设此时 C'、D'间线状电阻长度的测量值为 L_0，则

$$E_0 = U_{C'D'} = I_0 r_0 L_0 \tag{4-6-3}$$

将上两式比较后得到

$$E_x = \frac{L_x}{L_0} E_0 \tag{4-6-4}$$

上式表明，待测电池的电动势 E_x，可用标准电池的电动势 E_0 及电位差计处于补偿状态下测得的 L_x 和 L_0 值来确定.

【实验步骤】

1．把稳压电源 E 输出调到 3 V，电阻箱 R_n 的阻值调到 20 Ω．

2．按图 4-6-2 所示接好电路，注意 E、E_x、E_0 的极性切勿接错，否则无法补偿．接通检流计电源，打开检流计电源开关开关，调节零位调节旋钮，使检流计指针指零．然后按下“电计”按钮并旋转一个角度，使检流计常接．

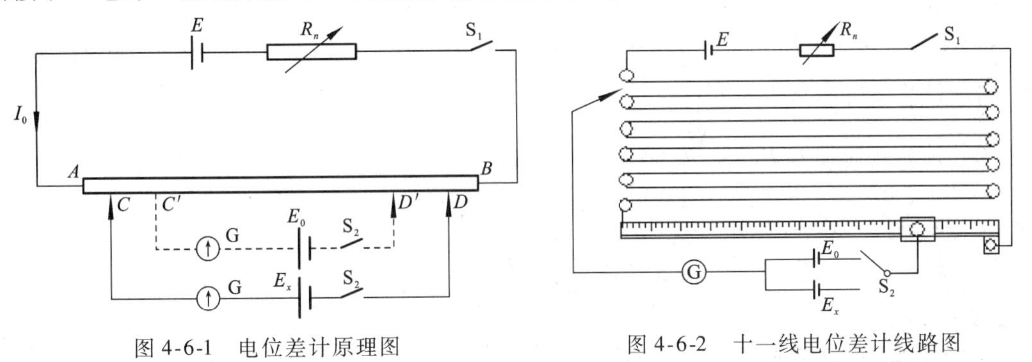

图 4-6-1　电位差计原理图　　　图 4-6-2　十一线电位差计线路图

3．为了延长标准电池的使用寿命，首先测量 L_x，按图示接入 E_x．把滑动开关滑到米尺最右方，按下弹簧片．拿与检流计相连的导线从上到下逐个在接线柱上碰试，找到一米电阻丝，使导线接在这一米两端的接线柱时，检流计指针向两个方向偏转，然后把导线接到接到较长的一端，这就是 C 点位置．然后把滑动开关逐渐左移，随时按下弹簧片，仔细调节，使检流计指针为零．这时弹簧片与电阻丝接触的位置即是 D 点，记下 C、D 两点间的长度 L_x．把滑动开关移开，再回来找到检流计指零的位置，又记录一个 L_x 值，反复测量五次填入数据表格．

4．保持 $R_n=20\ \Omega$ 不变，把 E_0 接入电路，替换下 E_x．先近似估算 L_0 的值（因为待测电池 E_x 在 1.5 V 左右，E_0 在 1.0 V 左右，所以 L_0 大致为 L_x 的 2/3）．此时稳压电源必须开启后，才能把标准电池接入．按调节滑动端 C、D 位置至 C'、D'，使检流计指针为零，记下 C'、D'两点间的长度 L_0．也反复测量五次记录下来，将数据填入表 4-6-1 中．

5．测量完毕后，把检流计“电计”旋钮旋出，稳压电源输出调为零，关闭它们的电源开关．把所连接的导线拆除，仪器整理整齐．

【数据处理与要求】

$R_n=20\ \Omega$，电源电压 $=3$ V，标准电池 $E_0=1.018\ 6$ V．

表 4-6-1　电位差计测量电池的电动势实验数据表

次数	L_x/m	L_0/m	E_x/V
1			
2			
3			
4			
5			
平均			

1. 计算 $\Delta\bar{L}_x$ 及 $\Delta\overline{L_0}$.

2. 计算相对误差 $E_{E_x}=\dfrac{\Delta\bar{L}_x}{\bar{L}_x}+\dfrac{\Delta\bar{L}_0}{\bar{L}_0}$.

3. 计算绝对误差 $\Delta\overline{E}_x=\overline{E_x}\cdot E_{E_x}$.

4. 将结果表示为 $E_x=\overline{E}_x\pm\Delta\overline{E}_x$.

【思考与练习题】

1. 电位差计的原理是什么？
2. 要求先测量出 L_x 值，而后测 L_0，目的是什么？
3. 为什么用补偿法测电动势比电压表测得精确？
4. 实验中，E 与 E_x 的大小及极性需满足什么关系？
5. 实验中，标准电池的使用应注意什么？

*6. 如何计算电动势 E_x 的不确定度？

【知识拓展】

标准电池.

1. 标准电池简介. 标准电池是用来当作电动势标准的一种原电池，实验室常用的饱和式标准电池亦称“国际标准电池”，它具有如下特点：

（1）电动势恒定，实验中随时间变化很小.

（2）电动势因温度的改变而产生的变化可用下面的经验公式具体的计算：

$$E_t\approx E_{20}-0.000\,04\ (t-20)\ +0.000\,001\ (t-20)^2$$

式中，E_t 为室温 t（单位:℃）时标准电池的电动势值，E_{20} 为室温 20 ℃时标准电池的电动势值，$E_{20}=1.018\,6$ V.

（3）标准电池的内阻随时间保持相当大的稳定性.

2. 使用标准电池要的注意事项：

(1) 从标准电池取用的电流不得超过 1 μA. 因此，不许用一般的伏特计（如万用表）测量标准电池电压. 使用标准电池的时间要尽可能短.

(2) 防止标准电池两极短路或极性接反等错误动作.

(3) 决不能将标准电池当一般电源使用.

4.7 用电桥测量电阻实验

惠斯通电桥又名直流单臂电桥，是一种利用补偿法和比较法进行测量的电学测量仪器. 其实用功能为测量 10 ~$10^6\,\Omega$ 范围内的中等数量级电阻. 虽然它的这种功能在生产和科研的绝大多数场合中已被其他仪表（如万用表）所取代，但是在自动检测、自动控制技术中，常常采用惠斯通电桥和非平衡电桥进行测量、调零（消除失调）以及传感变换，于是常称此种方法为电桥法. 同时，由于电桥法具有很高的灵敏度和准确度，因此在自动检测、自动控制中得到了广泛的应用.

【预习提示】

1. 电桥的中心思想是将待测量与标准量进行比较以确定其数值，具有测试灵敏度高、使用方便、稳定性好等优点. 电桥有交流和直流电桥之分，种类很多. 它测电阻的准确度大大优于用伏安法测电阻.

2. 电桥的灵敏度. 电桥是否达到平衡是以桥路中有无电流来进行判断的，但检流计的灵敏度总是有限的，这就限制了对电桥是否达到平衡的判断. 另外，人的眼睛分辨能力是有限的，如果检流计偏转小于 0.1 格，则很难觉察出指针的偏转. 为此需引入电桥相对灵敏度 $S_{相对}$（简称电桥灵敏度）. 它指的是，在处于平衡的电桥里，若测量臂电阻 R_x 改变一个相对微小量 $\Delta R_x/R_x$，与 $\Delta R_x/R_x$ 与所引起的检流计指针偏转格数 Δn 的比值，即

$$S_{相对}=\frac{\Delta n}{\Delta R_x/R_x}=\frac{\Delta n}{\Delta R_0/R_0}$$

检流计灵敏度越高，则电桥灵敏度也高，等臂电桥具有最大的灵敏度.

3. 平衡电桥特性

(1) 电桥平衡仅仅是由各臂参数之间的关系确定的，与电源及指零仪器内阻无关.

(2) 电桥平衡条件与电源及指零计的位置无关，即位置互换仍平衡.

(3) 电桥相对臂的位置互换时，平衡条件不变.

(4) 平衡条件下，各臂的相对灵敏度相等，所以在检查电桥灵敏度时，可选择任一臂作为可变臂.

【实验目的】

1. 掌握用单臂电桥测电阻的方法及原理.
2. 学会用交换抵消法消除部分仪器误差的原理和方法.
3. 了解双臂电桥测低值电阻的原理和方法.

【实验器材】

滑线式电桥、检流计、电阻箱、稳压电源、待测电阻、双臂电桥等.

【实验原理】

电阻按阻值的大小来分，大致分为三类：在 10 Ω 以下的为低值电阻，在 10 Ω 到 100 kΩ之间的为中值电阻，在 100 kΩ 以上的为高值电阻. 不同阻值的电阻测量方法也不同. 本实验主要介绍用单臂电桥测量中值电阻和用双臂电桥测量低值电阻.

一、用单臂电桥测量“中值”电阻

单臂电桥线路如图 4-7-1 所示，R_1、R_2、R_3、R_4（或 R_x）为四个电阻，联成四边形，每一边称为电桥的一个臂. 对角 A、C 与直流电源相连，对角 B、D 与检流计 G 相连. BD 对角线称为“桥”，它的作用是将 B、D 两点电势进行比较，当 B、D 两点电势相等时，检流计中无电流通过，称电桥平衡，这时 A、B 间电势差等于 A、D 间电势差，即

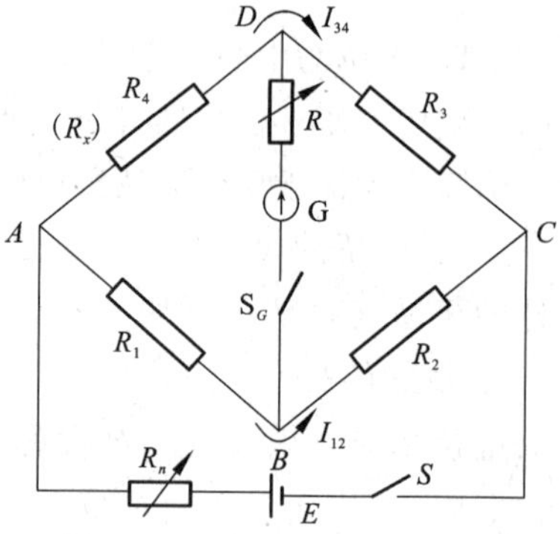

$$I_{12}R_1 = I_{34}R_x$$

同理

$$I_{12}R_2 = I_{34}R_3$$

于是可得

$$\frac{R_1}{R_2} = \frac{R_x}{R_3}$$

$$R_x = \frac{R_1}{R_2}R_3 \tag{4-7-1}$$

图 4-7-1　单臂电桥线路图

这就是电桥的平衡方程. 通常称 R_1/R_2 为倍率. 当电桥平衡时，只需测得 R_1/R_2 和 R_3 的值，就可算出 R_x 值.

二、滑线电桥及交换抵消法

滑线电桥线路如图 4-7-2 所示，它也是一种单臂电桥，长度为 L 的均匀电阻丝被触点开关 D 分为两段，长度分别为 L_1 和 L_2，对应阻值为 R_1 和 R_2. R_1 和 R_2 与电阻箱 R_0 及待测电阻 R_x 组成电桥的四个臂. 设电阻丝的电阻率为 ρ，则

$$R_1=\rho\frac{L_1}{S}\qquad R_2=\rho\frac{L_2}{S}$$

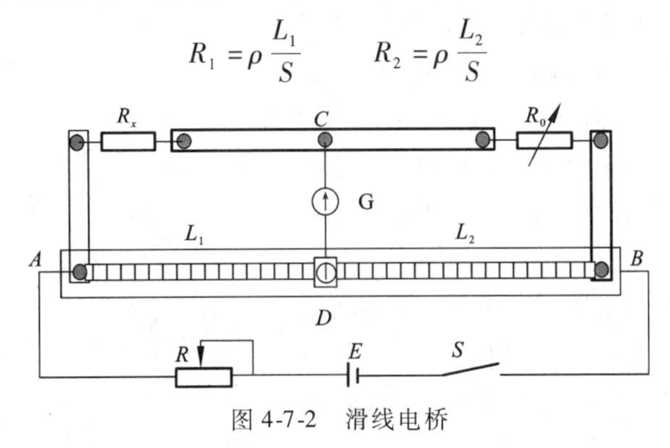

图 4-7-2 滑线电桥

式中，S 为电阻丝截面积，$L_1+L_2=L$（L 通常为 1 m 或 0.5 m，由仪器上读出），当电桥平衡时可得

$$R_x=\frac{R_1}{R_2}R_0=\frac{L_1}{L_2}R_0=\frac{L_1}{L-L_1}R_0\tag{4-7-2}$$

已知 L、R_0，只要测出 L_1 即可求出 R_x. R 为限流电阻，在电桥未平衡前应把它调到最大值. 随着平衡的调整，逐渐把 R 减小到零.

设所测电阻 $R_x=R_0$，则 $L_1=L_2$. 若刻度尺不均匀，零点与电阻丝起点未对正，或 R_1、R_2 的电阻丝粗细不均匀时，相当于所测长度 L_1 和 L_2 存在一个固定不变的误差 ΔL，且 ΔL 对 L_1 为正时，对 L_2 则为负. 因此，所测电阻 R_x 的值变为

$$R'_x=\frac{L_1+\Delta L}{L_2-\Delta L}R'_0$$

在保证 L_1、L_2 长度不变的同时，若交换 R_0 和 R_x 的位置再测一次，可得

$$R''_x=\frac{L_2-\Delta L}{L_1+\Delta L}R''_0$$

将 R'_x 和 R''_x 的几何平均值作为测量结果如下

$$R_x=\sqrt{\frac{L_1+\Delta L}{L_2-\Delta L}R'_0\cdot\frac{L_2-\Delta L}{L_1+\Delta L}R''_0}=\sqrt{R'_0R''_0}\tag{4-7-3}$$

这样，结果与不存在 ΔL 时相同. 可以证明，若取 $R_x=\dfrac{R'_0+R''_0}{2}$ 做结果，亦能基本消除上述误差.

交换抵消法在许多实验中被广泛采用，它可以有效地消除某些定值误差.

三、用双臂电桥测低值电阻

用单臂电桥测 10 Ω 以下的低电阻误差较大，这是因为待测电阻很小时，电桥线路的引线电阻和接触电阻不能忽略不计（大小在 $10^{-2}\Omega$ 的数量级），它们的存在引进了很大误差. 待测阻值越低，接触电阻引起的相对误差就越大，甚至测得完全错误的结果.

为了消除上述误差的影响，可采用图 4-7-3 电路，图中 R_x 是待测低值电阻，它与一般电桥电路的差别在于：①检流计 G 的下端增添了附加电路 P_2FH；②C_1、C_2 之间的待测电阻，连接时用了四个接头，C_1、C_2 称为电流接头，P_1、P_2 称为电压接头，被测电阻是 P_1、C_2 两点间的电阻. 由于 R_1、R_2、R_3、R_4 并列，故称双臂电桥. 附加电路中的 R_3 和 R_4 远比 R_x 和 R 大，R_1 和 R_2 也远比 R_x 和 R 大.

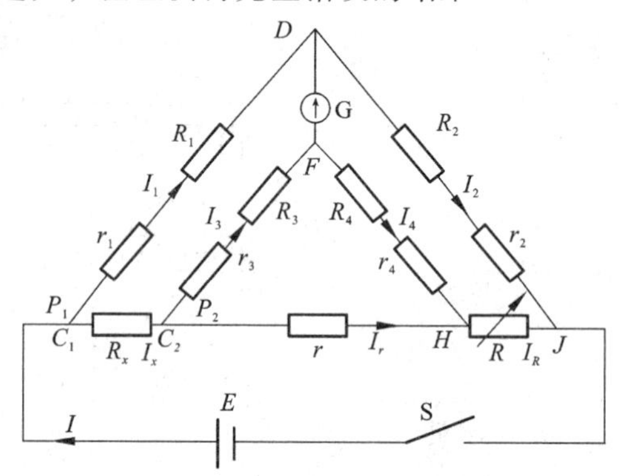

图 4-7-3　双臂电桥原理图

这种线路的特点是电流 I 从电源到 P_1 处，分为 I_1 和 I_x 两部分，电流 I_x 在 P_1 处没有遇到接触电阻，因为它连续通过同一导体；电流 I_1 则要通过接触点，故在 P_1 点产生接触电阻 r_1，使这个桥臂电阻增大为 R_1+r_1，但 r_1 与 R_1 相比，只有 R_1 的万分之几，流过该桥臂的电流又远较流过 R 与 R_x 中的电流小得多，因此，桥路连接线上的电压降和接触电阻上的电压降远比 R_1、R_2、R_3、R_4 上的电压降小，也远比 R 和 R_x 上的电压降小，所引起的误差可忽略不计. 对于其余各臂上的接触电阻，同理也可以忽略不计，至于 C_1、C_2 两点间的接触电阻，它们在待测电阻 P_1、P_2 两点范围之外，与电桥平衡无关，不会影响测量结果. 因此，在双臂电桥中，接触电阻对于测量结果的影响便被消除了.

当 D、F 间的电流 I_g 为零时，电桥达到平衡，此时

$$U_{P_1P_2F}=U_{P_1D}$$
$$I_xR_x+I_3(r_3+R_3)=I_1(r_1+R_1)$$
$$U_{FHJ}=U_{DJ}$$
$$I_RR+I_4(r_4+R_4)=I_2(r_2+R_2)$$
$$I_3(r_3+R_3)+I_4(r_4+R_4)=I_rr$$

由于 $r_1<<R_1$，$r_2<<R_2$，$r_3<<R_3$，$r_4<<R_4$，且 $I_g=0$，则 $I_1=I_2$，$I_3=I_4$，$I_x=I_R$ 以及 $I_r=I_x-I_3$，近似可得

$$\begin{cases}I_xR_x+I_3R_3=I_1R_1\\I_xR+I_3R_4=I_1R_2\\I_3(R_3+R_4)=(I_x-I_3)r\end{cases}$$

解以上方程组，可得

$$R_x=\frac{R_1}{R_2}R+\frac{R_4 r}{R_3+R_4+r}\left(\frac{R_1}{R_2}-\frac{R_3}{R_4}\right) \tag{4-7-4}$$

式（4-7-4）中第一项 R_1R/R_2 与单臂电桥计算公式相同．第二项为修正项，为了测量方便，可以使修正项等于零，即设计一个双轴同步电位器，使在任何位置都满足

$$\frac{R_1}{R_2}=\frac{R_3}{R_4}$$

因此，式（4-7-4）可简化为

$$R_x=\frac{R_1}{R_2}R \tag{4-7-5}$$

从式（4-7-5）可以看出，当电桥平衡时，计算公式与中值电阻的计算公式（4-7-1）是完全相同的．因此双臂电桥的测量方法基本与单臂电桥相同．

【实验步骤】

本实验所用各电桥外接电源电压都是 4 V．

一、用滑线式单臂电桥测中值电阻

1．按图 4-7-2 接线，接通检流计的电源，打开开关．调节零点调节旋钮，把指针调零．把电计按钮按下并旋转为常接状态．用滑线电桥测出给定的两个电阻 R_{x1} 和 R_{x2} 的阻值．

2．为减小误差，取 $R_0\approx R_x$，接通电路，观察检流计偏转情况，调节滑点 D 在电阻丝上的位置，使间检流计 $I_g=0$，此时 D 点在 A、B 中央附近．

3．将电阻 R_x、R_0 交换位置后再进行测量，并将两次测量的平均值作为测量结果．将数据填入表 4-7-1 中实验完毕，把电计按钮旋出，关掉检流计的电源．

二、双臂电桥测低值电阻

1．按图 4-7-4 所示把被测电阻接好．

2．接通电源，把电源选择开关拨向“外”（双臂电桥内装电池时拨向“内”）．

3．按下 B_1，检流计调零，估计被测电阻的阻值，确定倍率旋钮位置．按下 B、G 按钮，转动读数盘使检流计重新回零，记录读数盘示值，将数据填入表 4-7-2 中．由于电流大小不好确定，可把 B、G 按钮中一个按下，另一个间断使用．读数盘示值乘以倍率即为测量结果．

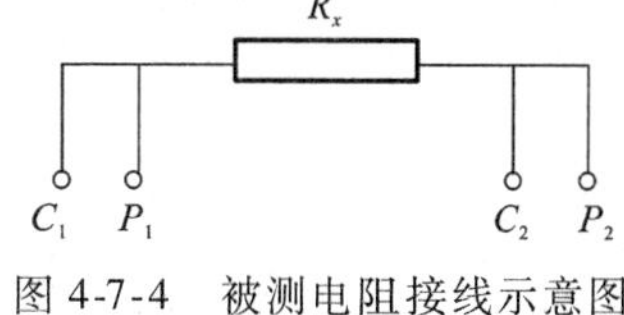

图 4-7-4　被测电阻接线示意图

4．实验完毕，旋出 B、G 按钮，倍率旋钮指向 ×1 挡，把 B_1 开关抬起即断开．

【注意事项】

1. 按相应的电路图接好电路，注意正负极性.
2. 注意保护电阻 R 的正确使用方法.
3. 不要让检流计的指针长时间偏向一侧.

【数据处理与要求】

表 4-7-1　滑线式单臂电桥数据

待测电阻	电阻箱阻值 R_0/Ω	R_x 在左边			R_x 在右边			$\bar{R}_x=\frac{R'_x+R''_x}{2}/\Omega$
		L_1/cm	L_2/cm	R'_x/Ω	L_1/cm	L_2/cm	R''_x/Ω	
R_{x1}								
R_{x2}								

表 4-7-2　双臂电桥数据

待测电阻	倍率臂值	读数盘示值	待测电阻值/Ω
定值电阻			
导线电阻			

1. 计算相对误差 $E_{R_x}=\frac{\Delta L_1}{L_1}+\frac{\Delta L_2}{L_2}$.
2. 计算绝对误差 $\Delta\bar{R}_x=\bar{R}_x\cdot E_{R_x}$.
3. 将结果表示为 $R_x=\bar{R}_x\pm\Delta\bar{R}_x$.

【思考与练习题】

1. 分析单臂电桥实验中，为何 D 点在电阻丝中点附近得到的电阻值测量误差小？
2. 臂电桥与单臂电桥有哪些异同？
3. 电桥中是怎样消除导线本身电阻和接触电阻的影响？试简要说明.

【相关科学家介绍】

查尔斯·惠斯通（Charle Wheatstone，1802—1875）英国物理学家. 1802年出生于英格兰的格洛斯特·惠斯通在青少年时代受到严格的正规训练，且兴趣广泛，动手能力很强，1836年当选为英国伦敦皇家学会会员，1837年当选为法国科学院外国院士. 1868年由英王封为爵士，1875年10月19日在巴黎逝世，终年73岁.

惠斯通很早就对物理学研究表现出极大兴趣，在物理学的许多方面都做出了重要贡献：

1. 在电学研究方面，惠斯通有许多独特的方法和独到见解. 他利用旋转片的方法，巧妙地测定了电磁波在金属导体中的速率，测得的值超过了280 000 km/s，惠斯通巧妙地采用了转速这个数值比较大的量代替数值很小的时间间隔，后来这个方法被法国物理学家傅科（1819—1868）用来首次精确地测定了光速.

2. 在光学方面，惠斯通对双筒视觉、反射式立体镜等进行了研究. 阐述了视觉可靠性的根源问题. 他对人眼的视觉、色觉等生理光学的问题也做了正确阐述.

3. 惠斯通还对乐音在刚性直导线上传输的问题进行了研究，取得了出色的成果，还用实验验证了吹奏乐器中空气振动问题中的伯努利原理.

在测量电阻及其他电学实验时，经常会用到一种叫惠斯通电桥的电路，很多人认为这种电桥是惠斯通发明的，其实这是一个误会. 惠斯通电桥是由英国发明家克里斯蒂在1833年发明的，但是由于惠斯通第一个用它来测量电阻，所以人们习惯上把这种电桥称作惠斯通电桥.

惠斯通还是现代电报机的发明家，这得益于他青少年时代所受的严格的正规训练，他具有很强的动手能力. 1937年惠斯通同科克合作，大批生产市售电报机，并且获得了两种针式电报机的专利权. 另外，惠斯通还于1852年发明了一种幻视镜，可以把透视图像倒映在人的眼睛上.

4.8 用电磁感应法测量交变磁场实验

磁场作为一种环境因素在工农业生产和科学实验中越来越受到重视. 在同位素分离、地球资源探测、地震预报、磁性材料、生物科学等许多领域都要涉及磁场的定量测量问题. 测量磁场的方法有不少，如冲击电流计法、霍尔效应法、核磁共振法、电磁感应法等. 本实验用电磁感应法测量磁场.

【预习提示】

1. 亥姆霍兹线圈. 两个相同圆线圈彼此平行且共轴，通以同方向电流 I，这样的一对线圈称为亥姆霍兹线圈．该线圈产生的磁场在线圈之间圆心连线轴上附近较大范围内是均匀的．当在线圈中通一交变电流时，就会在线圈中心轴附近产生一个交变磁场．

2．探测线圈．用来测试磁感应强度一个小线圈，当外加磁场发生变化时，根据电磁感应定律，探测线圈中就会有感应电动势产生，通过对感应电动势进行测量就会了解外加磁场的情况．

【实验目的】

1．了解用电磁感应法测交变磁场的原理和一般方法．

2．测量载流圆形线圈和亥姆霍兹线圈的轴向磁场分布．

3．研究探测线圈平面的法线与亥姆霍兹线圈的轴线成不同夹角时所产生的感生电动势的值的变化规律．

【实验器材】

FB201-Ⅰ型交变磁场实验仪、FB201-Ⅱ型交变磁场测试仪．

【实验原理】

一、载流圆形线圈与亥姆霍兹线圈的磁场

1. 载流圆线圈磁场．一半径为 R，通以电流 I 的圆线圈，轴线上磁场的公式为

$$B=\frac{\mu_0 N_0 I R^2}{2\left(R^2+x^2\right)^{3/2}} \tag{4-8-1}$$

式中，N_0 为圆线圈的匝数，x 为轴上某一点到圆心 O' 的距离，$\mu_0=4\pi\times10^{-7}\,\mathrm{H/m}$．

磁场的分布如图 4-8-1 所示．本实验 $N_0=400$ 匝，$I=0.400\ \mathrm{A}$，圆心 O' 处 $x=0$，可算出磁感应强度为 $B=1.01\times10^{-3}\ \mathrm{T}$．

2. 亥姆霍兹线圈．两个相同圆线圈彼此平行且共轴，通以同方向电流 I，可以证明：线圈间距 a 等于线圈半径 R 时，两线圈产生的磁场在线圈之间圆心连线轴上附近较大范围内是均匀的．这对线圈称为亥姆霍兹线圈．如图 4-8-2 所示，显像管中的行、场偏转线圈就是根据实际情况经过适当变形的亥姆霍兹线圈．

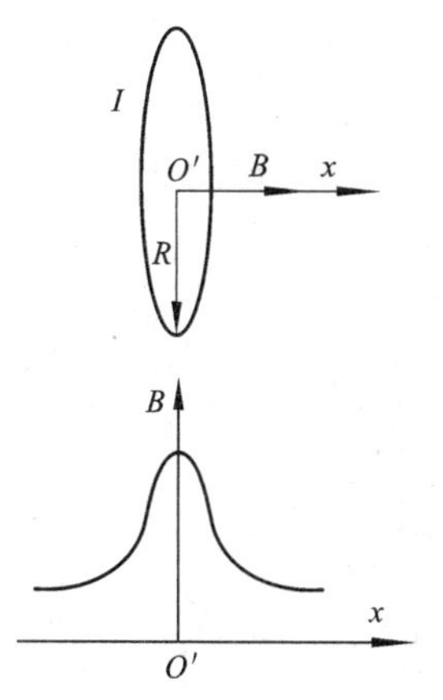

图 4-8-1 载流圆线圈磁场分布示意图

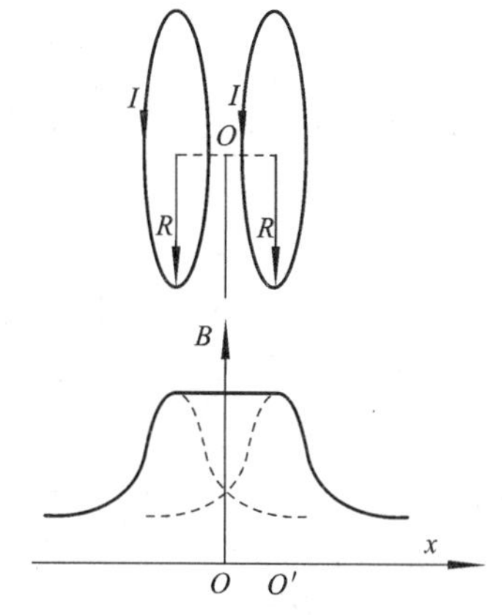

图 4-8-2 载流亥姆霍兹线圈磁场分布示意图

二、电磁感应法测磁场的原理

设均匀交变磁场为（由通交变电流的线圈产生）

$$B = B_m \sin\omega t$$

磁场中一探测线圈的磁通量为

$$\Phi = NSB_m \cos\theta \sin\omega t$$

式中，N 为探测线圈的匝数，S 为该线圈的截面积，θ 为 B 与线圈法线的夹角，如图 4-8-3 所示．线圈产生的感生电动势为

$$\varepsilon = -\frac{\mathrm{d}\Phi}{\mathrm{d}t} = -NS\omega B_m \cos\theta \cos\omega t = -\varepsilon_m \cos\omega t$$

式中，$\varepsilon_m = NS\omega B_m \cos\theta$ 是线圈法线和磁场成 θ 角时感应电动势的幅值．当 $\theta = 0$ 时，$\varepsilon_{max} = NS\omega B_m$，这时的感应电动势的幅值最大．

用毫伏表测量此时线圈的电动势，毫伏表的示值（有效值）U_m 应为$\frac{\varepsilon_{max}}{\sqrt{2}}$，则

$$B_{max} = \frac{\varepsilon_{max}}{NS\omega} = \frac{\sqrt{2}U_m}{NS\omega} \tag{4-8-2}$$

由（4-8-2）式可算出 B_{max}．

三、探测线圈的设计

实验中由于磁场的不均匀性，探测线圈又不可能做得很小，否则会影响测量灵敏度．一般设计的线圈长度 L 和外径 D 有 $L = 2D/3$ 的关系（见图 4-8-4），线圈的内径 d 与外径 D 有 $d \leqslant D/3$ 的关系（本实验选 $D = 0.012$ m，$N = 800$ 匝的线圈）．线圈在磁场中的等效面积可用下式表示

$$S = \frac{13}{108}\pi D^2 \tag{4-8-3}$$

这样的线圈测得的平均磁感应强度可以近似看成是线圈中心点的磁感应强度.

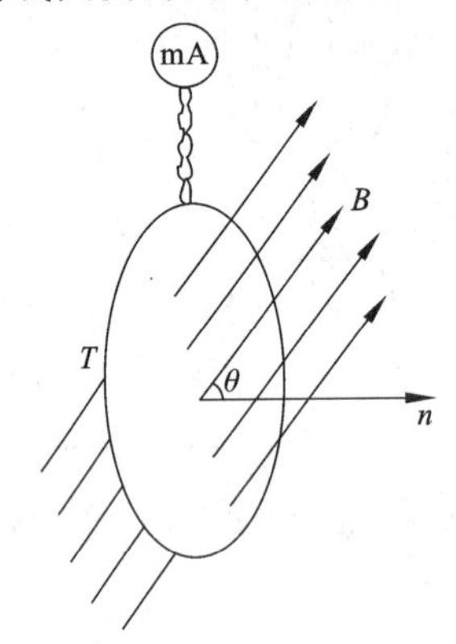

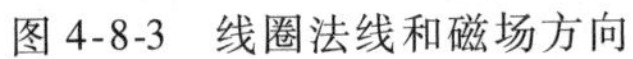
图 4-8-3　线圈法线和磁场方向

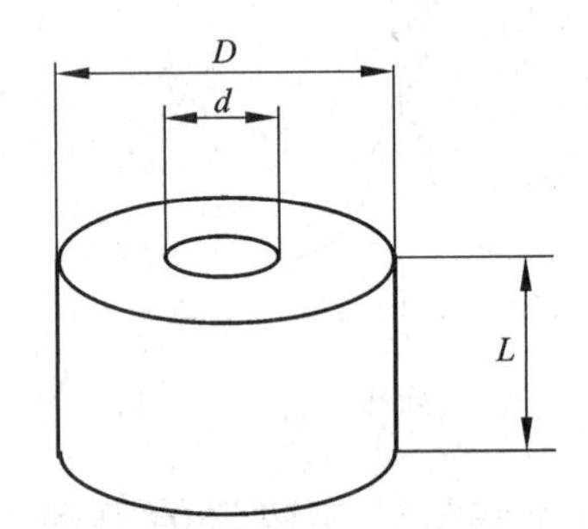

图 4-8-4　线圈长度 L 和外径 D 关系

本实验励磁电流由专用的交变磁场测试仪提供，该仪器输出的交变电流的频率 f 可以在 20 ~ 200 Hz 之间连续调节，如选择 $f = 50$ Hz，则 $\omega = 2\pi f = 100\pi\ \text{s}^{-1}$. 将 D、N 及 ω 代入式（4-8-3）、式（4-8-2）得

$$B_m = 0.103 U_{\max} \times 10^{-3}\ (\text{T}) \tag{4-8-4}$$

【实验步骤】

一、测量圆电流线圈轴线上的磁场分布

1. 用两根连线把交变磁场实验仪的励磁线圈 1（或 2）与交变磁场测定仪的输出钮相连，把交变磁场实验仪的探测线圈接入交变磁场测试定仪的感应信号输入.

2. 调节交变磁场实验仪的输出功率，使励磁电流有效值为 $I = 0.400$ A，以圆电流线圈左方 6 cm 处开始，向右每隔 1 cm 测感应电压值，直到右方 6 cm 为止. 测量过程中注意保持励磁电流值不变，并保证探测线圈法线方向与圆电流线圈轴线的夹角为 0.（从理论上可知，如果转动探测线圈，当 $\theta = 0°$ 和 $\theta = 180°$ 时应得到两个相同的 $U_{\max}$，但实际测量时，这两个值往往不相等，这时就应该分别测出这两个值，然后取其平均值作为对应点的磁场强度）. 测量时把探测线圈从 $\theta = 0°$ 转到 $\theta = 180°$ 各测一组数据比较一下，正、反方向的测量误差如果不大于 2%，则只做一个方向的数据即可，否则，应分别按正、反方向测量，再以平均值作为测量结果.

3. 将所测数据填入表 4-8-1 中.

二、测量亥姆霍兹线圈轴线上的磁场分布

1. 把交变磁场实验仪的两组线圈串联起来，即励磁线圈 1 和励磁线圈 2 的四个接线

柱的中间两个用线连接（极性不要接反），接到交变磁场测试仪的输出端钮.

2. 调节交变磁场测试仪的输出功率，使励磁电流有效值仍为 $I=0.400$ A. 从尺上左 11 cm 开始到右 11 cm 每隔 1 cm 读感应电压值.

3. 将所测数据填入表 4-8-2 中.

三、验证公式

$$\varepsilon_m = NS\omega B_m \cos\theta$$

当 $NS\omega B_m$ 不变时，ε_m 与 $\cos\theta$ 成正比. 按实验内容二的要求，频率调为 50 Hz，探测线圈沿轴线固定在某一位置，让探测线圈法线方向与圆电流轴线的夹角 0°开始，逐步旋转到正、负 90°，记下感应电压值，计算出 $\dfrac{U_m}{\cos\theta}$ 值填入表 4-8-3 中.

【数据处理与要求】

表 4-8-1 圆电流线圈轴线上磁场的分布数据表

标尺读数 x/cm								
U_m/mV								
标尺读数 x/cm								
U_m/mV								

表 4-8-2 亥姆霍兹线圈轴线上的磁场分布数据表

标尺读数 x/cm	0	±1	±2	±3	±4	±5
U_m/mV						
标尺读数 x/cm	±6	±7	±8	±9	±10	±11
U_m/mV						

表 4-8-3 验证公式 $\varepsilon_m = NS\omega B_m \cos\theta$ 数据表

探测线圈转角 θ/（°）	0	±10	±30	±60	±90
U_m/mV					
$\dfrac{U_m}{\cos\theta}$					

1. 对表 4-8-1 的测量数据，用坐标纸，以标尺读数为横坐标，以感应电压值为纵坐

标作图.

2. 对表 4-8-2 的测量数据，用坐标纸，以标尺读数为横坐标，以感应电压值为纵坐标作图.

*3. 练习用 Origin 软件对所测表 4-8-1 和表 4-8-2 数据绘图.

【思考与练习题】

1. 单线圈轴线上磁场的分布规律如何？亥姆霍兹线圈是怎样组成的？其基本条件有哪些？它的磁场分布特点又怎样？

2. 探测线圈放入磁场后，不同方向上毫伏表指示值不同，哪个方向最大？如何测准 U_m 值？指示值最小表示什么？

4.9 牛顿环实验

光是一种电磁波，不但具有波动性，还具有粒子性，称为光的波粒二相性. 在与物质相互作用时，粒子性明显，光电效应就揭示了光的微粒本性；而在传播过程中光的波动性明显，干涉、衍射和偏振都是光的波动性的主要特征. 本实验中我们将重点学习光的干涉.

光的干涉现象在科学研究和工程技术上有着广泛的应用，如测量光的波长、微小长度及微小长度变化，检验工件表面的光洁度等，以及根据不同要求，设计出不同式样的干涉器具，牛顿环就是其中之一，它就是利用光的干涉现象测量平凸透镜的曲率半径.

【预习提示】

1. 光具有波粒二象性.

2. 光的干涉是由频率和振动方向相同、相位差恒定的两列光波相遇叠加后，产生稳定的振动强弱分布（明暗相间条纹）的现象.

3. 等厚干涉是一种常见的分振幅薄膜干涉，特点是薄膜上的干涉条纹与膜表面的等厚线形状相同.

4. 牛顿环和劈尖都是产生等厚干涉条纹的典型装置. 其中牛顿环是单色光垂直照射到平凸透镜和平板玻璃之间的空气薄膜上后，由空气薄膜上、下面反射的光相互干涉，形成的明暗相间的同心圆环.

5. 利用牛顿环测定平凸透镜的曲率半径，公式为 $R=\frac{D_m^2-D_n^2}{4(m-n)\lambda}$.

6. 实验中，入射光为钠光，波长 $\lambda=5\ 893\times10^{-10}$ m.

【实验目的】

1. 观察等厚干涉现象，加深对光的波动性认识.
2. 掌握利用牛顿环测平凸透镜曲率半径的方法.

【实验器材】

读数显微镜、牛顿环、钠光灯源等.

【实验原理】

由光波的叠加原理可知，当两列振动方向相同、频率相同而相位差保持恒定的单色光叠加后，光的强度在叠加区的分布是不均匀的，而是在有些地方呈现极大，另一些地方呈现极小，这种在叠加区出现的稳定强度分布现象称为光的干涉. 要产生光的干涉现象，应满足上述三个条件，满足这三个条件的光波称为相干光. 获得相干光的办法往往是把由同一光源发出的光分成两束. 一般有两种方法，一种是分波振面法，一种是分振幅法. 分波振面法是将同一波振面上的光波分离出两部分，同一波振面的各个部分有相同的相位，这些被分离出的部分波振面可作为初相相位相同的光源，这些光源的相位差是恒定的，因此在两束光叠加区可以产生干涉. 双缝干涉、双棱镜干涉等属于此类. 分振幅法是利用透明薄膜的两个表面对入射光的依次反射，将入射光分割为两部分，这两束光叠加而产生干涉. 劈尖、牛顿环的干涉等属于此类. 下面介绍牛顿环的干涉原理.

如图 4-9-1 所示，将一块曲率较大的平凸透镜的凸面放在一平面玻璃上，组成一个牛顿环装置，在透镜的凸面与平面玻璃片上表面间，构成了一个空气薄层，在以接触点 O 为中心的任一圆周上的各点，薄空气层厚度都相等. 因而，当波长为 λ 的单色光垂直入射时，经空气薄层上、下表面反射的两束相干光干涉所形成的干涉图像应是中心为暗斑的、非等间距的、明暗相间的同心圆环，此圆环被称为牛顿环.

设平凸透镜的曲率半径为 R，距接触点 O 半径为 r 的圆周上一点 D 处的空气层厚度为 e，对应于 D 点产生干涉形成暗纹的条件为

$$2e+\frac{\lambda}{2}=(2k+1)\frac{\lambda}{2}\qquad(k=0,1,2,\cdots)\tag{4-9-1}$$

由图 4-9-1 的几何关系可看出

$$R^2=r^2+(R-e)^2=r^2+R^2-2Re+e^2\tag{4-9-2}$$

因 $R>>e$，上式中的 e^2 项可略去，所以得

$$e=\frac{r^2}{2R} \tag{4-9-3}$$

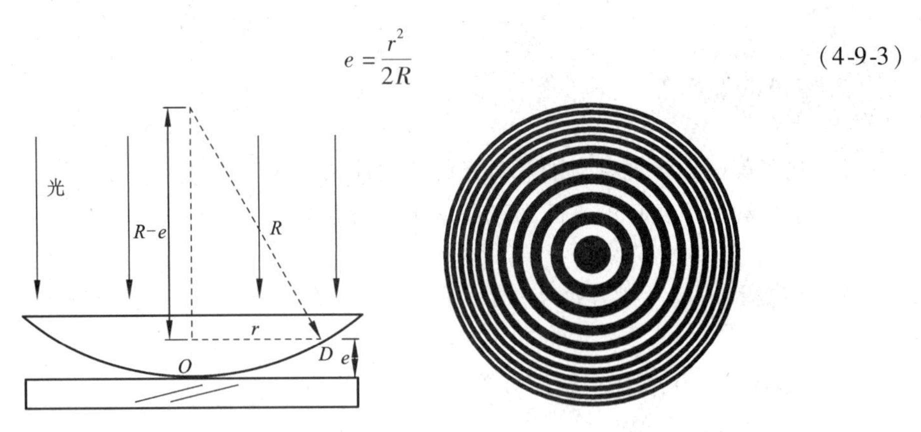

(a) 牛顿装置及几何关系示意图　　(b) 牛顿环干涉图样

图 4-9-1　牛顿环

将 e 值代入式（4-9-1）化简得

$$r^2=k\lambda R \tag{4-9-4}$$

由式（4-9-4）可知，如果已知单色光的波长λ，又能测出第 k 个暗环的半径 r，就可以算出曲率半径 R. 反之，如果已知 R，测出第 k 个暗环的半径 r 后，原则上就可以算出单色光的波长λ.

由于牛顿环的级数 k 和环的中心不易确定，因而不利用（4-9-4）来测定 R. 在实际测量中，常常将式（4-9-4）变成如下的形式

$$R=\frac{D_m^2-D_n^2}{4(m-n)\lambda} \tag{4-9-5}$$

式中，D_m 和 D_n 分别为第 m 级和第 n 级暗环的直径. 从式（4-9-5）可知，只要数出所测各环的环数差 $m-n$，而无须确定各环的级数. 而且可以证明，直径的平方差等于弦的平方差，因此就可以不必确定圆环的中心，从而避免了在实验过程中所遇到的圆心不易确定的困难.

【实验步骤】

1. 观察牛顿环的干涉条纹，调节牛顿环的三个螺钉，使干涉条纹处于牛顿环仪的中央位置.

2. 按图 4-9-2 放好实验器材，将读数显微镜对准牛顿环仪的中央，使钠光灯 S 发出的单色光经 45°平面反射镜 P 反射后，垂直入射到牛顿环上.

3. 调节读数显微镜，直到能看清干涉条纹和十字叉丝为止.

4. 测牛顿环直径.

（1）使读数显微镜十字叉丝交点与牛顿环中心大致重合，并使十字叉丝中的一条与

标尺平行.

(2) 转动测微鼓轮，先使镜筒向左移动，顺序数到25环，再反向倒转到 $m=20$ 环，使叉丝与环的外侧相切，如图4-9-3所示，记录读数. 然后继续转动鼓轮，使十字叉丝依次与19、18、17、16、环和10、9、8、7、6环外侧相切，顺次记下读数. 再继续转动测微鼓轮，使十字叉丝依次与圆心右方的6、7、8、9、10环和16、17、18、19、20环的内侧相切，顺次记录下各环的读数. 注意在测量时，测微鼓轮应沿一个方向旋转，中途不得反转，以免旋转空程引起错误.

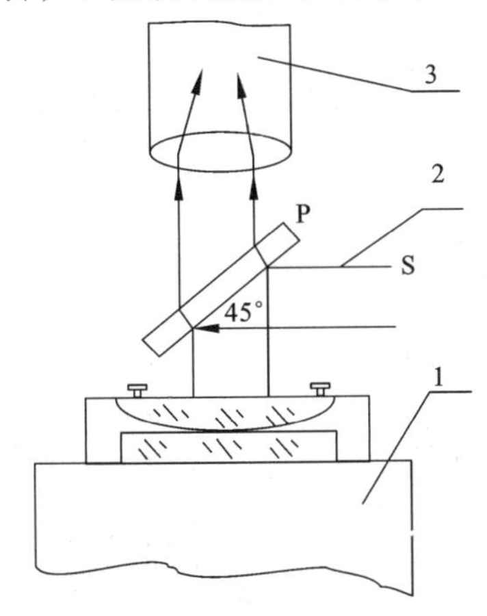

图4-9-2 实验器材安放图

1—载物台；2—入射光线；3—物镜

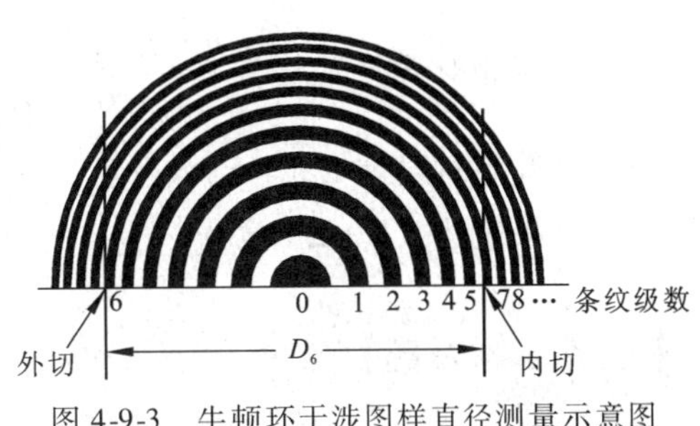

图4-9-3 牛顿环干涉图样直径测量示意图

【注意事项】

1. 注意把读数显微镜目镜中的十字叉丝调到水平、铅直状态.
2. 在自然光下，调节牛顿环的三个螺钉，把暗点调到牛顿环的中央.
3. 在读数过程中，注意读数显微镜的旋转鼓轮不要倒转.

【数据处理与要求】

将实验所测数据填入表4-9-1中.

$\lambda=$ ____________ m，$m-n=10$.

表 4-9-1 测平凸透镜曲率半径数据表

环数	读数/mm		直径/mm	环数	读数/mm		直径/mm	$D_m^2-D_n^2$ /mm^2
m	左方	右方	D_m（左方－右方）	n	左方	右方	D_n（左方－右方）	
20				10				
19				9				
18				8				
17				7				
16				6				

1. 计算$\overline{R}=\dfrac{\overline{D_m^2-D_n^2}}{4(m-n)\lambda}$；

2. 计算相对误差 $E_R=\dfrac{\Delta\overline{R}}{\overline{R}}=\dfrac{\Delta\overline{(D_m^2-D_n^2)}}{\overline{D_m^2-D_n^2}}$；

3. 计算绝对误差 $\Delta\overline{R}=E_R\overline{R}$；

4. 结果表达式$\overline{R}\pm\Delta\overline{R}=$____________.

【思考与练习题】

1. 产生干涉现象的条件是什么？

2. 牛顿环是由什么干涉产生的条纹？

3. 如图 4-9-4 所示，取两块光学平面玻璃板 A 和 B，使其一端相接触，另一端插入一薄片 C（头发丝或纸条）. 这样在两块玻璃板之间形成了一个空气劈尖.

当用平行单色光垂直照射时，由空气劈尖上表面反射的光束 1 和下表面反射光束 2 在劈尖的上表面 T 处相遇发生干涉，呈现出一组与两块玻璃板的交线相平行、等间隔、明暗相间的干涉条纹。这是一种等厚干涉条纹，如何利用干涉条纹来测量细丝的直径？（可查阅有关资料）

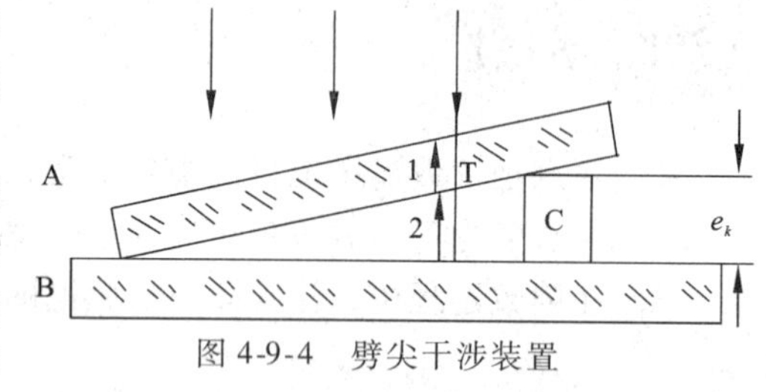

图 4-9-4 劈尖干涉装置

【相关科学家介绍】

艾萨克·牛顿（Isaac Newton，1643—1727）英国伟大的数学家、物理学家、天文学家和自然哲学家，其研究领域包括了物理学、数学、天文学、神学、自然哲学和炼金术. 牛顿的主要贡献有：发明了微积分，发现了万有引力定律和经典力学，设计并实际制造了第一架反射式望远镜，等等，被誉为人类历史上最伟大、最有影响力的科学家之一. 为了纪念牛顿在经典力学方面的杰出成就,"牛顿"后来成为衡量力的大小的物理单位.

1643 年 1 月 4 日,在英格兰林肯郡小镇沃尔索普的一个自耕农家庭里,牛顿诞生了. 牛顿是一个早产儿,出生时只有三磅重,接生婆和他的亲人都担心他能否活下来. 谁也没有料到,这个看起来微不足道的小东西会成为一位名垂千古的科学巨人,并且活到了 84 岁高龄. 牛顿出生前三个月父亲便去世了. 在他两岁时,母亲改嫁给一个牧师,把牛顿留在外祖母身边抚养. 少年时的牛顿并不是神童,他资质平常、成绩一般,但他喜欢读书,喜欢看一些介绍各种简单机械模型制作方法的读物,并从中受到启发,自己动手制作些奇奇怪怪的小玩意,如风车、木钟、折叠式提灯等. 传说小牛顿把风车的机械原理摸透后,自己制造了一架磨坊的模型。他将老鼠绑在一架有轮子的踏车上,然后在轮子的前面放上一粒玉米,刚好那地方是老鼠可望不可即的位置. 老鼠想吃玉米,就不断地跑动,于是轮子不停地转动. 又一次他放风筝时,在绳子上悬挂着小灯,夜间村人看去惊疑是彗星出现. 他还制造了一个小水钟,每天早晨,小水钟会自动滴水到他的脸上,催他起床.

在牛顿的全部科学贡献中,数学成就占有突出的地位. 他数学生涯中的第一项创造性成果是发现了二项式定理. 据牛顿本人回忆,他是在 1664—1665 年间的冬天,在研读沃利斯博士的《无穷算术》时,试图修改他的求圆面积的级数时发现这一定理的. 对于牛顿的晚年,人们普遍存在一些误解. 认为牛顿开始相信上帝. 但事实并非如此. 对于微积分的研究是牛顿晚年的研究重点.

4.10 旋光仪的使用实验

1809 年,马吕斯(Malus)发现了光的偏振现象,当时以胡克、惠更斯和托马斯·杨为主发展的波动学说认为,光波是一种纵波,其振动方向与传播方向一致,因此无法解释光的偏振现象. 1818 年,法国科学院悬赏征文,本意是希望通过微粒说的理论解释光的衍射及运动再次打击波动说,然而事与愿违. 次年,菲涅耳在其论文《关于偏振光线的相互作用》中,提出了新的波动观点——光是一种横波,并以此圆满地解释了光的衍射和一直困扰波动说的光的偏振问题. 光的偏振现象的发现和解释是光学史上的一座划时代的里程碑. 1887 年,赫兹证实了光是横电磁波. 随着激光技术的进步,偏振光在各领域获得了广泛的应用,广泛用于研究物质结构和性质、信息的存储与读取、生物学、医学、地质学等领域.

当偏振光通过某些物质时,其振动面将旋转一定的角度,这种现象称为旋光现象,能产生旋光现象的物质称为旋光物质. 旋光仪是测定旋光物质旋光度的仪器,通过对旋光度的测定可确定物质的浓度、纯度、比重、含量等,可供一般的成分分析之用,广泛应用于石油、化工、制药、香料、制糖及食品、酿造等工业.

【预习提示】

干涉和衍射现象揭示了光的波动性，但不能确定光是横波还是纵波，偏振现象是横波的基本特性之一，它有力证明了光是横波. 当偏振光穿过旋光物质（糖溶液）时，其振动面会旋转一个角度，通过测量该角度求得糖溶液的旋光率和浓度. 旋光率 α 与旋光物质的性质、入射光波长、旋光溶液的温度等有关. 本实验的关键是旋转角度的测量，它利用的是游标的放大原理，读数方法与游标卡尺相类似.

【实验目的】

1. 了解旋光仪的原理、构造及使用.
2. 观察旋光物质的旋光现象.
3. 学会用旋光仪测糖溶液的旋光率和浓度.

【实验器材】

旋光仪、试管、糖溶液.

【实验原理】

一、光的偏振

光是电磁波，其电矢量 $\boldsymbol{E}$ 和磁矢量 $\boldsymbol{H}$ 相互垂直，且垂直于光的传播方向. 光波中对人眼或感光仪器起作用的是电矢量 $\boldsymbol{E}$，电矢量 $\boldsymbol{E}$ 就是光波的振动矢量. 它在与光传播方向垂直的平面内可任意取向，相对于光传播方向是不对称的，这种偏于某些方向的现象，就叫偏振. 光矢量 $\boldsymbol{E}$ 振动方向和传播方向所组成的平面，称为振动面或偏振面. 光源发出的光是由大量原子或分子跃迁辐射构成的. 单个原子或分子跃迁辐射的光，其振动面是确定的. 不同原子或分子跃迁辐射的光的振动面分布在一切可能的方位.

按照光矢量在空间的取向，通常把光波分成五种形式. 如果在垂直光波前进方向的平面内，光振动限于某一固定方向，则这种光称为线偏振光或平面偏振光；通常光源直接发出光的光矢量在各个方向有相同的概率，各方向振幅相等，这种光称为自然光；自然光与偏振光混合时，有的方向光矢量振动振幅最大，而与其正交方向光最弱，但不为零，这就是部分偏振光；如果光矢量的大小和方向随时间作有规律的变化，且光矢量的末端在垂直于光传播方向的平面内的投影是圆，则称为圆偏振光，如是椭圆，则称为椭圆偏振光.

将自然光中的各个方向上的光振动分解为相互垂直的两个分振动后叠加，就可以将自然光表示成两个互相垂直的、振幅相等的、独立的（即无固定相位关系）分振动. 线偏振光、部分偏振光、自然光可用图 4-10-1 表示.

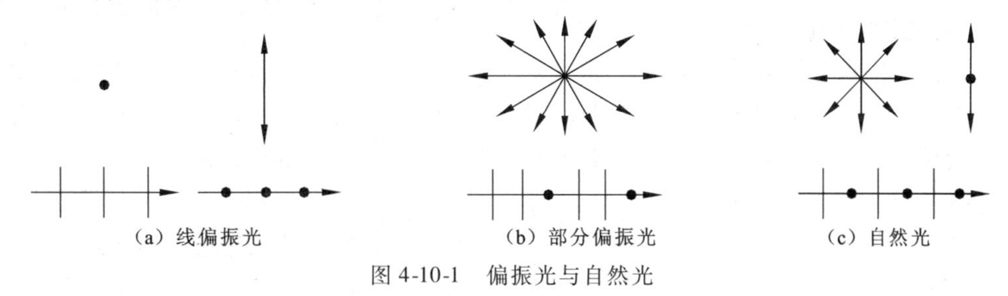

图 4-10-1 偏振光与自然光

二、起偏与检偏

将自然光变成偏振光，叫起偏，所用的装置叫起偏器. 检验一束光是不是偏振光的装置叫检偏器. 起偏器可用于检偏，反之亦然.

按照马吕斯定律，如果线偏振光的振动面与检偏器的透光方向夹角为 θ，则强度为 I_0 线偏振光，通过检偏器后的光强为

$$I = I_0 \cos^2\theta \tag{4-10-1}$$

当 $\theta = 0°$时，透射光强度最大；当 $\theta = 90°$时，透射光强度最小（称消光）；当 $0° < \theta < 90°$时，透射光强度介于最大值和最小值之间. 因此，可以根据透射光的强度变化来区分线偏振光、部分偏振光、自然光.

三、物质的旋光性

线偏振光射入某些物质后，其光矢量的振动面发生旋转的现象叫旋光现象，能使线偏振光光矢量的振动面发生旋转的物质叫旋光性物质. 石英晶体、朱砂、糖溶液、松节油、酒石酸溶液等都具有旋光性. 旋光性物质有左旋和右旋物质之分. 面对光线射来的方向观察，如果振动面按反时针方向旋转；则为左旋物质，反之为右旋物质.

波长为λ 的偏振光通过液态旋光性物质时，光矢量振动面的旋转角度 $\Delta\Phi$ 由下式决定

$$\Delta\Phi = \alpha CL \tag{4-10-2}$$

式中，$\Delta\Phi$ 为偏振光振动面旋转的角度，称为旋光度，单位为度（°）；α 为旋光率，单位为(°) · m^2/kg，数值上等于偏振光通过浓度为 1 kg/m^3、厚度为 1 m 的溶液后，振动面旋转的角度. α 与旋光物质的性质有关，与入射光波长大小有关，与旋光溶液的温度也有关. 并且，当溶剂改变时，它也随之发生很复杂的变化. C 为旋光性溶液的浓度，单位为

kg/m^3. L 为偏振光在旋光性溶液中经过的距离，单位为 m. 通常给出的某物质的 α 值，是钠光（$\lambda = 5.893 \times 10^{-7}$ m）在 20 ℃时得出的.

【知识拓展】

1. 旋光仪的结构.

旋光仪的结构如图 4-10-2 所示. 钠光灯发出的光经起偏片后成为平面偏振光，在半波片（劳伦特石英片）处产生三分视场. 检偏片与刻度盘连在一起，转动度盘调节手轮即转动检偏片，可以看到三分视场各部分的亮度变化情况，如图 4-10-3 所示. 其中，图 4-10-3（a）、图 4-10-3（c）为大于或小于零度视场，图 4-10-3（b）为零度视场，图 4-10-3（d）为全亮视场. 找到零度视场，从度盘游标处装有放大镜的视窗读数.

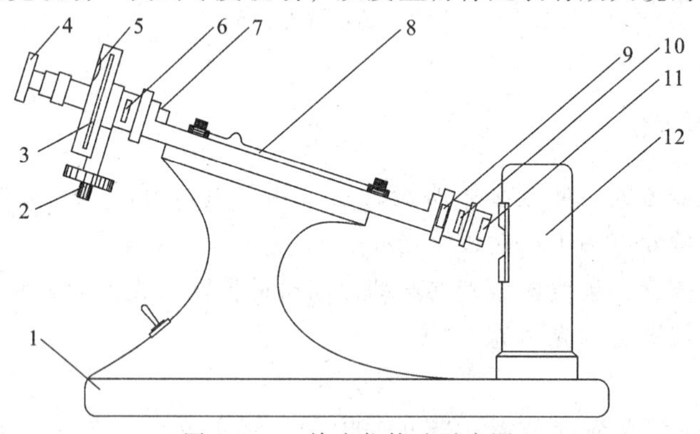

图 4-10-2　旋光仪构造示意图

1—底座；2—度盘调节手轮；3—刻度盘；4—目镜；
5—度盘游标；6—物镜；7—检偏片；8—测试管；9—石英片；
10—起偏片；11—会聚透镜；12—钠光灯光源

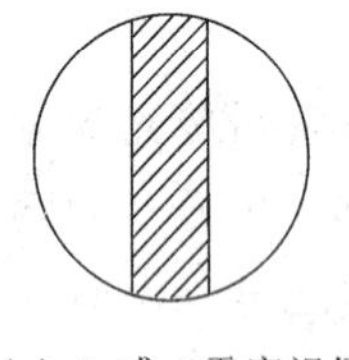

（a）>或<零度视场

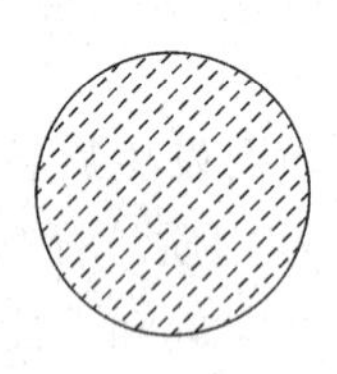

（b）零度视场

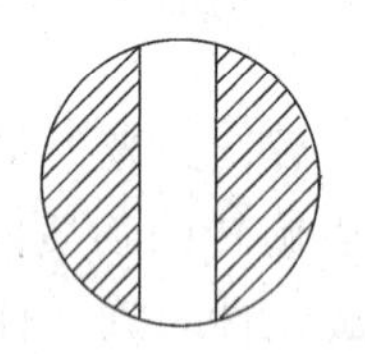

（c）<或>零度视场

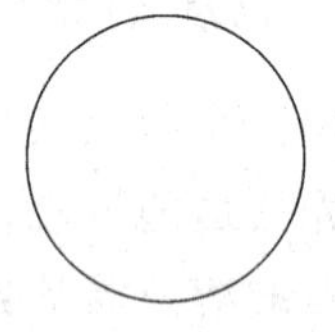

（d）全亮视场

图 4-10-3　零度视场的分辨

将装有一定浓度的某种溶液的试管放入旋光仪后，由于溶液具有旋光性，使平面偏振光旋转了一个角度，零度视场便发生了变化，转动度盘调节手轮，使再次出现亮度一致的零度视场，这时检偏片转过的角度就是溶液的旋光度，从视窗中的读数改变可求出其数值.

2. 旋光仪的读数.

读数装置由刻度盘和游标盘组成，其中刻度盘与检偏镜连为一体，并在度盘调节手轮的驱动下可转动. 刻度盘分为 360 个小格，每小格为 1°，游标盘是一个沿着刻度盘并与它同轴转动的小弧尺，游标上有 20 个格，其总弧长与刻度盘上 19 个刻度的弧长相等，因此这种角游标的精度（最小读数值）为 0.05°. 读数方法与直游标相同. 为了避免刻度盘的偏心差，在游标盘上相隔 180°对称地装有两个游标，测量时两个游标都读数，取其平均值. 具体读数方法如图 4-10-4 所示，图 4-10-4（a）所示读数为 8.45°，图 4-10-4(b) 所示读数为 8.50°，该角度应取二者平均值，即平均值 = (8.45° + 8.50°)/2 = 8.48°. 该旋光仪测量范围为 ±180°，所用钠光灯波长 $\lambda = 5.893 \times 10^{-7}$ m，试管长度为 0.1 m、0.2 m 和 0.22 m 三种.

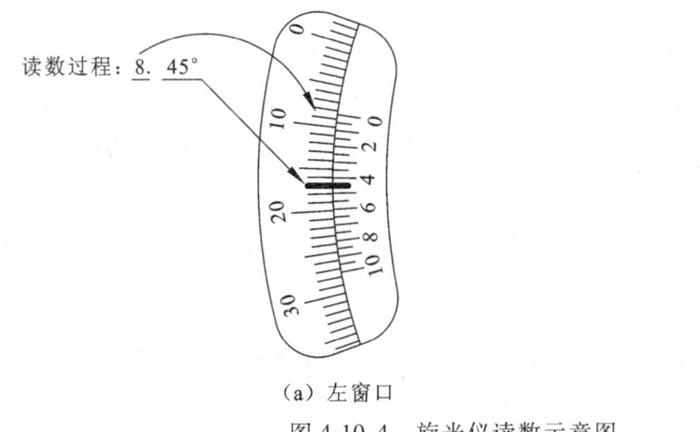

(a) 左窗口

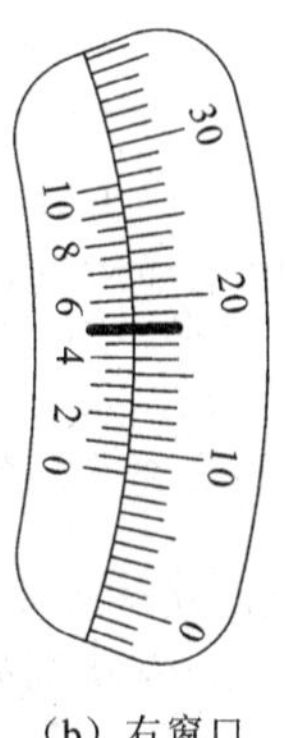

(b) 右窗口

图 4-10-4　旋光仪读数示意图

【实验步骤】

1. 接通电源，开启开关，预热 5 min，待钠光灯发光正常后可开始工作.

2. 转动手轮，在中间明或暗的三分视场时，调节目镜使中间明纹或暗纹边缘清晰. 再转动手轮，观察视场亮度变化情况，从中辨别明暗一致的零度视场位置.

3. 仪器中不放试管或放入空试管后，调节手轮找到零度视场，从左右两读数视窗分别读数，求得二者平均值为一个测量值. 转动手轮离开零度视场后再转回零度视场读数，共测 3 次取平均值. 则仪器的真正零点在其平均值 $\overline{\Phi}_0$ 处.

4. 将装有已知浓度糖溶液的试管放入旋光仪，试管的凸起部分在上，注意让气泡留在试管中间的凸起部分. 转动手轮找到零度视场位置，记下左右视窗中的读数 $\Phi_{左}$ 和 $\Phi_{右}$. 各测 3 次求其平均值 $\overline{\Phi}$. 则糖溶液的偏光旋转角度为 $\Delta\overline{\Phi} = \overline{\Phi} - \overline{\Phi}_0$.

5. 将装有未知浓度的糖溶液的试管放入旋光仪，重复步骤 4，测出其偏光旋转角度.

6. 测试完毕，关闭开关，切断电源.

【数据处理与要求】

将实验所测数据填入表 4-10-1 中.

表 4-10-1　测量糖溶液旋光度数据表

读数 浓度/（$kg\cdot m^{-3}$）		旋光仪读数 Φ/（°）						$\overline{\Phi}$ /（°）	管长 /m	$\Delta\Phi$ /（°）
		左	右	左	右	左	右			
空管										
C_1										
C_2										
C_3										
$C_{未}$										

1．对三种以上已知浓度的糖溶液进行测量，求出糖溶液的旋光率.

2．测出未知浓度糖溶液的偏光旋转角度，用上面求出的糖溶液的旋光率代入公式求其浓度.

3．用作图法进行数据处理，以$\frac{\Delta\Phi}{L}$为纵坐标、C为横坐标作图，利用直线斜率求糖溶液的旋光率，并计算未知溶液的浓度.

*4．用 Origin 数据处理软件对所测数据进行处理，确定该直线方程，利用直线斜率计算出糖溶液的旋光率，并描绘出$\frac{\Delta\Phi}{L}$-C 直线.

【思考与练习题】

1．自然光和白光有何区别？

2．在实验的操作过程中，哪个环节若操作不当会对测量结果产生较大误差？

3．在摄影的时候，有些反射光是不利的，例如水面的反射光使我们拍摄不清水中的鱼，树叶表面的反射光使树叶变成白色，如何解决这种问题？

【相关科学家介绍】

艾蒂安·路易斯·马吕斯（Etienne Louis Malus，1775—1812）法国物理学家及军事工程师．出生于巴黎，1796 年毕业于巴黎工艺学院，曾在工程兵部队中任职．1808 年起在巴黎工艺学院工作．1810 年被选为巴黎科学院院士，曾获伦敦皇家学会奖章．马吕斯从事光学方面的研究．1808 年发现反射时光的偏振，确定了偏振光强度变化的规律（现称为马吕斯定律）．他研究了光在晶体中的双折射现象，1811 年，他与 J. 毕奥各自独立地发现折射时光的偏振，提出了确定晶体光轴的方法，研制成一系列偏振仪器.

第5章　综合性实验

本章所涉及的实验内容、测量方法、实验技术、实验器材以及对物理知识、规律的运用等都不局限于某个分支学科，可能涉及多个分支学科的物理知识的应用．尽管实验涉及知识面比较广，综合性比较强，采用的实验器材和实验技术手段也比较先进，但其物理知识和规律仍是基础性的．通过这些实验的学习，可以巩固学生在基础性实验阶段的学习成果，开阔学生的眼界和思路，提高学生对实验方法和实验技术的综合运用能力．

此外，本章还包括一些在近代物理发展过程中与新理论、新技术紧密相关，起过关键性作用的一些实验项目，它们是人类知识宝库中的瑰宝．这些实验不仅需要成熟的经典物理实验方法和技术，而且需要不断创新的实验方法、实验技术和实验器材，设计思想普遍比较新颖，求异思维起了重要作用．大多数实验都不是单一知识的运用，而是物理学多分支乃至多学科知识的综合运用．完成这些实验需具备细致熟练的实验技能、敏锐的观察能力以捕捉微小、瞬时的物理现象和规律．

本章实验内容可根据不同专业选取不同实验项目．

5.1　刚体转动惯量的测定实验

转动惯量是表征刚体转动惯性大小的物理量，是研究和描述刚体转动规律的一个重要物理量，它不仅取决于刚体的总质量，而且与刚体的形状、质量分布以及转轴位置有关．刚体的转动惯量在工程技术、航天、电力、机械、仪表等工业领域是一个重要的参量．对于质量分布均匀、具有规则几何形状的刚体，可以通过数学方法计算出它绕给定转动轴的转动惯量．对于质量分布不均匀、没有规则几何形状的刚体，用数学方法计算其转动惯量是相当困难的，通常要用实验的方法来测定其转动惯量．因此，学会用实验的方法测定刚体的转动惯量具有重要的实际意义．

实验上测定刚体的转动惯量，一般都是使刚体以某一形式运动，通过描述这种运动的特定物理量与转动惯量的关系来间接地测定刚体的转动惯量．测定转动惯量的实验方法较多，如拉伸法、扭摆法、三线摆法、恒力矩转动法等，本实验是利用恒力矩转动法来测定刚体的转动惯量．为了便于与理论计算比较，实验中仍采用形状规则的刚体．

【预习提示】

1. 刚体:在力的作用下,其大小和形状始终保持不变的物体称为刚体.

2. 转动惯量的定义式 $J=\int_m r^2\mathrm{d}m$,单位为 $\mathrm{kg}\cdot\mathrm{m}^2$.

3. 转动惯量的物理意义:转动惯量是刚体转动中惯性大小的量度. 它取决于刚体的总质量、质量分布、形状大小和转轴位置.

4. 转动惯量与质量的区别:任何刚体都具有质量,无论是作平动还是转动,刚体的质量是固定不变的,是刚体的固有属性,不会消失也不会变化(指低速运动). 但转动惯量只在转动时才有意义,对于平动是无转动惯量而言的,而且对于不同转轴转动惯量的值也不同.

5. 刚体定轴转动定律:定轴转动刚体的角加速度 β 与刚体所受的合外力矩 M 的大小成正比,与刚体的转动惯量 J 成反比,其表达式为 $M=J\beta$.

6. 平行轴定理:$J=J_0+md^2$.

7. 质量为 m,半径分别为 R_1、R_2 圆环的转动惯量公式为 $J=\frac{1}{2}m(R_1^2+R_2^2)$.

8. 质量为 m,半径为 R 圆盘的转动惯量公式为 $J=\frac{1}{2}mR^2$.

【实验目的】

1. 学习用转动惯量实验仪测定物体的转动惯量.
2. 研究作用在刚体上的外力矩与刚体角加速度的关系,验证刚体转动定律和平行轴定理.
3. 观测转动惯量随质量、质量分布及转动轴线的不同而改变的状况.
4. 分析实验中误差产生的原因和实验中为降低误差应采取的实验手段.

【实验器材】

JIGJ-转动惯量实验仪及其附件(砝码、金属圆柱、圆盘、圆环),DDJ-Ⅱ 型电脑多功能计时器,四芯导线等.

【实验原理】

根据转动定律,当刚体绕固定轴转动时,有

$$M=J\beta \tag{5-1-1}$$

式中,M 为刚体所受合外力矩,J 为刚体对该轴的转动惯量,β 为角加速度. 只要测定刚体转动时所受的合外力矩 M 及该力矩作用下刚体转动的角加速度 β,即可计算出该刚体的转动惯量,这是恒力矩转动法测定转动惯量的基本原理和设计思路.

一、转动惯量的测量原理

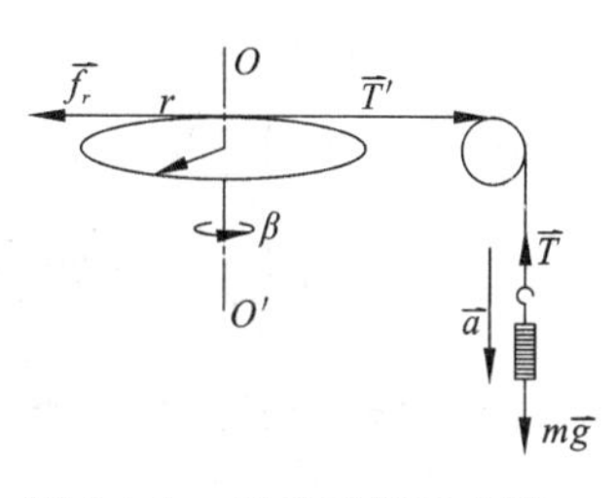

图 5-1-1　转动系统受力图

略去滑轮和绳子的质量以及滑轮轴上的摩擦力,并设绳长不变,转动系统受力如图 5-1-1 所示. 物体所受的外力矩为绳子给予的力矩 $M_r = Tr$ 和摩擦力矩 $M_\mu = f_r r$. T 为绳子张力,与 OO' 轴垂直;r 为塔轮的绕线半径.

本实验中被测试件放在载物台上,随同载物台一起作定轴转动. 设载物台上未加试件时,其转动惯量为 J_0,放上被测试件后的转动惯量为 J,由转动惯量的叠加性可知,被测试件的转动惯量 $J_{被测}$ 为

$$J_{被测} = J - J_0 \tag{5-1-2}$$

在载物台上,未加被测试件及外力($m = 0, T = 0$)时,若使系统以某一初角速度开始转动,则系统将在摩擦力矩 M_μ 的作用下,作匀减速转动,设角加速度为 β_1,则由刚体的转动定律有

$$-M_\mu = J_0\beta_1 \tag{5-1-3}$$

式中

$$M_\mu = rf_r$$

加外力后($m \neq 0, T \neq 0$),设系统的角加速度为 β_2,则

$$Tr - f_r r = J_0\beta_2 \tag{5-1-4}$$

而

$$mg - T = ma \tag{5-1-5}$$

$$\alpha = r\beta_2 \tag{5-1-6}$$

可解得

$$m(g - r\beta_2)r + J_0\beta_1 = J_0\beta_2$$

$$J_0 = \frac{mgr}{\beta_2 - \beta_1} - \frac{\beta_2}{\beta_2 - \beta_1}mr^2 \tag{5-1-7}$$

测出 β_1(注意为负值)及 β_2,便可由式(5-1-7)得到 J_0,将 J_0 代入式(5-1-3)可得出摩擦力矩 M_μ.

同理,载物台加上被测试件后应有

$$J = \frac{mgr}{\beta_4 - \beta_3} - \frac{\beta_4}{\beta_4 - \beta_3}mr^2 \tag{5-1-8}$$

由于β_1、β_3是由摩擦力矩产生的角加速度，其值均为负，因此式(5-1-7)、式(5-1-8)中的分母实际是两项角加速度相加．测β的实验顺序可以是β_1、β_2、β_3、β_4，也可以是β_1、β_3、β_2、β_4．由式(5-1-2)可求出被测刚体的转动惯量$J_{被测}$.

二、角加速度β的测量原理

设转动体系的初角速度为ω_0，在t时刻其角位移θ为

$$\theta = \omega_0 t + \frac{1}{2}\beta t^2 \tag{5-1-9}$$

若测得与θ_1、θ_2相应的时间为t_1、t_2，计时次数为k_1、k_2，则

$$\theta_1 = \omega_0 t_1 + \frac{1}{2}\beta t_1^2$$

$$\theta_2 = \omega_0 t_2 + \frac{1}{2}\beta t_2^2$$

由以上两式可得

$$\beta = \frac{2(\theta_2 t_1 - \theta_1 t_2)}{t_2^2 t_1 - t_1^2 t_2} \tag{5-1-10}$$

由于从第一次挡光开始计时，此时计时次数$k = 1$、$\theta = 0$；当计时次数$k = 2$时，若只接通一个光电门，则$\theta = 2\pi$，若接通两个光电门，则$\theta = \pi$，依此类推．实验中，若多功能计时器只接通一个光电门，则应有

$$\beta = \frac{4\pi\left[(k_2 - 1)t_1 - (k_1 - 1)t_2\right]}{t_2^2 t_1 - t_1^2 t_2} \tag{5-1-11}$$

k值不局限两个，可多取几个，求出几个β值，最后结果取其平均值．

三、验证平行轴定理

平行轴定理：质量为m的刚体，对过其质心C的某一转轴的转动惯量为J_C，则刚体对平行于该轴、和它相距为d的另一转轴的转动惯量$J_{平行}$为

$$J_{平行} = J_C + md^2$$

在上式等式两端都加上系统支架的转动惯量J_0，则有

$$J_{平行} + J_0 = J_C + J_0 + md^2 \tag{5-1-12}$$

令$J = J_{平行} + J_0$，则有

$$J = J_C + J_0 + md^2 \tag{5-1-13}$$

由于J_C，J_0都为定值，所以J与d^2呈线性关系，若测得此关系，则验证了平行轴定理．

【实验步骤】

1. 调节转动惯量仪底角螺钉,使仪器处于水平状态.

2. 用四芯电缆将光电门与计时器相连,只接通一路. 若用输入 Ⅰ 插孔输入,该输入端通、断开关接通,输入 Ⅱ 通、断开关必须断开.

3. 开启多功能计时器电源开关,设好需要的制式.

4. 测量载物台的转动惯量.

(1) 给载物台以初始角速度使其在摩擦力矩作用下作匀减速转动,分别记下计时次数 k 为 $3(k_3)$、$4(k_4)$、$5(k_5)$、$6(k_6)$、$7(k_7)$、$8(k_8)$ 时的转动时间 t_3、t_4、t_5、t_6、t_7、t_8,并填入表5-1-1中.

(2) 将线分别绕在半径为2.0 cm和2.5 cm的塔轮上,调节滑轮位置使绕线与实验台面平行,让砝码由静止下落,测量与(1)相同计时次数下的时间 t_3、t_4、t_5、t_6、t_7、t_8,并填入表5-1-1中.

5. 测量测试件的转动惯量. 在载物台上装上圆环或圆盘,测量过程与上一步骤相同,并将测量数据填入表5-1-1中.

6. 验证平行轴定理. 载物台十字架上小孔离转轴距离 d 分别为5.0 cm、7.5 cm、10.0 cm,将小圆柱分别放在三个孔上,测量其转动惯量,测量过程与实验步骤4相同,相应测量数据填入表5-1-2中.

【注意事项】

1. 计时器与实验仪信号线连接,应找准位置,顺势插入,不能随意,若强行插入,可能会折断或折弯插针.

2. 注意多功能计时器没有信号输入的一路开关必须处于断开状态.

3. 塔轮绕线不能重叠.

4. 保持滑轮与所选塔轮等高.

5. 选择适当的塔轮,砝码落地后所记数据为无用数据.

6. 待测物的转动惯量是根据公式 $J_{被测}=J-J_0$ 间接测量而得,由标准误差的传递公式,有 $\Delta J_{被测}=(\Delta J^2+\Delta J_0^2)^{1/2}$. 当待测物的转动惯量远小于实验仪支架的转动惯量时,误差的传递公式可能使测量的相对误差增大.

【数据处理与要求】

表 5-1-1　转动惯量测量数据

测件	塔轮半径	外力矩	$k=3$ t_3/s	$k=4$ t_4/s	$k=5$ t_5/s	$k=6$ t_6/s	$k=7$ t_7/s	$k=8$ t_8/s
载物台		无						
	2.0 cm	有						
	2.5 cm	有						
圆环		无						
	2.0 cm	有						
	2.5 cm	有						
圆盘		无						
	2.0 cm	有						
	2.5 cm	有						

表 5-1-2　验证平行轴定理数据

小圆柱位置 d/cm	塔轮半径	外力矩	$k=3$ t_3/s	$k=4$ t_4/s	$k=5$ t_5/s	$k=6$ t_6/s	$k=7$ t_7/s	$k=8$ t_8/s	系统转动惯量 J/(kg·m^2)
5.0		无							
	2.5 cm	有							
7.5		无							
	2.5 cm	有							
10.0		无							
	2.5 cm	有							

砝码的质量：$m = 5$ g　　　$g = 9.8$ m/s^2

圆盘　半径　$R = 12$ cm　　质量　$m = 470$ g

圆环　内径　$R_1 = 10.5$ cm　　外径　$R_2 = 12.0$ cm　　质量　$m = 430$ g

小圆柱　质量　$m = 17.5$ g

1. 对表 5-1-1 中所测数据，利用公式(5-1-11) 和式(5-1-7)、式(5-1-8) 分别计算在塔轮半径为 2.0 cm 和 2.5 cm 时，实验仪支架转动惯量 J_0 和在载物台上装上圆环或圆盘时转动

系统的转动惯量 J.

2. 根据公式(5-1-2)分别计算测试件圆环、圆盘的转动惯量.

3. 用公式 $J=\frac{1}{2}m(R_1^2+R_2^2)$ 和 $J=\frac{1}{2}mR^2$ 计算圆环和圆盘转动惯量的理论值.

4. 计算圆环和圆盘转动惯量的绝对误差、相对误差,并正确表示测量结果.

5. 对表5-1-2中的所测数据,利用公式(5-1-11)和(5-1-8)计算转动系统的转动惯量 J,填入表5-1-2中.并作图描绘 J-d^2 关系,验证平行轴定理.

*6. 试计算圆环、圆盘的不确定度.

【思考与练习题】

1. 本实验方法为什么可以不考虑滑轮的质量及其转动惯量?

2. 本实验是如何检验转动定律和平行轴定理的?

3. 分析本实验产生误差的主要原因是什么.

4. 刚体的转动惯量与哪些因素有关?如何通过实验验证?

5. 理论上,同一待测物的转动惯量不随转动力矩的变化而变化.改变塔轮半径或砝码质量(5个塔轮半径,5个质量)可得到25种组合,形成不同的力矩,这样通过改变实验条件进行相应数据测量,并对数据进行分析,探索其规律,寻求产生误差的原因,探索测量的最佳条件.

【知识拓展】

一、转动惯量实验仪

转动惯量实验仪由十字形载物台、绕线塔轮、遮光细棒和小滑轮组成,如图5-1-2所示,绕线塔轮具有五个半径,从上至下分别为3.50 cm、3.00 cm、2.50 cm、2.00 cm、1.50 cm.载物台有对称伸出的四根平板,上有对称分布的12个圆孔,供测转动惯量之用.载物台和载物台上被测试件组成一个可绕 OO' 轴转动的刚体系.不可伸长、质量可忽略的细线一端拴在砝码上,另一端缠绕于所选半径的绕线塔轮上(线不可重叠).当砝码在重力作用下下落时,通过细线对刚体系施加外力矩.滑轮可借固定滑轮扳手升降,以保证当细线绕塔轮的不同转动半径时都可以保持与转动轴垂直.载物台转动时固定在载物台边缘并随之转动的遮光细棒,每转动半圈($\theta=\pi$)遮挡一次固定在底座圆周直径相对两端的光电门,即产生一个光电脉冲送入电脑多功能计时器,计时器将计下时间和遮挡次数.计时器从第一次挡光(第一个光电脉冲发生)开始计时、计数,并且可以连续记录,存储多个脉冲时间.

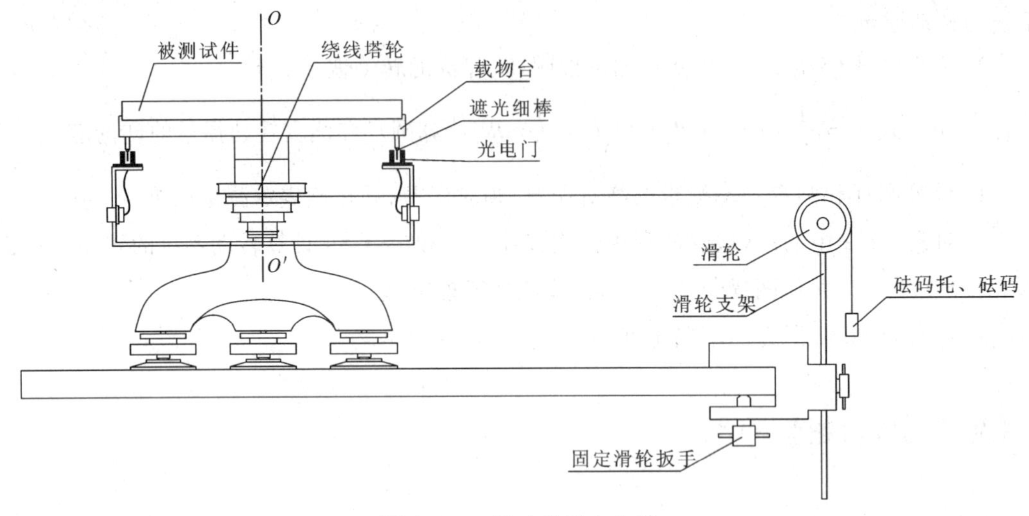

图 5-1-2 转动惯量实验仪

二、DDJ-Ⅱ 型电脑多功能计时器

测量时间间隔的一种数字性仪表,具有记忆存储功能,可记 64 个脉冲输入的时间,并可随意提取所需数据,面板如图 5-1-3 所示. 使用方法:

(1) 用四芯导线连接计时器输入接口和光电门,只接通一路,若用输入 Ⅰ,请将输入 Ⅰ 开关处于接通状态,输入 Ⅱ 开关处于断开状态,反之亦然. 切记!若从两输入接口同时输入信号,请将两通断开关都接通.

(2) 接通电源, 仪器进入自检状态. 显示屏显示 88.888888, 闪烁四次后, 显示 P 01 64,它表明制式(P) 为每输入一个(光电) 脉冲,记录一次时间,最多可记录 64 个时间数据.

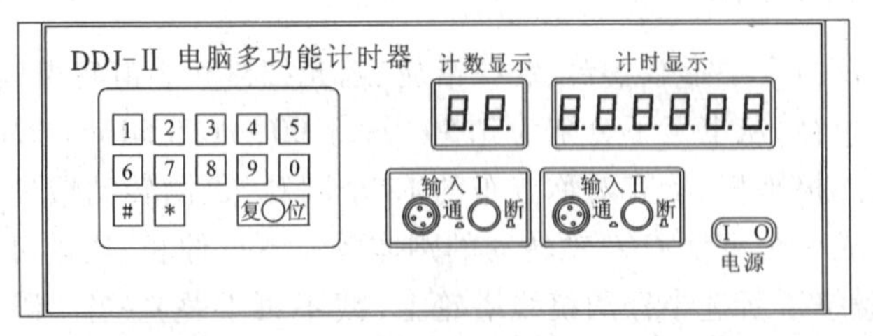

图 5-1-3 DDJ-Ⅱ 型电脑多功能计时器面板图

(3) 按一次" * "或"#"键,计数显示"00",计时显示"000000",此时仪器处于待计时状态,从输入第一个脉冲开始计时.

(4) 脉冲、时间记录储存后,取出数据的方法如下:按 0、1 两数字键,显示 000.000 表示

计时开始的时间；按 0、5 两数字键，取第一个到第五个脉冲之间的时间；按 1、5 两数字键，取第一个到第十五个脉冲之间的时间，依此类推．按“#”键一次，则脉冲计时的个数递增1次；按“ * ”键一次，则递减一次．

（5）按 9 键两次，仪器清除前次测量数据，处于新的待计时状态．

（6）按“复位”键，则仪器重新启动．

（7）调整制式的方法．若希望改为5次脉冲记录一次时间，只记录20个数据，在仪器启动后，显示 P　01　64 时，按 0、5、2、6 键，这种制式下，每输入5个脉冲就记录一次时间，自动记录 20 个数据以后就自动停止计时，提取方法同前．

5.2　落球法测定液体在不同温度的黏度实验

当液体相对其他固体、气体运动时，液体与其他物质的接触面之间存在摩擦力．即使是同一种液体，如果液体内部存在着相对运动，相对运动的各部分之间也会存在摩擦力，这种性质称为液体黏性，对应的力叫做黏滞力，黏滞力的方向平行于接触面，大小与接触面的面积及接触面处的速度梯度成正比．可表示为

$$F = \eta \Delta S \frac{\mathrm{d}v}{\mathrm{d}y}$$

式中，F 为黏滞力的大小，ΔS 为流体层面的面积，$\frac{\mathrm{d}v}{\mathrm{d}y}$ 为流体层间速度的空间变化率，η 为黏滞系数（或称摩擦系数），它的国际单位是 Pa · s（帕 · 秒）．

不同流体具有不同的黏度，同种流体在不同的温度下其黏度变化也很大．测定流体的黏度在化学、医学、水利工程、材料科学、机械工业及国防建设中有着重要的意义．本实验用落球法测定不同温度下蓖麻油的黏滞系数．

【预习提示】

1. 根据黏度系数定义直接测量难度很大，一般都采用间接的方法进行测量．测量液体黏滞系数的方法很多，比如斯托克斯法（落球法）—— 适用于测定黏度较大的液体；转筒法 —— 适用于测定黏度为 0.1 ～ 100 Pa · s 的液体；毛细管法 —— 适用于测定黏度较小的液体．在石油勘探中，常用漏斗法（范氏漏斗或马氏漏斗）测量钻井液的黏滞系数，钻井液的黏度对钻井液平衡地下压力、清洗井筒垃圾、冷却钻头温度、保证钻井正常进尺等具有重要作用．

2. 液体的黏度系数为 10^{-3} ～ 10^{0} Pa · s 的数量级，气体的黏滞系数为 10^{-5} Pa · s 的数量级．黏滞系数与流体的温度有密切的关系，随着温度的升高，液体的黏滞系数减小，气体的

黏滞系数增大.

3. 雷诺数 Re. 它是在解决流动问题中引入的一个无量纲参数,用雷诺数 Re 来判断流动状态是层流还是湍流,若 Re 不超过某个临界值,流动是层流;否则为湍流. 在管口平直的情况下,临界雷诺数约为 1 200. 流体的黏滞系数越大,则雷诺数越小,有利于层流;密度越大,则雷诺数越大,有利于湍流. 事实上,湍流是一种不稳定的流动,当流体质点由于某些原因而获得垂直于原来流速方向的横向分速度时,黏滞性有消除横向分速的趋势,质量则有保持横向分速的趋势,所以前者有利于流动的稳定,后者不利于稳定.

4. 雷诺数 $Re = v_0 d\rho_0/\eta$,当 $Re < 0.1$ 时,黏滞系数 $\eta = \dfrac{(\rho - \rho_0)gd^2}{18v_0(1 + 2.4d/D)}$;当 $0.1 < Re < 1$ 时,应考虑 1 级修正项的影响 $\eta_1 = \eta - \dfrac{3}{16}v_0 d\rho_0$.

5. 在测量小球下落一段距离所需要的时间时,上标线的位置选取要保证小球在达到上标线之前就已达到收尾速度,不要靠近液面;下标线的选取不要太靠近圆通的底部,同时应保证小球沿圆筒中心下落.

【实验目的】

1. 用落球法测量不同温度下蓖麻油的黏度.
2. 了解 PID 温度控制的原理.
3. 练习用秒表计时,用螺旋测微器测直径.

【实验器材】

变温黏度测量仪,ZKY-PID 温控实验仪,秒表,螺旋测微器,钢球若干.

一、落球法变温黏度测量仪

变温黏度仪的外形如图 5-2-1 所示. 待测液体装在细长的样品管中,能使液体温度较快的与加热水温达到平衡,样品管壁上有刻度线,便于测量小球下落的距离. 样品管外的加热水套连接到温控仪,通过热循环水加热样品. 底座下有调节螺钉,用于调节样品管的铅直.

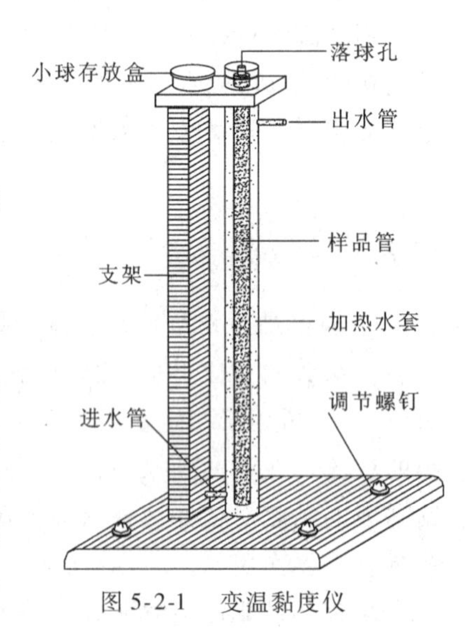

图 5-2-1　变温黏度仪

二、开放式 PID 温控实验仪

开放式 PID 温控实验仪面板如第四章实验 4.4 中 图 4-4-2 所示.

三、秒表

PC396 电子秒表具有多种功能. 按“功能转换”键,待显示屏上方出现符号且第 1 和第 6、7 短横线闪烁时,即进入秒表功能. 此时按“开始/停止”键可开始或停止计时,多次按“开始/停止”键可以累计计时. 一次测量完成后,按“暂停/回零”键使数字回零,准备进行下一次测量.

【实验原理】

一、落球法测定液体的黏度

一个在静止液体中下落的小球受到重力、浮力和黏滞阻力三个力的作用,如果小球的速度 v 很小,且液体可以看成在各方向上都是无限广阔的,则从流体力学的基本方程可以导出表示黏滞阻力的斯托克斯公式

$$F = 3\pi\eta v d \tag{5-2-1}$$

式中,d 为小球直径.

由于黏滞阻力与小球速度 v 成正比,小球在下落很短一段距离后,所受三力达到平衡,小球将以 v_0 匀速下落,此时有

$$\frac{1}{6}\pi d^3(\rho - \rho_0)g = 3\pi\eta v_0 d \tag{5-2-2}$$

式中,ρ 为小球密度,ρ_0 为液体密度.

由式(5-2-2) 可解出黏度 η 的表达式

$$\eta = \frac{(\rho - \rho_0)gd^2}{18v_0} \tag{5-2-3}$$

本实验中,小球在直径为 D 的玻璃管中下落,液体在各方向无限广阔的条件不满足,此时黏滞阻力的表达式可加修正系数$(1 + 2.4d/D)$,而式(5-2-3) 可修正为

$$\eta = \frac{(\rho - \rho_0)gd^2}{18v_0(1 + 2.4d/D)} \tag{5-2-4}$$

当小球的密度较大、直径不是太小而液体的黏度值又较小时,小球在液体中的平衡速度 v_0 会达到较大的值,奥西思-果尔斯公式反映出了液体运动状态对斯托克斯公式的

影响

$$F = 3\pi\eta v_0 d\left(1 + \frac{3}{16}\mathrm{Re} - \frac{19}{1\,080}\mathrm{Re}^2 + \cdots\right) \tag{5-2-5}$$

式中,Re 称为雷诺数,是表征液体运动状态的无量纲参数.

$$\mathrm{Re} = v_0 d\rho_0/\eta \tag{5-2-6}$$

当 Re 小于 0.1 时,可认为式(5-2-1)、式(5-2-4) 成立. 当 $0.1 < \mathrm{Re} < 1$ 时,应考虑式(5-2-5) 中 1 级修正项的影响;当 Re 大于 1 时,还须考虑高次修正项.

考虑式(5-2-5) 中 1 级修正项的影响及玻璃管的影响后,黏度 η_1 可表示为

$$\eta_1 = \frac{(\rho - \rho_0)gd^2}{18v_0(1 + 2.4d/D)(1 + 3\mathrm{Re}/16)} = \eta\frac{1}{1 + 3\mathrm{Re}/16} \tag{5-2-7}$$

由于 $3\mathrm{Re}/16$ 是远小于 1 的数,将 $1/(1 + 3\mathrm{Re}/16)$ 按幂级数展开后近似为 $1 - 3\mathrm{Re}/16$,因此式(5-2-7) 又可表示为

$$\eta_1 = \eta - \frac{3}{16}v_0 d\rho_0 \tag{5-2-8}$$

已知或测量得到 ρ、ρ_0、D、d、v 等参数后,由式(5-2-4) 计算黏度 η,再由式(5-2-6) 计算 Re,若需计算 Re 的 1 级修正,则由式(5-2-8) 计算经修正的黏度 η_1.

在国际单位制中,η 的单位是 Pa · s(帕 · 秒),在厘米、克、秒制中,η 的单位是 P(泊) 或 cP(厘泊),它们之间的换算关系是

$$1\ \mathrm{Pa\cdot s} = 10\ \mathrm{P} = 1\,000\ \mathrm{cP} \tag{5-2-9}$$

二、PID 调节原理

PID 调节原理可见第四章实验 4.4 的“实验原理”.

【实验步骤】

1. 检查仪器上的水位管,从仪器顶部的注水孔将水箱水加到水位线附近.

2. 将水准仪放到仪器底座上,调底座下方螺钉,使底座处于水平状态,样品管处于铅直状态.

3. 打开开放式 PID 温控实验仪电源开关,此时水应流动循环起来. 否则就是软管中有一段空气柱阻碍了水的流动,这时应关掉电源开关,将软管拔下将空气排出.

4. 水循环无碍后,再进入测量界面,设定环境温度、设定温度(初步设定温度为 20 ℃). 使用 ►、◄ 键选择项目,反灰的数字即表明此数字是当前可改变项. 使用 ▲、▼ 键可增大或减少当前改变项目的数值. 设置好后按“确认” 键,然后按“启控 / 停控” 键进行加热. 仪器

上会显出即时温度值及过渡时间.

5. 用螺旋测微器测定小球的直径 d(建议采用直径1 ~ 2 mm 的小球,这样可不考虑雷诺修正或只考虑1级雷诺修正),将数据记入表5-2-1中.

6. 测定小球在液体中下落速度.

(1) 当温控仪温度达到设定值后再等约5 min,使样品管中的待测液体温度和热水温度完全一致后,才能测液体黏度.

(2) 用镊子夹住小球沿样品管中心轻轻放入液体,用秒表测量小球落经一段距离的时间 t. 测量过程中,尽量避免对液体的扰动.

(3) 记录下数据后,按"返回"键,回到设置温度的界面,再将温度设定为25 ℃,设置好后按"启控/停控"键进行加热.

7. 重复步骤6,将设定温度值逐渐升高为30 ℃、35 ℃、40 ℃. 分别记录不同温度下小球下落时间,将所有测量数据记入表5-2-2中.

8. 实验全部完成后,用磁铁将小球吸引至样品管口,以备下次实验使用.

【数据处理与要求】

表5-2-1 小球的直径

次数	1	2	3	4	5	6	平均值
$d(10^{-3}m)$							

表5-2-2 测定蓖麻油黏度数据表温度

温度 T/℃	时间 t/s						速度 v/(m/s)	η/(Pa·s) 测量值	η/(Pa·s) 标准值
	1	2	3	4	5	平均	平均		
20									0.986
25									0.621
30									0.451
35									0.312
40									0.231

1. 已知 $\rho = 7.8 \times 10^3\ \mathrm{kg/m^3}$,$\rho_0 = 0.95 \times 10^3\ \mathrm{kg/m^3}$.

2. 利用表 5-2-2 中的数据,计算不同温度下小球的速度 v_0,并填入表 5-2-2.

3. 计算黏滞系数 η. 利用公式(5-2-8)(或式 5-2-4)分别计算不同温度下黏滞系数 η,并填入表 5-2-2.

4. 将这些不同温度下黏度系数的测量值与标准值进行比较,计算相对误差.

5. 利用表 5-2-2 中不同温度下 η 的测量值,在坐标纸上拟合出黏度系数 η 随温度 T 变化的曲线,并写出拟合方程.

*6. 练习用 Origin 软件对表 5-2-2 中的数据作图,拟合出黏度系数 η 随温度 T 变化的曲线,并写出拟合方程.

【思考与练习题】

1. 测量小球下落速度时,每次测量的时间间隔长些好还是短些好?
2. 若小球沿筒壁附近下落,对测量结果将产生什么影响?
3. 实验时,若小球表面粗糙,或有油脂、尘埃等,将产生哪些影响?
4. 测量时,如果不要上标线,小球落至液体表面时开始计时是否可以?

【知识拓展】

小球达到平衡速度之前所经路程 L 的推导.

由牛顿运动定律及黏滞阻力的表达式,可列出小球在达到平衡速度之前的运动方程

$$\frac{1}{6}\pi d^3 \rho \frac{\mathrm{d}v}{\mathrm{d}t} = \frac{1}{6}\pi d^3 (\rho - \rho_0) g - 3\pi \eta d v \tag{5-2-10}$$

整理后得

$$\frac{\mathrm{d}v}{\mathrm{d}t} + \frac{18\eta}{d^2\rho} v = \left(1 - \frac{\rho_0}{\rho}\right) g \tag{5-2-11}$$

这是一个一阶线性微分方程,其通解为

$$v = \left(1 - \frac{\rho_0}{\rho}\right) g \cdot \frac{d^2\rho}{18\eta} + C\mathrm{e}^{\frac{18\eta}{d^2\rho}t} \tag{5-2-12}$$

设小球以零初速放入液体中,代入初始条件($t = 0$, $v = 0$),定出常数 C 并整理后得

$$v = \frac{d^2 g}{18\eta}(\rho - \rho_0) \cdot \left(1 - \mathrm{e}^{\frac{18\eta}{d^2\rho}t}\right) \tag{5-2-13}$$

随着时间增大,式(5-2-13)中的负指数项迅速趋近于 0,由此得平衡速度

$$v_0 = \frac{d^2 g}{18\eta}(\rho - \rho_0) \tag{5-2-14}$$

式(5-2-14)与式(5-2-3)是等价的,平衡速度与黏度成反比. 设从速度为 0 到速度达到

平衡速度的 99.9% 这段时间为平衡时间 t_0,即令

$$e^{-\frac{18\eta}{d^2\rho}t_0} = 0.001 \tag{5-2-15}$$

由式(5-2-15)可计算平衡时间.

若钢球直径为 10^{-3} m,代入钢球的密度 ρ,蓖麻油的密度 ρ_0 及 40 ℃ 时蓖麻油的黏度 η = 0.231 Pa·s,可得此时的平衡速度约为 v_0 = 0.016 m/s,平衡时间约为 t_0 = 0.013 s. 平衡距离 L 小于平衡速度与平衡时间的乘积,在我们的实验条件下,小于 1 mm,基本可认为小球进入液体后就达到了平衡速度.

5.3 示波器的使用实验

示波器是一种可以直接显示各种电压波形,并可以测定其幅值大小及频率的仪器. 原则上讲,一切可以转换为电压的电量(如电流、阻抗等)和非电学量(如温度、位移、压力、光强、磁场强度等)以及它们随时间的变化过程,都可以用示波器及一些必要的配套仪器来测量和观察. 因此,示波器广泛应用于电子线路、声波测量、雷达测距等许多方面. 在生命科学领域,示波器常来测定生物体内的各种电量及非电量信号,如心电、脑电、肌电的电压、阻抗、频率特征等,都可通过示波器来实现. 因此,了解和掌握示波器的基本原理和使用方法具有重要的实际意义.

【预习提示】

1. 要学会示波器的使用,应掌握以下各控制件的使用:示波管控制件——辉度、聚焦和辅助聚焦、标尺亮度,X 轴控制件——扫描速度开关、扫描速度微调、水平移位调节旋钮,同步控制件——触发源选择开关、触发耦合方式开关、触发方式开关、触发电平旋钮,Y 轴控制件——信号输入插座、输入耦合开关、垂直位移调节、Y 轴灵敏度选择开关、Y 轴灵敏度微调、显示方式开关等.

2. 若示波器的 X 与 Y 偏转板同时加上正弦电压时,亮点的运动是两个相互垂直振动的合成. 如果频率比值 $f_x : f_y$ 为整数比,合成运动的轨迹是一个封闭的图形,称为李沙育图形,又称李萨如图形. 利用李沙育图形可求出未知信号的频率.

【实验目的】

1. 了解示波器的主要结构和显示波形的基本原理.

2. 掌握示波器和函数信号发生器的使用方法.

3. 通过用示波器观察李沙育图形，学会一种测量正弦振动频率的方法，并加深对互相垂直振动合成理论的理解．

【实验器材】

SS-5702A 型双踪示波器（或数字示波器），TFG2030G DOS 函数信号发生器（或 NY2201D 型数字显示低频信号发生器），同轴电缆连接线等．

【实验原理】

一、示波器的基本构造

示波器是由示波管及与其配合的电子线路组成的．为了适应各种测量的要求，示波器的电子线路是多样而复杂的．这里仅就其主要部分用方框图加以介绍．

1. 示波管．如图 5-3-1 所示，示波管主要包括荧光屏、电子枪、偏转系统三部分，全都密封在玻璃外壳内，里面抽成高真空．下面分别说明各部分的作用．

(1) 荧光屏．它是示波器的显示部分，当加速聚焦后的电子打到荧光屏上时，屏上所涂的荧光物质就会发光，从而显示出电子束的位置．当电子束停止作用后，荧光剂的发光需经一定时间才停止，称为余辉效应．

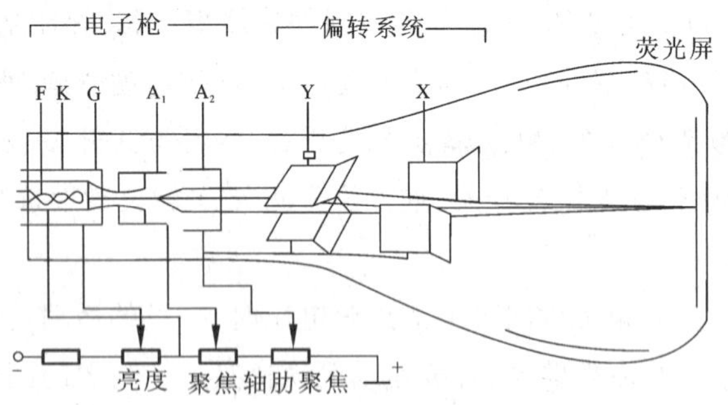

图 5-3-1　示波管的结构简图

F— 灯丝；K— 阴极；G— 控制栅极；A_1— 第一阳极；

A_2— 第二阳极；Y— 竖直偏转板；X— 水平偏转板．

(2) 电子枪．它由灯丝、阴极、控制栅极、第一阳极、第二阳极五部分组成．灯丝通电后加热阴极．阴极是一个表面涂有氧化物的金属筒，被加热后发射电子．控制栅极是一个顶端有小孔的圆筒,套在阴极外面. 它的电位比阴极低,对阴极发射出来的电子起控制作用,只有初速度较大的电子才能穿过栅极顶端的小孔然后在阳极加速下奔向荧光屏. 示波器面板上的"亮度"调整就是通过调节电位以控制射向荧光屏的电子流密度,从而改变屏上的光斑亮度. 阳极电位比阴极电位高很多,电子被它们之间的电场加速形成射线. 当控制栅极、第一阳极、第二阳极之间的电位调节合适时,电子枪内的电场对电子射线有聚焦作用,所以第一阳极也称聚焦阳极. 第二阳极电位更高,又称加速阳极. 面板上的"聚焦"调节就是调第一阳极电位,使荧光屏上的光斑成为明亮、清晰的小圆点. 有的示波器还有"辅助聚焦",实际是调节第二阳极电位.

(3) 偏转系统. 它由两对相互垂直的偏转板组成,一对垂直偏转板,一对水平偏转板. 在偏转板上加以适当电压,电子束通过时,其运动方向发生偏转,从而使电子束在荧光屏上的光斑位置也发生改变.

容易证明,光点在荧光屏上偏移的距离与偏转板上所加的电压成正比,因而可将电压的测量转化为屏上光点偏移距离的测量,这就是示波器测量电压的原理.

2. 信号放大器和衰减器. 示波管本身相当于一个多量程电压表,这一作用是靠信号放大器和衰减器实现的. 由于示波管本身的 X 轴及 Y 轴偏转板的灵敏度不高(约 0.1 ~ 1 mm/V),当加在偏转板的信号过小时,要预先将小的信号电压加以放大后再加到偏转板上. 为此设置 X 轴及 Y 轴电压放大器. 衰减器的作用是使过大的输入信号电压变小以适应放大器的要求,否则放大器不能正常工作,使输入信号发生畸变,甚至使仪器受损. 对一般示波器来说,X 轴和 Y 轴都设置有衰减器,以满足各种测量的需要.

3. 扫描系统. 扫描系统也称时基电路,用来产生一个随时间作线性变化的扫描电压,这种扫描电压随时间变化的关系如同锯齿,故称锯齿波电压. 这个电压经调轴放大器放大后加到示波管的水平偏转板上,使电子束产生水平扫描. 这样,屏上的水平坐标变成时间坐标,Y 轴输入的被测信号波形就可以在时间轴上展开,扫描系统是示波器显示被测电压波形必需的重要组成部分.

二、示波器显示波形的原理

如果只在竖直偏转板上加一交变的正弦电压,则电子束的亮点将随电压的变化在竖直方向来回运动,如果电压频率较高,则看到的是一条竖直亮线,如图 5-3-2 所示. 要能显示波形,必须同时在水平偏转板上加一扫描电压,使电子束的亮点沿水平方向拉开. 这种扫描电压的特点是电压随时间成线性关系增加到最大值,最后突然回到最小,此后再重复变化. 这种扫描电压即前面所说的"锯齿波电压",如图 5-3-3 所示. 当只有锯齿波电压加在水平偏转板上时,如果频率足够高,则荧光屏上只显示一条水平亮线.

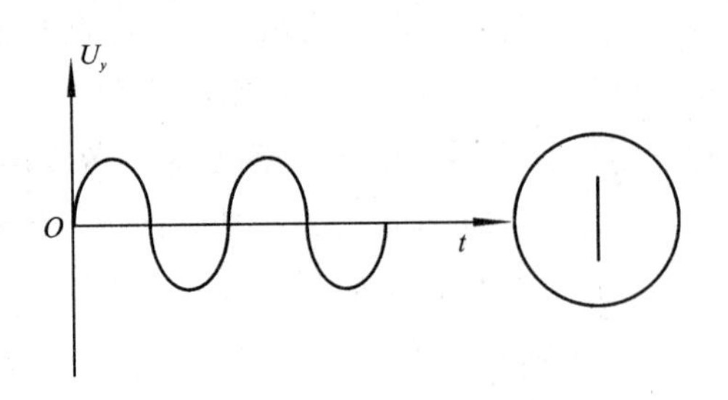

图 5-3-2　只在竖直偏转板上加一正弦电压的情形

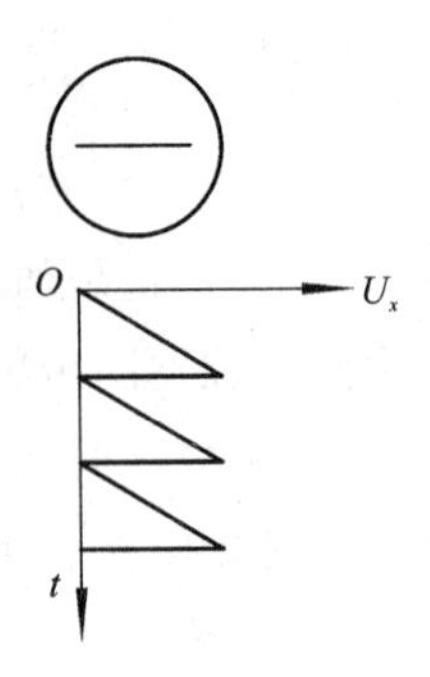

图 5-3-3　只在水平偏转板上加一锯齿波电压的情形

如果在竖直偏转板上(简称Y轴)加正弦电压,同时在水平偏转板上(简称X轴)加锯齿波电压,电子受竖直、水平两个方向的力的作用,电子的运动就是两相互垂直的运动的合成. 当锯齿波电压比正弦电压变化周期稍大时,在荧光屏上将能显示出完整周期的所加正弦电压的波形图,如图 5-3-4 所示.

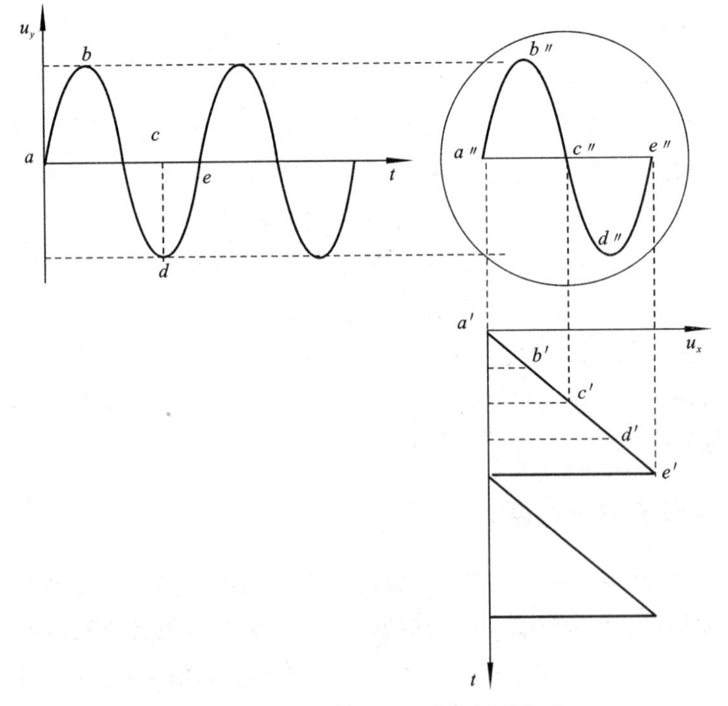

图 5-3-4　示波器显示正弦波的原理图

三、同步的概念

如果正弦波和锯齿波电压的周期稍微不同,屏上出现的是一移动着的不稳定图形,这种情形可用图5-3-5说明.设锯齿波电压的周期 T_x 比正弦波电压周期 T_y 稍小,比方说 $T_x/T_y = 7/8$. 在第一扫描周期内,屏上显示正弦信号0 ~ 4点之间的曲线段;在第二周期内,显示4 ~ 8点之间的曲线段,起点在4处;第三周期内,显示8 ~ 11点之间的曲线段,起点在8处.这样,屏上显示的波形每次都不重叠,好像波形在向右移动.同理,如果 T_x 比 T_y 稍大,则好像在向左移动.以上描述的情况在示波器使用过程中经常会出现.其原因是扫描电压的周期与被测信号的周期不相等或不成整数倍,以致每次扫描开始时波形曲线上的起点均不一样.为了获得一定数量的波形,示波器上设有"扫描时间"(或"扫描范围")、"扫描微调"旋钮,用来调节锯齿波电压的周期 T_x(或频率 f_x),使之与被测信号的周期 T_y(或频率 f_y)成合适的关系,从而在示波器屏上得到所需数目的完整的被测波形.输入 Y 轴的被测信号与示波器内部的锯齿波电压是互相独立的.由于环境或其他因素的影响,它们的周期(或频率)可以发生微小的改变.这时,虽然可通过调节扫描旋钮将周期调到整数倍关系,但过一会儿又变了,波形又移动起来,在观察高频信号时这种问题尤为突出.为此,示波器内装有扫描同步装置,让锯齿波电压的扫描起点自动跟着被测信号改变,这称为整步(或同步).

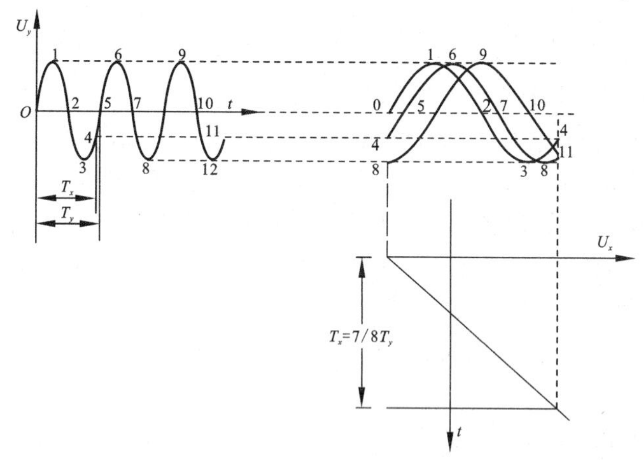

图 5-3-5 $T_x = 7/8T_y$ 时显示的波形

四、李沙育图形

示波管内的电子束受 X 轴上正弦电压的作用时,屏上亮点作 X 轴向的谐振动;受 Y 偏转板上正弦电压作用时,亮点在 Y 方向作谐振动.若 X 与 Y 偏转板同时加上正弦电压时,亮点的运动是两个相互垂直振动的合成.如果频率比值 $f_x : f_y$ 为整数比,合成运动的轨迹是一个封闭的图形,称为李沙育图形,如图5-3-6所示.

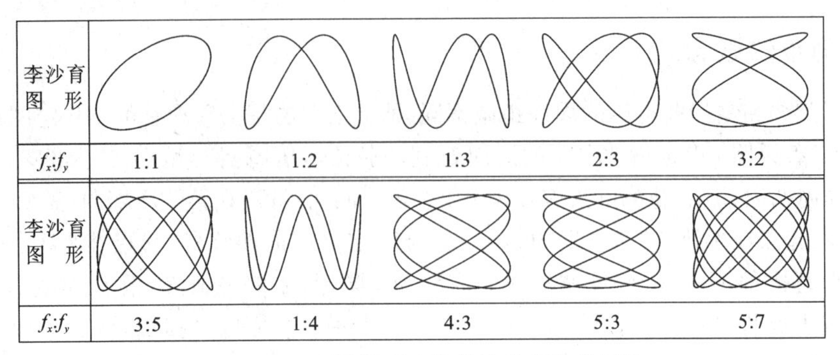

图 5-3-6　不同频率比值的几种李沙育图形

李沙育图形与振动频率之间有如下的简单关系

$$\frac{N_x}{N_y}=\frac{f_y}{f_x} \tag{5-3-1}$$

式中,N_x 表示 X 方向切线对图形的切点数,N_y 表示 Y 方向切线对图形的切点数. 如果 f_x 或 f_y 中有一个是已知的,则可由李沙育图形的切点数决定其频率比值,求出另一个未知频率.

【实验步骤】

1. 调节示波器,观察扫描及正弦波形和方波.

(1) 熟悉示波器、信号发生器面板上各调节旋钮,明确它们的功能.

(2) 将"扫描时间"旋钮旋到"0.5 μs",反时针旋"亮度"旋钮至尽头,"X 轴移位"、"Y 轴移位"旋到中间位置. 接通电源,预热约 3 ~ 5 min,顺时针方向旋"亮度"旋钮,直到屏上出现扫描线. 调节"聚焦"、"X 轴移位"、"Y 轴移位"等旋钮,使扫描线最细,位置居中,长短稍小于屏的直径,亮度适中,能看得清楚,但又不过亮.

(3) 观察光点扫描. 将"扫描时间"旋钮由高频率逐挡旋到低频率,观察扫描频率变化时光点的扫描情况.

(4) 观察正弦波形. 调节函数信号发生器,分别产生频率为 500 Hz、36 kHz 的正弦波和频率为 50 kHz 的方波(幅值无要求),把函数信号发生器的信号输入示波器的 $CH_1(Y_1)$ 或 $CH_2(Y_2)$ 通道输入插座. 将"偏转因数"选择开关旋到合适位置(每格多少伏). 观察并调整出相应波形,将记录数据填写在表 5-3-1 中.

2. 观察李沙育图形并测正弦波频率

将 TFG2030G DOS 函数信号发生器 A 路输出调为正弦波,频率为 1 kHz,B 路信号调为 B 路信号的谐波,设定它们之间的相差. 然后将 A 路、B 路信号分别接到示波器的 CH_1 和 CH_2 通道输入插座. 在示波器上观察李沙育图形并测 B 路信号频率,所测数据填入表 5-3-2 中.

【数据处理与要求】

表 5-3-1 观察与测量电压波形

信号波形	信号输出频率/kHz	电压值			周期			测量频率 f/kHz
		V/div	格数 div	U_{P-P}/V	ms/div	格数 div	T/ms	
正弦波	0.5							
正弦波	36							
方波	50							

表 5-3-2 用李沙育图形的测正弦信号频率

李沙育图形	f_x/kHz	N_x	N_y	f_y/kHz

1. 分别计算表 5-3-1 中所测每个信号的频率.
2. 根据表 5-3-2 中的数据,利用公式(5-3-1) 求未知信号的频率.

【思考与练习题】

1. 本实验步骤 1 的第(4) 步中,观察正弦波形时选用了信号发生器发生的正弦波电压作为输入,若不用信号发生器能否完成这一内容?试说明如何仅用示波器观察正弦波形.

2. 示波器上的正弦波形不断向右“跑” 或向左“跑”,这是为什么?什么情况下向左?什么情况下向右?应调节哪几个旋钮使其尽量地稳定?

3. 观察李沙育图形时,当 X 轴与 Y 轴偏转板上的正弦电压频率相等时,屏上图形还在时刻转动. 这是为什么?

【知识拓展】

一、SS-5702A 双踪示波器

SS-5702A 双踪示波器的前面板如图 5-3-7 所示.

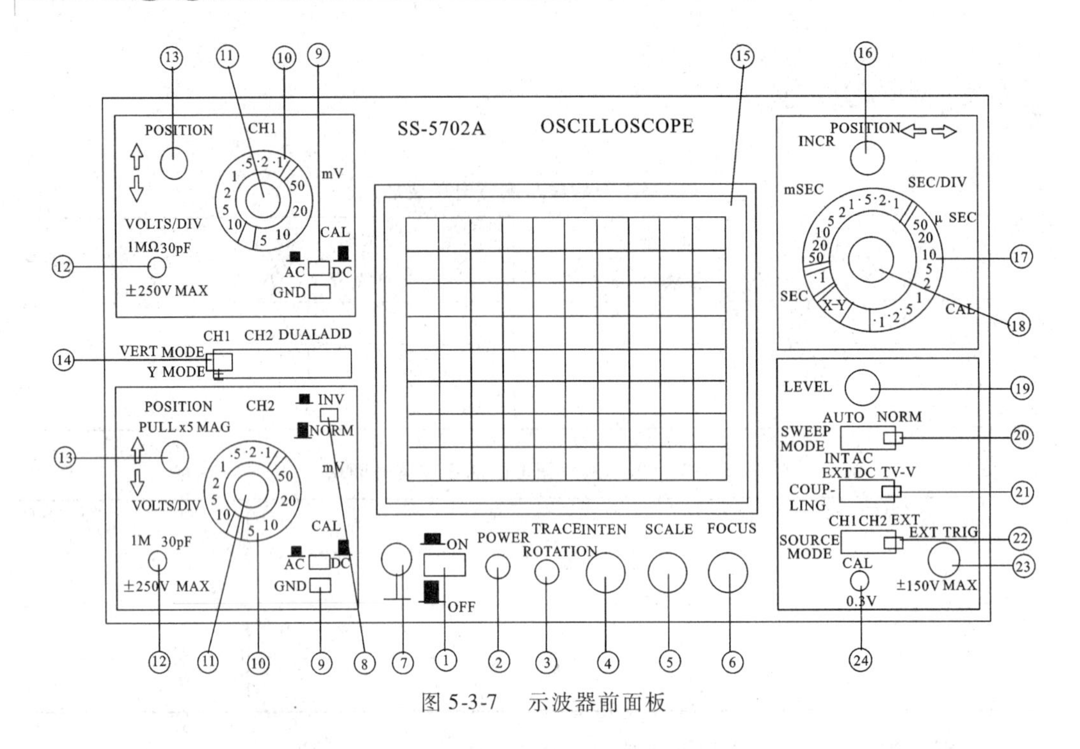

图 5-3-7　示波器前面板

1. 电源开关 POWER.

2. 电源指示灯．电源开关置开位置,指示灯应亮．

3. 扫迹旋转．机械地控制扫迹与水平刻度线成平行位置．

4. 辉度．控制显示亮度．

5. 刻度照明．控制刻度照明的亮度．

6. 聚焦．供调节最佳清晰度．

7. 接地．输入信号源与本仪器连接的接地端．

8. 极性．用以转换通道 2 显示极性的开关．当按键处于按下位置时极性反相．

9. Y 通道(CH_1、CH_2)．输入信号耦合开关．

AC. 信号经电容耦合到垂直放大器．信号的直流成分被阻断,低频极限(低端 -3db 点)约为 4 H_Z.

DC. 输入信号的所有成分都送入垂直放大器．

GND. 输入信号从垂直放大器的输入端断开并且输入端接地．输入信号不接地．

10. Y 通道偏转因数选择开关．分 11 挡选择垂直偏转因数．要得到校正的偏转因数,微调旋钮必须置于校正(CAL) 位置．

11. 微调．提供在“伏特 / 格” 开关各校正档位之间连续可调的偏转因数．

12. Y 通道(CH_1、CH_2). 输入信号插口.

13. Y 通道位移(拉出增益 ×5). 控制所显示波形的垂直位移. 此旋钮也是用作控制灵敏度扩展 5 倍的推拉开关.

14. Y 工作方式选择开关.

选择垂直工作方式和 X - Y 工作方式. 以下方式可供选择:

通道 1 CH_1. 仅显示通道 1. 在 X - Y 显示时,通道 1 的作用由触发源开关决定.

通道 2 CH_2. 仅显示通道 2. 在 X - Y 显示时,通道 2 的作用由触发源开关决定.

双踪 DUAL. 两个通道的信号双踪显示. 在这一方式下,将扫描速度置于低于 0.5 μs/格范围时为断续显示,置于高于 0.2 μs/格范围时为交替显示.

相加 ADD. 加入 CH_1 和 CH_2 输入端的信号代数相加并在示波管屏幕上显示其和. 通道 2 极性开关可使显示为 $CH_1 + CH_2$ 或 $CH_1 - CH_2$.

15. 荧光屏.

16. 水平位移. 此旋钮也是用作控制显示扫描速度扩展 10 倍的推拉开关.

17. 扫描时间因数选择开关. 要得到校正的扫描速度,微调旋钮必须置于校正(CAL)位置.

18. 扫描时间因数微调. 提供在"时间/格"开关各校正档位之间连续可调的扫描速度.

19. 电平/触发极性. 控制触发电平的旋钮. 这一旋钮也是用于控制选择触发极性的推拉开关. 旋钮处于推入方式时为正向触发,拉出时为负向触发.

20. 扫描方式.

AUTO:扫描可由重复频率 50 Hz 以上和在由"耦合方式"开关确定的频率范围内的信号所触发. 当"电平"旋钮旋至触发范围以外或无触发信号加至触发电路时,由自激扫描产生一个基准扫迹.

NORM:扫描可由在"耦合方式"开关所确定的频率范围以内的信号所触发. 当"电平"旋钮旋至触发范围以外或无触发信号加至触发电路时,扫描停止.

21. 耦合方式.

AC(EXT DC):选择内触发时为交流耦合,选择外触发时为直流耦合. 交流耦合截止直流和衰减低于约 20 Hz 的信号. 高于约 20 Hz 的信号可通过. 直流耦合允许从直流至 20 MHz 的各种触发信号通过.

TV-V:这种耦合方式适合于全电视信号的测试.

22. 触发源. 选择触发信号源.

CH_1/CH_2:置于这两个位置时为内触发. 当"垂直工作方式"开关处于"双踪"时,下列信号被用于触发:当触发源开关处于 CH_1 位置时连接到 CH_1 端的信号用于触发;处于 CH_2 位置时连接到 CH_2 的信号用作触发,当"垂直工作方式"开关置于 CH_1 或 CH_2 时,触发信号源开关的位置也应相应置于 CH_1 或 CH_2.

EXT:触发信号从连接到触发信号输入端的信号中取得.

23. 输入端.外触发信号或外水平信号输入端.

24. 校正输出.0.3 V 校正电压输出端.

二、TFG2030G DOS 函数信号发生器

TFG2030G DOS 函数信号发生器采用直接数字合成技术,有两路输出,A 路可输出正弦波和方波,B 路可输出 32 种波形.其前面板如图 5-3-8 所示.

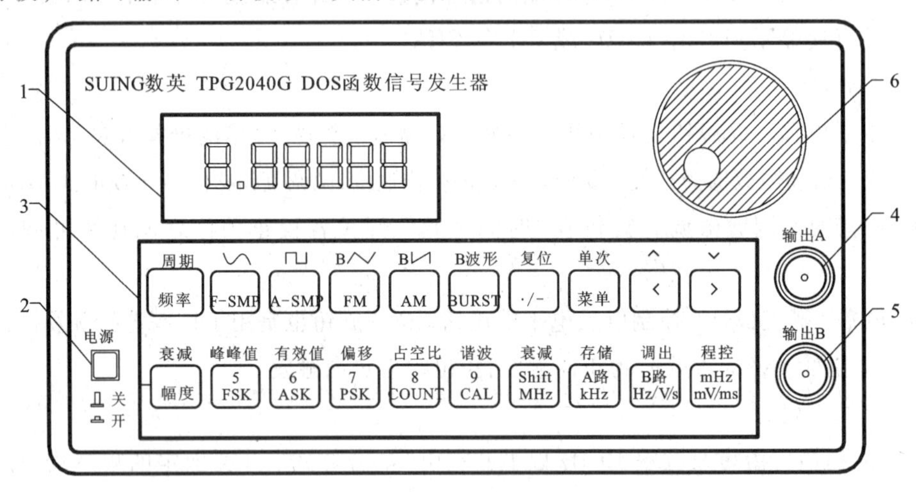

图 5-3-8　信号发生器前面板图

1— 显示屏;2— 电源开关;3— 键盘区;4—A 路输出接口;

5—B 路输出接口;6— 调节旋钮

当使用信号发生器时显示屏可显示两行,上面一行为功能和选项显示,左边显示当前功能,右边显示当前选项.下面一行显示当前选项的参数值.

键盘区共有 20 个按键,健体面上的黑色字表示该键的基本功能,如 10 个数字键上的数字,直接按键执行此功能.健体上方的蓝色字表示该键的上挡功能,先按"Shift"键,再按某一键即可执行该键的上挡功能.10 个数字键面上的红色字用来选择仪器的 10 种功能,首先按一个数字键,再按红色键"菜单",即可以选中该数字键上红色字所表示的功能.若选中某一功能后反复按"菜单"键,可循环选择该功能的不同选项."./ -"为小数点键,在"A 路偏

移”功能时可输入负号．“MHz”、“kHz”、“Hz”、“mHz”双功能键，健体上有两行标注，直接按时，执行健体上第一行功能；若在输入数字后按四个键之一，执行第二行的单位键的功能，可选择输入数值单位．“<”、“>”键为光标左右移动键．

信号发生器基本操作说明如下：

1. 数字键的输入．一个项目选中以后，可以用10个数字键输入该项目的参数值，输入方式为从左至右移位写入．数据可以带有小数点，如果一次数据输入中有多个小数点，则只有第一个小数点为有效．在“偏移”功能时，可输入负号．使用数字键只是把数字写入显示区，这时数据并没有生效，数据输入完毕后，必须按单位键作为结束，输入数据才开始生效．

2. A路功能．按“A路”键，选择A路功能．可设定A路输出的不同参数值．

（1）频率和幅度设置．按“频率”键，这时可设定A路输出的频率，有两种方法设定频率：一是转动调节旋钮，可看到显示屏上显示的数值在连续变化，调到需要的频率即可；二是按数字键输入数据，输入方式为自左向右移位输入．数字并没有生效，必须再按单位键作为结束，输入数据才开始生效．如按“kHz”键，选择频率单位为kHz. 按“<”、“>”键移动数据上边的三角形光标的位置，按数字键可改变光标所指位置数字值．如设定频率为3.5 kHz，可依次按“频率”、“3”、“．/ -”、“5”、“kHz”键．

按“幅度”键可设定A路输出的幅度值．

（2）上挡功能设置．按“Shift”键后再按数字键，可执行相应数字键体上方的上挡功能．如设定A路输出为脉冲波，可依次按“Shift”、“占空比”键．A路能输出正弦波、方波、脉冲波三种波形．又如，选择固定衰减0 dB. 可依次按“Shift”、“衰减”、“0”、“Hz”键．衰减只能选择0 dB、20 dB、40 dB、60 dB、Auto五个挡．如用数字键输入衰减值，输入数据 <20 时为0 dB；$\geqslant 20$ 时为20 dB；$\geqslant 40$ 时为40 dB；$\geqslant 60$ 时为60 dB；$\geqslant 80$ 时为Auto. 也可使用旋钮调节，旋钮每转一步衰减变化一挡．

（3）数字键上功能设置．按数字键后按“菜单”键，可执行数字键上红色字所表示的功能．这时再按“菜单”键可循环显示该功能的不同选项，可分别设定当前选项的数值．

如设定A路步进频率为12.5 Hz，依次按“0”、“菜单”键选择A路扫频的功能，显示屏上第一行左方显示“扫频”，再按“菜单”键选择步进频率项，则显示屏上第一行右方显示“步进频率”，这时再依次按“1”、“2”、“．/ -”、“5”、“Hz”键即设定完毕．然后每按一次“Shift”、“∧”键，A路频率增加12.5 Hz，每按一次“Shift”、“∨”键，A路频率减少12.5 Hz. 其他选项设定与此类同．不同的数字键所表示的功能及相应选项如表5-3-3所示．

表 5-3-3　功能及选项表

按键功能	“0”+“菜单” F-SMP 扫频	“1”+“菜单” A-SMP 扫幅	“2”+“菜单” FM 调频	“3”+“菜单” AM 调幅	“4”+“菜单” BURST 猝发
选项	始点频率	始点幅度	载波频率	载波频率	B 路频率
	终点频率	终点幅度	载波幅度	载波幅度	B 路幅度
	步进频率	步进幅度	调制频率	调制频率	猝发计数
	扫描方式	扫描方式	调频频偏	调幅深度	猝发频率
	间隔时间	间隔时间	调制波形	调制波形	单次猝发
	单次扫描	单次扫描			
	A 路频率	A 路幅度			
按键功能	“5”+“菜单” FSK 频移键控	“6”+“菜单” ASK 幅移键控	“7”+“菜单” PSK 相移键控	“8”+“菜单” COUNT 测频	“9”+“菜单” CAL 参数校准
选项	载波频率	载波频率	载波频率	外测频率	校准关闭
	载波幅度	载波幅度	载波幅度	闸门时间	A 路频率
	跳变频率	跳变幅度	跳变相移	低通滤波	调频载波
	间隔时间	间隔时间	间隔时间		调频频偏

3. B 路功能．按“B 路”键，选择 B 路功能．可设定 B 路输出的不同参数值．与 A 路设置基本相同．

不同之处：

（1）B 路不能进行周期设定，幅度设定只能使用峰峰值，不能使用有效值．

（2）B 路频率能够以 A 路频率倍数的方式设定和显示，也就是 B 路信号作为 A 路信号的 N 次谐波．按“Shift”、“谐波”键，选中“B 路谐波”，可用数字键或调节旋钮输入谐波此数值．这时 A、B 两路信号的相位可以达到稳定的同步．按“Shift”、“相差”键，选中“AB 相差”，可用数字键或调节旋钮输入相差值．相差设置在 A 路频率为 10 ~ 100 kHz 范围内有效．把两路信号连接到示波器上，使用相差设置改变 AB 两路信号的相位差，可以做出各种稳定的李沙育图形．

（3）B 路输出可选择 32 种波形．按“Shift”、“B 波形”选中“B 路波形”选项，显示屏显示出当前输出的波形的序号和名称．可用数字键输入波形序号，再按“Hz”键，即可以选择所需要的波形．也可使用旋钮改变波形序号．也可用面板上的快捷键选择．如按“Shift”、“3”键选择锯齿波．对于四种常用的波形，屏幕左上方显示出波形的名称，对于其他 28 种不常用的波形，屏幕左上方显示为“任意”．32 种波形的序号和名称如表 5-3-4 所示．

表 5-3-4 信号发生器 B 路输出的 32 种波形的序号和名称

序号	波形	名称	序号	波形	名称
00	正弦波	Sine	16	指数函数	Exponent
01	方波	Square	17	对数函数	Logarithm
02	三角波	Triing	18	半圆函数	Half round
03	升锯齿波	Up ramp	19	正切函数	Tangent
04	降锯齿波	Down ramp	20	Sinc 函数	Sin(x)/x
05	正脉冲	Pos-pulse	21	随机噪声	Noise
06	负脉冲	Neg-pulse	22	10% 脉冲	Duty 10%
07	三阶梯波	Tri-pulse	23	90% 脉冲	Duty 90%
08	升阶梯波	Up srair	24	降阶梯波	Down stair
09	正直流	Pos-DC	25	正双脉冲	Po-bipulse
10	负直流	Neg-DC	26	负双脉冲	Ne-bipulse
11	正弦全波整流	All sine	27	梯形波	Trapezia
12	正弦半波整流	Half sine	28	余弦波	Cosine
13	限幅正弦波	Limit sine	29	双向可控硅	Bidir-SCR
14	门控正弦波	Gate sine	30	心电波	Cardiogram
15	平方根函数	Square-root	31	地震波	Earthquake

4. 位初始化．开机后或按“Shift”、“复位”键后仪器的初始化状态如下：

A 路：

波形:正弦波　频率:1 kHz　幅度:1 Vpp

衰减:AUTO　偏移:0 V　方波占空比:50%

脉冲波占空比:30%　始点频率:500 Hz　终点频率:5 kHz

步进频率:10 Hz　始点幅度:0 Vpp　终点幅度:1 Vpp

步进幅度:0.02 Vpp　扫描方式:正向　间隔时间:10 ms

载波频率:50 kHz　调制频率:1 kHz　调频频偏:5%

调幅深度:100%　猝发计数:3 CYCL　猝发频率:100 Hz

跳变频率:5 kHz　跳变幅度:0 Vpp　跳变相位:90°

B 路：

波形:正弦波　频率:1 kHz　幅度:1 Vpp

A 路谐波:1.0 TIME

三、CA2102 型数字示波器

数字示波器是数据采集、A/D 转换、软件编程等一系列的技术制造出来的高性能示波器. 数字示波器一般支持多级菜单,能提供给用户多种选择,多种分析功能. CA2102 型数字示波器前面板如图 5-3-9 所示.

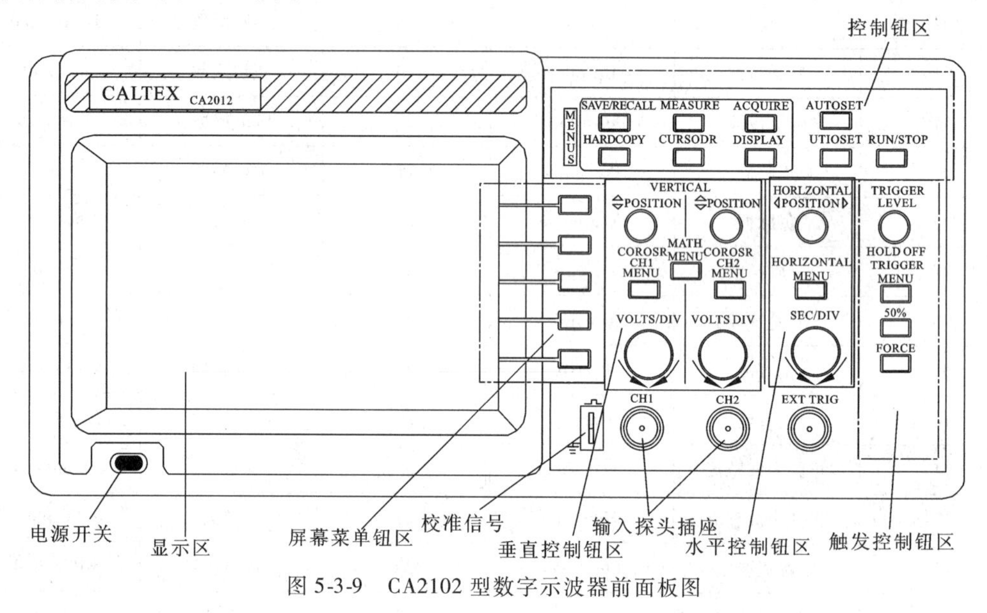

图 5-3-9　CA2102 型数字示波器前面板图

CA2102 型数字示波器前面板分为 6 个功能区,各个功能区的按钮名称和功能如表 5-3-5 所示.

表 5-3-5　示波器各功能区按钮名称和功能

功能区	控制钮	名称	功能
控制钮区	SAVE / RECALL	储存	设置储存 / 调出功能菜单
	MEASURE	测量	设置自动测量功能菜单
	ACQUIRE	获取	设置获取功能菜单
	DISPLAY	显示	设置显示功能菜单
	CURSODR	光标	设置光标功能菜单
	UTIOSET	辅助功能	设置辅助功能菜单
	AUTOSET	自动设定	自动设定仪器各项控制值,以产生适宜观察的输入信号显示
	HARDCOPY	硬拷贝	启动打印操作(备用)
	RUN / STOP	启动 / 停止	启动和停止波线的获取

续表

功能区	控制钮	名称	功能
垂直控制钮区	POSITION CORSOR	垂直位移	垂直调节波形位置,或确定光标的位置
	CH1 MENU	通道1菜单	显示或隐藏通道1信号波形,显示通道1输入功能菜单
	MATH MENU	数学功能菜单	显示波形的数学操作功能菜单
	VOLTS / DIV	偏转因数	调节垂直方向的偏转因数
	CH2 NENU	通道2菜单	显示或隐藏通道2信号波形,显示通道2输入功能菜单
水平控制钮区	POSITION	水平位移	调节水平调节波形位置
	HORIZONTAL MENU	水平功能菜单	按一下后屏幕右方显示水平功能菜单
	SEC / DIV	偏转因数	调节水平方向的偏转因数
触发控制钮区	LEVEL(HOLD OFF)	电平(释抑)	调节触发电平位置(设定接收下一个触发事件之前的时间)
	TRIGGER MENU	触发功能表	按一下后屏幕右方显示触发功能菜单
	50%	中点设定	触发电平设定在信号电平的中间
	FORCE	强制触发	按下此钮完成当前波形捕获

5.4 声速的测量实验

声波是一种频率介于20 Hz ~ 20 kHz的机械振动在弹性媒质中激起而传播的机械纵波.波长、强度、传播速度等是声波的重要参数.测量声速的方法之一是利用声速与振动频率f和波长λ之间的关系(即$v = \lambda f$)求出,也可以利用$v = L/t$求出,其中L为声波传播的路程,t为声波传播的时间.超声波的频率为20 kHz ~ 500 MHz之间,它具有波长短、易于定向传播等优点.在同一媒质中,超声波的传播速度就是声波的传播速度,而在超声波段进行传播速度的测量比较方便.在实际应用中,超声波在测距、定位、成像、测液体流速、测材料弹性模量、测量气体温度瞬间变化和高强度超声波通过会聚作医学手术刀使用等方面都得到广泛的应用.超声波的传播速度有其重要意义.通过媒质(气体、液体)中超声波传播速度测定可以测量其声波的传播速度.声速是描述声波在媒质中传播特性的一个基本物理量.声波在媒质中的传播速度决定于媒质本身特性,同时也受环境的影响.通过对声速的测量,反过来可以研究媒质的特性,因而在现代检测中应用非常广泛,例如声波测井、超声探伤等.

【预习提示】

1. 通过压电换能器实现声能与电能的相互转换,声速的测量属于能量转换法,此外在实验中还用到了干涉和比较测量法.

2. 压电效应:超声换能器中的主要部分是压电晶片. 压电晶片是有一种多晶结构的压电材料(如石英、锆钛酸铅陶瓷等)做成的,它在应力作用下两极产生异号电荷,两极间产生电位差,称为正压电效应;反之,当压电晶片两端间加上外加电压时,又产生应变,称为逆压电效应. 发射传感器利用的是逆压电效应,接收传感器利用的是正压电效应. 由于压电效应具有可逆性,所以一个传感器既可以作为发射传感器,也可以作为接收传感器.

3. 李沙育图形:将发射器和接收器的信号,分别输入示波器的 X 轴和 Y 轴,则荧光屏上亮点的运动是两个相互垂直的谐振动的合成,当 Y 方向的振动频率与 X 方向的振动频率比,即 $f_y : f_x$ 为整数时,合成运动的轨迹是一个稳定的封闭图形,称为李沙育图形. 利用李沙育图形可以观测相位差的改变.

4. 本实验在空气中,用 36 kHz 的声振动所激发的超声波为研究对象,介绍声速测量的基本方法 —— 相位比较法和振幅极值法(共振干涉法).

【实验目的】

1. 了解超声波产生和接收的原理,加深对相位概念的理解.
2. 掌握声速测量的基本原理及方法.

【实验器材】

信号发生器、示波器、声速测量仪、压电换能器等.

【实验原理】

机械波的产生有两个条件:首先要有作机械振动的物体(波源),其次要有能够传播这种机械振动的介质,只有通过介质质点间的相互作用,才能够使机械振动由近及远地在介质中向外传播. 发生器是波源,空气是传播声波的介质. 声波是一种在弹性介质中传播的机械纵波. 声速是声波在介质中的传播速度. 如果声波在时间 t 内传播的距离为 s,则声速为

$$v = \frac{s}{t}$$

由于声波在时间 T(周期) 内传播的距离为 λ(波长),则

$$v = \frac{\lambda}{T} = \lambda f$$

可见,只要测出频率和波长,便可以求出声速 v.

本实验使用交流电信号控制发生器,故声波频率即电信号的频率,它可用频率计测量或信号发生器直接显示. 而波长的测量常用相位比较法和振幅极值法.

一、声波在空气中的传播速度

假设空气为理想气体,则声波在空气中的传播可以近似为绝热过程,传播速度可以表示为

$$v = \sqrt{\frac{\gamma RT}{\mu}}$$

式中,R 为摩尔气体常数(8.314 J/(mol·K));γ 是热容比;T 为空气的绝对温度;μ 为空气摩尔质量. 如果以摄氏度计算,将 0 ℃ 时声波在空气中的传播速度记为v_0(v_0 = 331·45 m/s),空气的温度为 t 时,声速可以表示为

$$v = \sqrt{\frac{\gamma R}{\mu}(273.15 + t)} = v_0\sqrt{1 + \frac{t}{273.15}} \tag{5-4-1}$$

二、相位比较法

由声波的波源(简称声源)发出的具有固定频率 f 的声波在空间形成一个声场,声场中任一点的振动相位与声源的振动相位之差 $\Delta\varphi$ 为

$$\Delta\varphi = \frac{2\pi L}{\lambda} = \frac{2\pi fL}{v} \tag{5-4-2}$$

若在距离声源 L_1 处的某点振动与声源的振动反相,即 $\Delta\varphi_1$ 为 π 的奇数倍

$$\Delta\varphi_1 = (2k + 1)\pi = \frac{2\pi L_1}{\lambda} \quad (k = 0,1,2,\cdots) \tag{5-4-3}$$

若在距离声源 L_2 处的某点振动与声源的振动同相,即 $\Delta\varphi_2$ 为 π 的偶数倍

$$\Delta\varphi_2 = 2k\pi = \frac{2\pi L_2}{\lambda} \quad (k = 0,1,2,\cdots) \tag{5-4-4}$$

相邻的同相点与反相点之间的相位差为

$$\Delta\varphi = \Delta\varphi_2 - \Delta\varphi_1 = \pi$$

相邻的同相点与反相点之间的距离为

$$\Delta L = L_2 - L_1 = \frac{\lambda}{2}$$

将接收器由声源处开始慢慢移开,随着距离为$\frac{\lambda}{2}$,λ,$\frac{3}{2}\lambda$,2λ,$\cdots$,可探测到一系列与声源反相或同相的点,由此可求波长 λ.

$\Delta\varphi$ 的测定可以用示波器观察李沙育图形的方法进行．李沙育图形与振动频率之间的关系如图 5-4-1 所示．

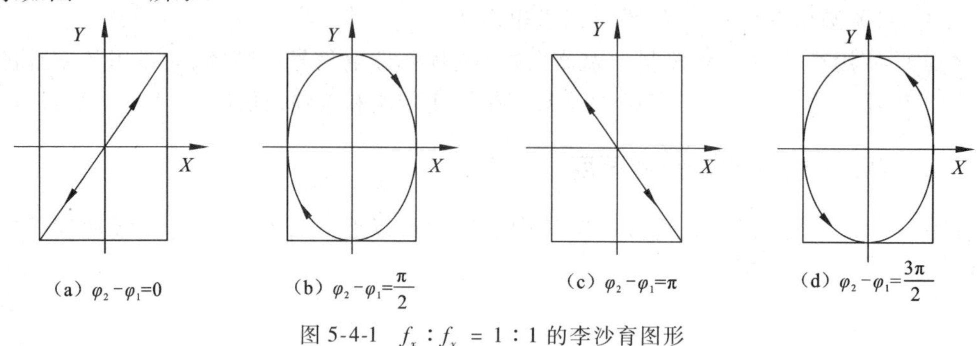

图 5-4-1　$f_x : f_y = 1 : 1$ 的李沙育图形

由图 5-4-1 可知，随着相位差的改变将看到不同的椭圆，而在各个同相点和反相点看到的则是直线．

三、振幅极值法（共振干涉法）

声源产生的一定频率的平面声波，经过空气介质的传播，到达接收器．声波在发射面和接收面之间被多次反射，故声场是往返声波多次叠加的结果，入射波和反射波相干涉而形成驻波．在一定条件下，在声源和接收器之间可产生共振现象，共振时，驻波的幅度达到极大，同时，接收器表面上的声压也达到极大值．理论计算表明，若改变发射器和接收器之间的距离，在一系列特定的距离上，介质将出现稳定的驻波共振现象．对于相邻两次共振时的距离 $\Delta L = \frac{\lambda}{2}$，发射器与接收器之间的距离等于半波长的整数倍．若保持声源频率不变，移动发射源或接收器，依次测出接受信号极大的位置 $L_1, L_2, L_3 \cdots\cdots$ 则可以求出声波的波长 λ，进一步计算出声速 v.

【实验步骤】

一、相位比较法

1. 先按图 5-4-2 所示将实验装置接好，注意使所有仪器均良好接地，以免外界杂乱的电磁场引起测量误差．连接时要注意极性．

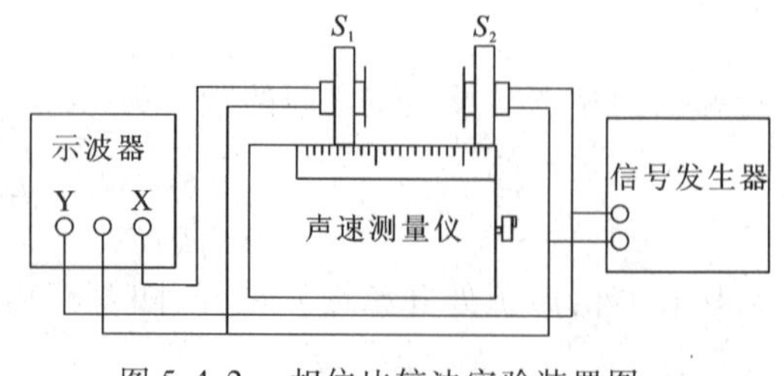

图 5-4-2　相位比较法实验装置图

2. 调节低频信号发生器的输出信号．

3. 注意调节示波器的 X、Y 轴衰减和增益旋钮,使示波器荧光屏上的李沙育图形便于观察.

4. 调节接收器 S_2 的位置,使其自某一个距 S_1 较近的位置起缓慢远离 S_1,观察示波器上李沙育图形的变化,记下发射信号与接收信号同相($\Delta\varphi = 0$)或反相($\Delta\varphi = \pi$)的位置 L_i($i = 1,2,3,\cdots$);并将数据填到表5-4-1中.

二、振幅极值法

1. 按图5-4-3所示接好电路,调好信号发生器.

2. 示波器工作在"扫描"状态下.

3. 移动接收器 S_2,可以看到示波器上的信号强度发生变化.连续记下示波器上信号为极大值的位置 L_i($i = 1,2,3,\cdots$);并将数据填到表5-4-2中.

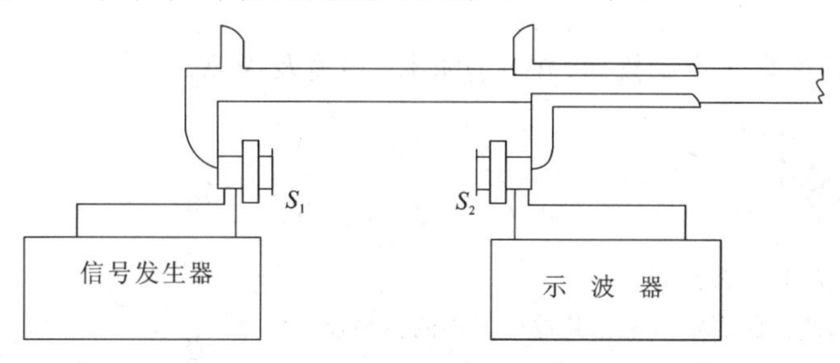

图5-4-3 振幅极值法实验装置图

【注意事项】

1. 声波发射器和声波接收器的两个端面尽量调平行.

2. 注意电路的正负极要接正确.

3. 若信号源的输出频率不稳定,可取其平均值.

【数据处理与要求】

表5-4-1 相位比较法测声速数据表

测量次数 n	1	2	3	4	5	6
同相或反相位置 L_i						

表 5-4-2　振幅极值法测声速数据表

测量次数 n	1	2	3	4	5	6
信号极大值位置 L_i/cm						

1. 用给出的信号频率 f 和室温 t,按公式(5-4-1)计算出声速的理论值.

2. 用逐差法处理表 5-4-1 数据,并计算波长、声速及误差.

波长
$$\lambda = \frac{2}{9}\left[(L_4 - L_1) + (L_5 - L_2) + (L_6 - L_3)\right]$$

声速
$$v = f\lambda$$

相对误差
$$E_r = \frac{|v - v_0|}{v_0} \times 100\%$$

绝对误差
$$\Delta v = |v - v_0|$$

其中,v_0 为理论值.

3. 用逐差法处理表 5-4-2 数据,并计算波长、声速及误差,计算公式与 2 相同.

【思考与练习题】

1. 产生驻波的条件是什么?
2. 是否可以利用此方法测定声波在其他介质中的传播速度?
3. 实验前如何调试、测试系统的谐振频率?

【知识拓展】

如图 5-4-4 所示,声速测量仪是利用压电体的逆压电效应,在信号发生器产生的交变电压下,使压电体产生机械振动,从而在空气中激发声波.

本仪器采用镐钛酸铅制成的压电陶瓷管(或称压电换能器),将它黏结在合金铝制成的变幅杆上,将它们与信号发生器连接组成声波发生器,当压电陶瓷处于一交变电场时,会发生周期性的伸长与缩短.当交变电场频率与压电陶瓷管的固有频率相同时振幅最大.这个振动又被传递给变幅杆,使它产生沿轴向的振动,于是变幅杆的端面在空气中激发出声波.压电陶瓷的振荡频率为36 kHz,故超声波波长约为几毫米.由于它波长短,定向发射性能好,故为比较理想的波源.变幅杆端面直径(为扩大直径另加一个环形薄片)比波长大很多,可近似地认为远离发射面处的声波是平面波.超声波的接收则是利用压电体的正压电效应,将接收的声振动转化为电振动.为了增强此电振动,特选一个选频放大器加以放大,再经屏线输入示波器进行观测,接收器安装在可以移动的机构上,该机构包括支架、丝杆、带刻度的手轮、可移动底座等.接收器的位置由主尺刻度手轮的位置决定.

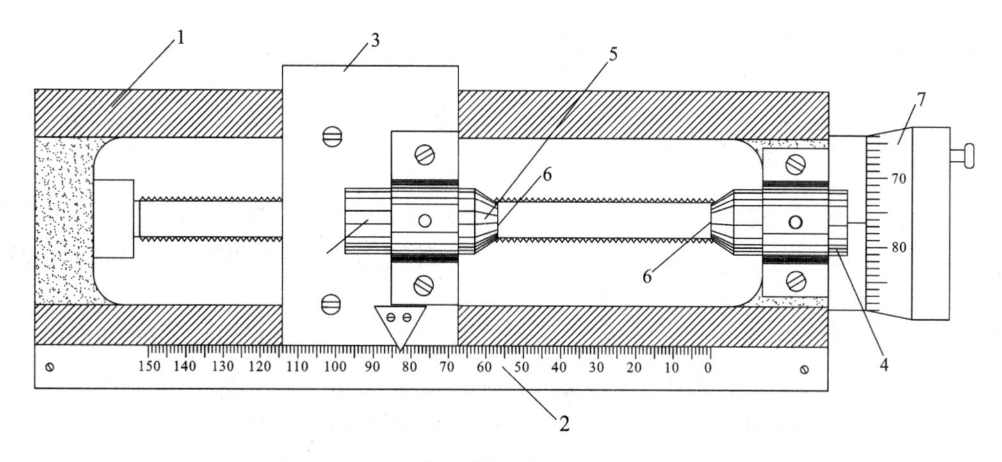

(a) 声速测量仪俯视图

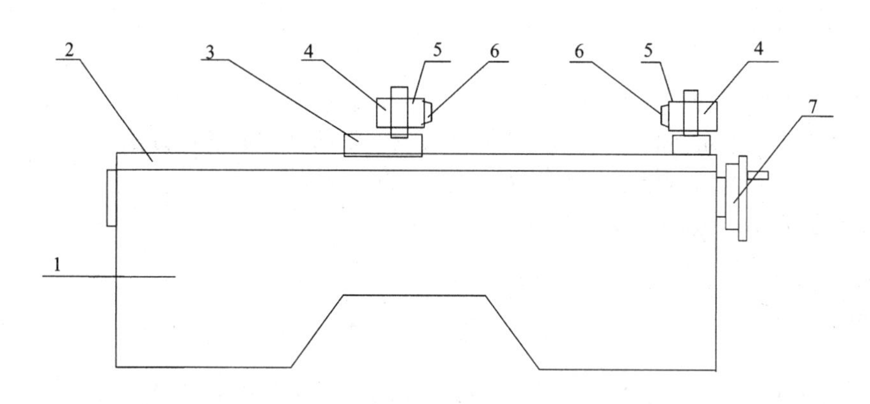

(b) 声速测量仪主视图

图 5-4-4 声速测量仪示意图

1— 底座;2— 标尺;3— 可移动底座;4— 变幅杆;

5— 压电换能器;6— 增强片;7— 刻度鼓轮

5.5 非平衡电桥实验

直流电桥是一种精密的非电量测量仪器,可分为平衡电桥和非平衡电桥.平衡电桥是通过调节电桥平衡,把待测电阻与标准电阻进行比较直接得到待测电阻值,如惠斯登电桥、开尔文电桥均是平衡直流电桥.由于需要调节平衡,因此平衡电桥只能用于测量具有相对稳定状态的物理量.

非平衡电桥也称不平衡电桥或微差电桥.它可以测量一些变化的非电量,这就把电桥的应用范围扩展到了很多领域.将各种电阻型传感器接入电桥回路,桥路的非平衡电压就能反映出桥臂电阻的微小变化,因此通过测量非平衡电压可以检测出外界物理量的变化,例如温度、压力、湿度等.

【预习提示】

1. 非平衡电桥就是应用电桥的非平衡状态进行测量的电桥，它比平衡电桥的应用范围更广. 电阻式传感器就是利用非平衡电桥的测量原理制成的，它可以把许多非电量物理量转化为电量物理量，在自动化技术中有广泛应用.

2. 非平衡电桥的测量方法就是把平衡电桥中连接检流计的节点引出来作为输出，桥臂上电阻的变化均可引起电桥输出 U_0 的变化. 通过检测 U_0 的变化测得 R_x.

3. 本实验用非平衡电桥测量热敏电阻和铜电阻的温度特性曲线.

【实验目的】

1. 掌握非平衡电桥的工作原理以及与平衡电桥的异同.
2. 掌握利用非平衡电桥的输出电压来测量变化电阻的基本原理和方法.
3. 掌握用非平衡电桥测量热敏电阻和铜电阻的温度特性.
4. 初步掌握非平衡电桥的设计方法.

【实验器材】

DHQJ-1 型非平衡电桥、DHW 型温度传感实验装置、DHT 型热学实验仪（含 2.7 kΩ 热敏电阻、铜电阻）

【实验原理】

非平衡电桥的原理如图 5-5-1 所示.

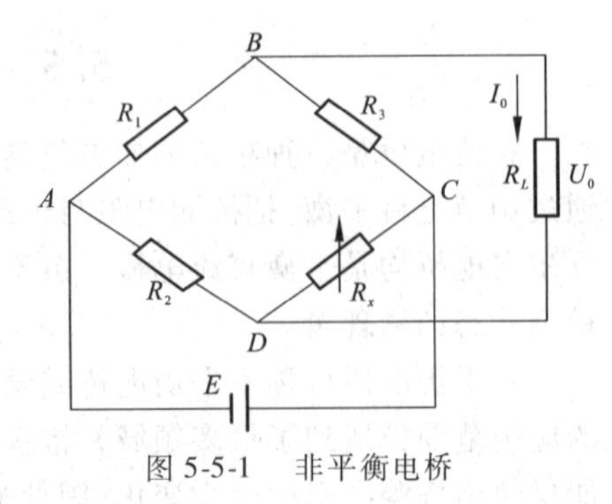

图 5-5-1　非平衡电桥

非平衡电桥在构成形式上与平衡电桥相似，其中电阻 R_1、R_2、R_3、R_x 组成电桥的四个桥臂，在电桥的一条对角线两端 A 和 C 接入直流电源 E，而在电桥的另一对角线两端 B 和 D 上输出电压 U_0. 该输出可直接驱动指示仪表，也可接入后续放大电路. 电桥的输出为零，亦即电桥平衡时，$R_1 \cdot R_x = R_2 \cdot R_3$. 当四个桥臂中的一个或数个的阻值变化而使电桥的平衡不成立时，均可引起电桥输出 U_0 的变化. 例如，R_x 变化时，测出 U_0 的变化，再根据 U_0 与 R_x 的函数关系，通过检测 U_0 的变化

从而测得 R_x. 由于可以检测连续变化的 U_0,所以可以检测连续变化的 R_x,进而检测引起 R_x 连续变化的非电量温度、压力等.

一、非平衡电桥的桥路形式

1. 等臂电桥. 电桥的四个桥臂阻值相等,即 $R_1 = R_2 = R_3 = R_{x0}$,其中 R_{x0} 是 R_x 的初始值,这时电桥处于平衡状态,$U_0 = 0$.

2. 卧式电桥. 这时电桥的桥臂电阻对称于输出端,即 $R_1 = R_3$,$R_2 = R_{x0}$,但 $R_1 \neq R_2$.

3. 立式电桥. 这时从电桥的电源端看桥臂电阻对称相等,即 $R_1 = R_2$,$R_3 = R_{x0}$,但 $R_1 \neq R_3$.

4. 比例电桥. 这时桥臂电阻成一定的比例关系,即 $R_1 = KR_2$,$R_3 = KR_{x0}$ 或 $R_1 = KR_3$,$R_2 = KR_{x0}$,K 为比例系数. 这是一般形式的非平衡电桥.

二、非平衡电桥的输出

非平衡电桥的输出按负载大小分类又可分为两种. 一种是负载阻抗相对于桥臂电阻很大,如输入阻抗很高的数字电压表或输入阻抗很大的运算放大电路;另一种是负载阻抗较小,和桥臂电阻相比拟. 后一种由于非平衡电桥需输出一定的功率,故又称功率电桥.

根据戴维南定理,图 5-5-1 所示的桥路可等效为图 5-5-2(a) 所示的二端口网络. 其中 U_{0C} 为等效电源,R_i 为等效内阻.

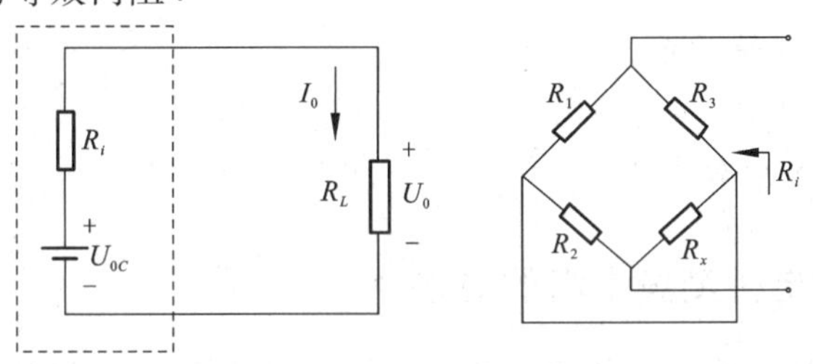

(a) 等效二端口网络　　(b) E 电源短路时电路

图 5-5-2　等效二端口网络及 E 电源短路时电路

根据戴维南定理,将 E 电源短路,得到图 5-5-2(b) 所示电路,据此可求出电桥等效内阻

$$R_i = \frac{R_2 R_x}{R_2 + R_x} + \frac{R_3 R_1}{R_1 + R_3}$$

根据图 5-5-2(a) 所示电路,得到电桥接有负载 R_L 时输出电压

$$U_0 = \frac{R_L}{R_i + R_L}\left(\frac{R_x}{R_2 + R_x} - \frac{R_3}{R_1 + R_3}\right)E \tag{5-5-1}$$

进一步分析电桥输出电压和被测电阻值关系. 若 R_{x0} 是 R_x 的初始值,这时电桥处于平衡状态,$U_0 = 0$. 当 R_x 改变 ΔR 时,$R_x = R_{x0} + \Delta R$,根据式(5-5-1),这时非平衡电桥的输出电压为

$$U_0 = \frac{R_L}{R_i + R_L}\left(\frac{R_x}{R_2 + R_x} - \frac{R_3}{R_1 + R_3}\right)E$$
$$= \frac{R_L}{R_i + R_L}\frac{R_3R_2 - R_1R_{x0} + R_1\Delta R}{(R_2 + R_{x0} + \Delta R)(R_1 + R_3)}E$$

因为 R_{x0} 为其初始值,此时电桥平衡,有 $R_1R_{x0} = R_3R_2$,所以

$$U_0 = \frac{R_L}{R_i + R_L}\cdot\frac{\Delta RR_1}{(R_2 + R_{x0} + \Delta R)(R_1 + R_3)}\cdot E \tag{5-5-2}$$

当 $R_L = \infty$ 时,有

$$U_0 = \frac{R_1}{R_1 + R_3}\cdot\frac{E\Delta R}{R_2 + R_{x0} + \Delta R} \tag{5-5-3}$$

式(5-5-2)和式(5-5-3)就是作为一般形式非平衡电桥的输出与被测电阻的函数关系.对卧式电桥和等臂电桥,式(5-5-3)可简化为

$$U_0 = \frac{1}{2}\cdot\frac{E\Delta R}{2R_{x0} + \Delta R} \tag{5-5-4}$$

被测电阻的 $\Delta R \ll R_{x0}$ 时,式(5-5-4)可简化为

$$U_0 = -\frac{1}{4}\frac{E}{R_{x0}}\Delta R \tag{5-5-5}$$

这时 U_0 与 ΔR 成线性关系.

注意

式(5-5-5)不适用于本实验.

三、用非平衡电桥测量电阻的方法

习惯上,人们称 $R_L = \infty$ 的非平衡应用的电桥为非平衡电桥;称具有负载 R_L 的非平衡应用的电桥为功率电桥.下述的"非平衡电桥"都是指 $R_L = \infty$ 的非平衡应用的电桥.

1. 将被测电阻(传感器,可由非电量的变化引起电阻的变化)接入非平衡电桥,并进行初始平衡,这时电桥输出为0.改变被测的非电量,则被测电阻发生变化,这时电桥输出电压 $U_0 \neq 0$,开始作相应变化.测出这个电压后,可根据式(5-5-3)或式(5-5-4)计算得到 ΔR.对于 $\Delta R \ll R_{x0}$ 的情况,可按式(5-5-5)或式(5-5-6)计算得到 ΔR 值.

2. 根据测量结果求得 $R_x = R_{x0} + \Delta R$,并可作 U_0-ΔR 曲线,曲线的斜率就是电桥的测量灵敏度.根据所得曲线,可由 U_0 的值得到 ΔR 的值,也就是可根据电桥的输出 U_0 来测得被测电阻 R_x 值.

四、用非平衡电桥测温度方法

1. 用线性电阻测温度.一般来说,金属的电阻随温度的变化可用下式描述

$$R_x = R_{x0}(1 + \alpha t + \beta t^2) \tag{5-5-6}$$

例如,铜电阻传感器 $R_{x0}=50\ \Omega$($t=0$ ℃ 时的电阻值),$\alpha=4.289\times10^{-3}$/℃,$\beta=-2.133\times10^{-7}$/℃.

一般分析时,在温度不是很高的情况下,忽略温度二次项 βt^2,可将金属的电阻值随温度变化视为线性变化.若在某一温度 t_0 时将非平衡电桥调到平衡,则温度升高 Δt 时金属温度为 $t=t_0+\Delta t$. 根据式(5-5-6),有

$$R_x=R_{x0}(1+\alpha t)=R_{x0}+\alpha R_{x0}\Delta t$$

所以

$$\Delta R=\alpha R_{x0}\Delta t$$

代入式(5-5-3),有

$$U_0=\frac{R_1}{R_1+R_3}\cdot\frac{E}{R_2+R_{x0}+\alpha R_{x0}\Delta t}\cdot\alpha R_{x0}\Delta t \tag{5-5-7}$$

这样可根据式(5-5-7),由电桥的输出 U_0 求得相应的温度变化量 Δt,从而求得

$$t=t_0+\Delta t \tag{5-5-8}$$

特别地,当 $\Delta R\ll R_{x0}$ 时,式(5-5-7) 可简化为

$$U_0=-\frac{R_2}{(R_2+R_{x0})^2}\cdot E\cdot\alpha R_{x0}\cdot\Delta t$$

这时 U_0 与 Δt 成线性关系.

2. 利用热敏电阻测温度.半导体热敏电阻具有负的电阻温度系数,电阻值随温度升高而迅速下降,这是因为热敏电阻由一些金属氧化物如 Fe_3O_4、$MgCr_2O_4$ 等半导体制成,在这些半导体内部,自由电子数目随温度的升高增加得很快,导电能力很快增强;虽然原子振动也会加剧并阻碍电子的运动,但这种作用对导电性能的影响远小于电子被释放而改变导电性能的作用,所以温度上升会使电阻值迅速下降.热敏电阻的电阻温度特性可以用下述指数函数来描述

$$R_T=Ae^{\frac{B}{T}} \tag{5-5-9}$$

式中,A 是与材料性质的电阻器几何形状有关的常数.B 为与材料半导体性质有关的常数,T 为绝对温度.

为了求得准确的 A 和 B,可将式(5-5-9) 两边取对数,得

$$\ln R_T=\ln A+\frac{B}{T} \tag{5-5-10}$$

选取不同的温度 T,得到不同的 R_T.

根据式(5-5-10),当 $T=T_1$ 时有

$$\ln R_{T1}=\ln A+B/T_1$$

$T=T_2$ 时有

$$\ln R_{T2}=\ln A+B/T_2$$

将上两式相减,得到

$$B = \frac{\ln R_{T1} - \ln R_{T2}}{1/T_1 - 1/T_2} \tag{5-5-11}$$

将式(5-5-11)代入式(5-5-10),可得

$$A = R_{T1} e^{-\frac{B}{T_1}} \tag{5-5-12}$$

常用半导体热敏电阻的 B 值约为 1 500 ~ 5 000 K.

不同的温度时,R_T 有不同的值,电桥的 U_0 也会有相应的变化. 可以根据 U_0 与 T 的函数关系,经标定后,用 U_0 测量温度 T,但这时 U_0 与 T 的关系是非线性的,显示和使用不是很方便. 这就需要对热敏电阻进行线性化.

五、实验器材简介

1. DHQJ-1 非平衡电桥面板. DHQJ-1 非平衡电桥面板如图 5-5-3 所示.

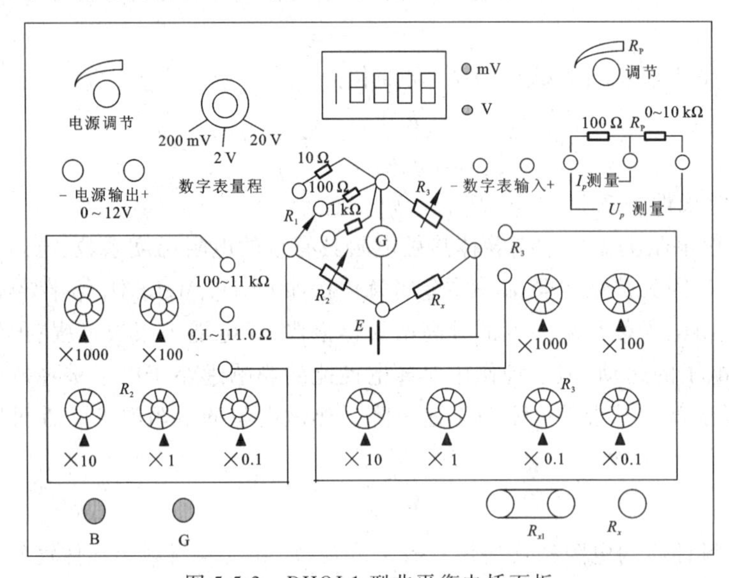

图 5-5-3　DHQJ-1 型非平衡电桥面板

仪器的电源、数字表、桥臂电阻 R_1、R_2、R_3 以及 R_P 电阻之间各自是相互独立的,按照电桥上的各插座孔,通过连线组成桥路.

电桥的 B 按钮内部已经与电源连接,用于接通桥路电源;电桥的 G 按钮内部已经与数字电压表连接,用于接通数字电压表的通断.

R_P 电位器用于功率电桥时作为负载使用,调节范围为 0 ~ 10 kΩ,与其串联有 100 Ω 电阻. 功率电桥实验时,只要将电压表接到该电阻上,即"I_P 测量端"便可测得电桥的输出电流;接到"U_P 测量端"便可测得电桥的输出电压.

2. DWH 温度传感实验装置. DWH 温度传感实验装置前面板如图 5-5-4 所示.

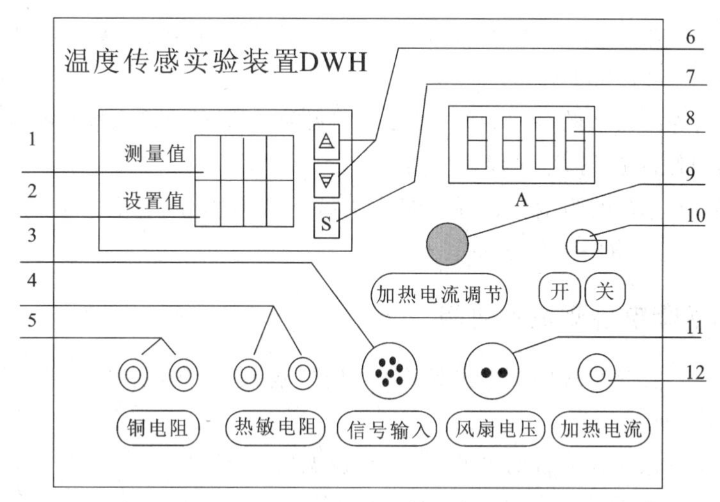

图 5-5-4 DWH 温度传感实验装置前面板

图中各图序号所代表的含义如下：

1— 显示被测电阻的实际温度值.

2— 显示被测电阻将加热的预设温度值.

3— 铜电阻与热敏电阻温度信号输入接口,实验时与热学实验仪顶端被测电阻温度信号输出接口相连.

4— 热敏电阻输出接口,若测量热敏电阻时,与电桥上 R_x 两接线柱相连.

5— 铜电阻输出接口,若测量热敏电阻时,与电桥上 R_x 两接线柱相连.

6— 预设温度时按向上和向下的三角增加和减少预设温度数值.

7— 预设温度时按动此键,会使不同的数字键闪烁,哪个数字闪烁即为可改变的量,按向上和向下的三角键改变此位数值. 依次设置十位、个位、小数位数值.

8— 数字安培表,显示加热电流值,最大不超过 1 A,以免热惯性大.

9— 被测电阻加热电流调节旋钮.

10— 加热电流开关,实验结束后将其拨到关闭端.

11— 风扇电压输出接口,实验时,与热学实验仪底板上的风扇电压输入接口相连.

12— 加热电流输出接口,实验时,与热学实验仪侧面的加热电流输入接口相连.

【实验步骤】

一、用等臂电桥观察非平衡电桥的零点误差

1. 打开电桥后面的电源开关,用导线将电源输出连接到数字电压表的输入端,将电源

输出挡拨到 20 V. 按下电桥的 G 按钮,调节电源输出调节旋钮,观察数字电压表示值的变化. 将电源电压调到 2.000 V.

2. 连接好电桥面板上的各根导线,用导线将数字电压表的输入插口接到检流计符号两端的插口中,将电阻箱接到 R_x 接线柱上.

3. 将 R_1、R_2、R_3、R_x 的阻值都选择 1 000 Ω,按下 B、G 按钮,看数字电压表的示值是否为零. 若不为零,其值为电桥零值误差.

二、用非平衡电桥测量铜电阻

1. 将温度传感实验装置面板上风扇电压、信号输入、加热电流接口分别用导线连接到热学实验仪上相应的接口上.

2. 打开温度传感实验装置的电源开关,预设温度为 25 ℃,将加热电流调到 0.700 A,打开加热电源开关,对铜电阻进行加热. 热学实验仪底座上的风扇开关是双掷的,将其按向所测电阻一方.

3. 将温度传感实验装置的铜电阻输出接线柱与电桥上的 R_x 接线柱相连. 将 R_1、R_3 的阻值都选择 100 Ω.

4. 观察数字温控表的显示温度,当铜电阻温度稳定在 25 ℃ 时(偏差不超过 0.1 ℃),按下 B、G 按钮,调节 R_2 阻值,将数字电压表示值调为零,此时 R_2 所示阻值即为 25 ℃ 时铜电阻的阻值. 以此阻值作为初始值 R_{25}.

5. 调节温度传感实验装置的温控仪,预设温度为 30 ℃,使铜电阻升温,当温度稳定在 30 ℃ 时,读取相应的电桥输出即数字电压表的示值 U_0,ΔR 的值根据式(5-5-4)计算 $\left(\Delta R = \dfrac{4R_{25} \cdot U_0}{E - 2U_0}\right)$,$R_{25} + \Delta R$ 即为 30 ℃ 时铜电阻的阻值.

6. 分别预设温度 35 ℃、40 ℃、45 ℃、50 ℃,重复步骤 5,分别测出相应温度下的 U_0 值、铜电阻的阻值,并填入表 5-5-1 中.

三、用非平衡电桥测热敏电阻阻值

1. 将温度传感实验装置面板上风扇电压、信号输入、加热电流接口分别用导线连接到另外一个热学实验仪上相应的接口上.

2. 打开温度传感实验装置的电源开关,预设温度为 25 ℃,将加热电流调到 0.700 A,打开加热电源开关,对热敏电阻进行加热. 热学实验仪底座上的风扇开关是双掷的,将其按向所测电阻一方.

3. 将温度传感实验装置的热敏电阻输出接线柱与电桥上的 R_x 接线柱相连. 将 R_1、R_3 的阻值都选择 1 000 Ω.

4. 观察数字温控表的显示温度,当热敏电阻温度稳定在 25 ℃ 时(偏差不超过 0.1 ℃),

按下 B、G 按钮，调节 R_2 阻值，将电桥调平衡，即将数字电压表示值调为零，此时 R_2 所示阻值即为 25 ℃ 时热敏电阻的阻值 R_{25}.

5. 调节温度传感实验装置的温控仪，预设温度为 30 ℃，使热敏电阻升温，当温度稳定在 30 ℃ 时，读取相应的电桥输出即数字电压表的示值 U_0，ΔR 的值根据式(5-5-4) 计算($\Delta R = \dfrac{4R_{25}U_0}{E-2U_0}$)，$R_{25}+\Delta R$ 即为 30 ℃ 时热敏电阻的阻值.

6. 分别预设温度 35 ℃、40 ℃、45 ℃、50 ℃，重复步骤 5，分别测出相应温度下的 U_0 值、热敏电阻的阻值. 并填入表 5-5-2 中.

【注意事项】

1. 加热电流不可过大，实验完毕后必须把加热电流调至最小.

2. 电桥使用时，应避免将 R_2、R_3 阻值同时调到零值附近，这样可能会出现较大的工作电流，测量精度会下降.

【数据处理与要求】

表 5-5-1　测量铜电阻数据表

次数	1	2	3	4	5	6
温度 t/℃	25	30	35	40	45	50
U_0 / V	╱					
ΔR/ Ω	╱					
铜电阻阻值 R_x/Ω						

表 5-5-2　测量热敏电阻数据表

次数	1	2	3	4	5	6
温度 t/℃	25	30	35	40	45	50
U_0/V	╱					
ΔR/Ω	╱					
热敏电阻阻值 R_x/Ω						

1. 对表 5-5-1 中的数据，用逐差法求铜电阻的温度系数 α.

2. 在坐标纸上，以温度改变 Δt 为横坐标，以铜电阻阻值改变量 ΔR 为纵坐标作图，并求出铜电阻的温度系数 α.

3. 对表 5-5-1 中的数据，在坐标纸上绘制 $\ln R_T$-$1/T$ 曲线，求得 A 和 B 的值. 这里热力学温度 $T=(273.15+t)$K. 式中，t 是摄氏温度.

*4. 用 Origin 数据处理软件分别对表 5-5-1 和表 5-5-2 中所测数据进行绘图处理.

【思考与练习题】

1. 非平衡电桥与平衡电桥有何异同?
2. 如何用非平衡电桥设计热敏电阻温度计?

5.6 铁磁材料磁滞回线的测定实验

磁性材料因其具有磁导率、磁滞等重要的特性，而被广泛地应用于磁存储、磁记录等现代科学技术中. 在各种磁性材料中，最重要的是以铁为代表的一类磁性很强的物质，它们叫做铁磁质. 铁磁质按性能和使用可分为两大类，即软磁材料和硬磁材料. 软磁材料的矫顽磁力很小，磁滞回线狭长，在交变磁场中磁滞损耗小，适合于做变压器、电机中的铁心等在交变电流下使用的器件. 硬磁材料的矫顽磁力很大，常称它为永磁体，电表、收音机、扬声器中都少不了它. 除了这两大类以外，还有一种矩磁材料，它的磁滞回线接近于矩形，可以用做“记忆”元件. 但是，由于磁性材料的磁化过程很复杂，影响磁性材料磁化特性的因素有很多，如掺杂、结构、温度等. 在多数场合无法用解析式来定量描述 H-B 之间的关系，只能通过实验测定.

【预习提示】

1. 铁磁物质是一种性能特异、用途广泛的材料. 铁、钴、镍及众多合金以及含铁的氧化物(铁氧体)均属铁磁物质.

2. 铁磁物质的特征之一是在外磁场作用下能被强烈磁化，故磁导率 μ 很高；另一特征为磁滞，磁滞是指 B 的变化滞后于 H 的变化.

3. 磁滞回线的关键点：饱和磁化强度 H_s、饱和磁感应强度 B_s、剩磁 B_r 和矫顽力 H_c.

4. 本实验是将电参量转换为磁参量，通过对电参量的测量，经计算公式，可测定样品的饱和磁化强度 H_s、饱和磁感应强度 B_s、剩磁 B_r 和矫顽力 H_c.

【实验目的】

1. 了解铁磁质在磁场中磁化的原理及其磁化规律. 了解磁滞、磁滞回线、矫顽力、剩磁的概念.

2. 学习用示波器测绘基本磁化曲线和磁滞回线.

3. 了解不同频率下动态磁滞回线的区别.

4. 了解软磁和硬磁材料磁滞回线形状的变化.

【实验器材】

动态磁滞回线实验仪、示波器.

动态磁滞回线实验仪由测试样品、功率信号源、可调标准电阻、标准电容和接口电路等组成. 测试样品有两种,样品1磁滞损耗较大,样品2磁滞损耗较小,其他参数二者相同. 两个样品的更换通过变换接线来完成. 信号源的频率调节范围为20 ~ 250 Hz;电阻R_1的调节范围为0.1 ~11 Ω;电阻R_2的调节范围为1 ~ 110 kΩ;标准电容C有0.1 μF、1 μF、20 μF三挡可选. 线圈匝数$N_1 = 100$,$N_2 = 100$;测试样品长$L = 0.130$ m;线圈横截面积$S = 1.24 \times 10^{-4}$ m². 动态磁滞回线实验仪面板如图5-6-1所示.

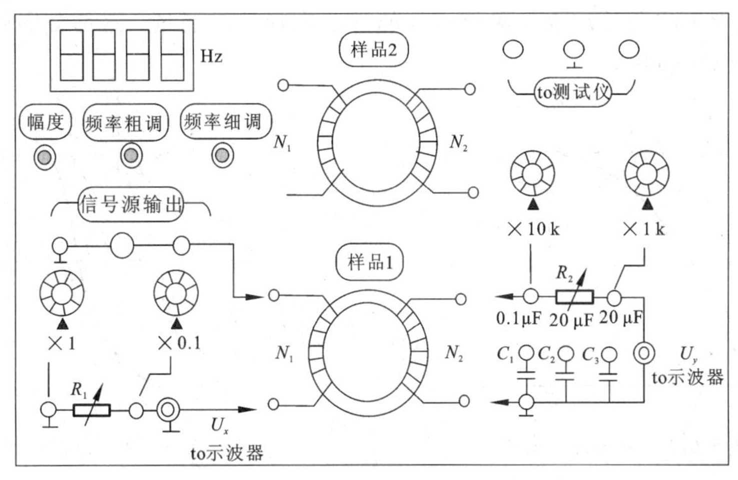

图5-6-1　动态磁滞回线实验仪面板

【实验原理】

一、磁化曲线

如果在由电流产生的磁场中放入铁磁物质,则磁场将明显增强,此时铁磁物质中的磁感应强度比单纯由电流产生的磁感应强度增大百倍甚至千倍以上. 铁磁物质内部的磁场强度H与磁感应强度B之间有如下的关系:$B = \mu H$. 对于铁磁物质而言,磁导率μ并非常数,而是随H变化而改变的物理量,B与H也是非线性关系.

铁磁材料的磁化过程为:其未被磁化时的状态称为去磁状态,这时若在铁磁材料上加一个从小到大的磁化场,当逐渐增加磁化场 H 时,B 也随之增加,开始 B 增加的比较缓慢,经过一段急剧增加的过程后又缓慢下来,这时磁化就达到了饱和. 从未磁化到饱和磁化,H 和 B 对应的关系曲线称为初始磁化曲线,如图 5-6-2 所示.

二、磁滞回线

磁性材料还有一个重要的特性,那就是磁滞. 磁滞是指 B 的变化滞后于 H 的变化.

当磁性材料的磁化达到饱和之后,如果使 H 单调减小,则铁磁材料内部的 B 和 H 也随之减少. 但 B 不沿原路返回,而是沿一条新的路线下降,当 H 减小到 0 时,B 并不为 0,而是具有一定的剩磁 B_r. 要消除这个剩磁(使 $B=0$),就得加一个反向的磁化场 H_c,H_c 被称为矫顽力. 如果继续反向增加磁化场,铁磁材料将被反向磁化直至饱和,此后减小磁化场 H 直至 0,再沿正方向增加 H 至饱和. 由此得到一条 H-B 的闭合曲线,这条关于原点对称的闭合曲线 $abcdefa$,称为该材料的磁滞回线,如图 5-6-3 所示. 磁滞回线所包围的面积代表在一个反复磁化的循环过程中单位体积的铁心内损耗的能量. 这部分因磁滞现象而消耗的能量叫做磁滞损耗.

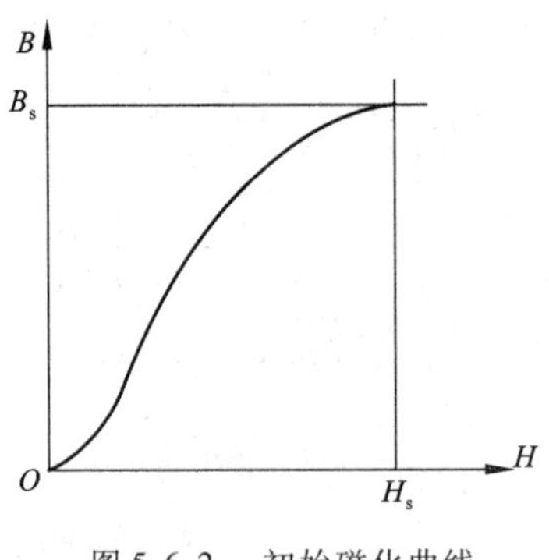

图 5-6-2　初始磁化曲线

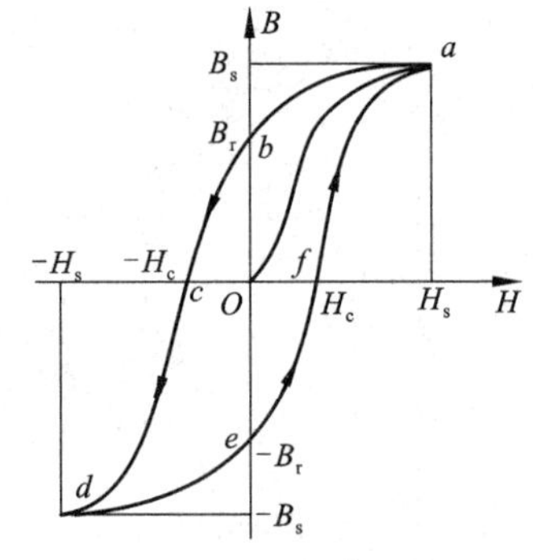

图 5-6-3　磁滞回线

由于铁磁材料磁化过程的不可逆性及具有剩磁的特点,在测定磁化曲线和磁滞回线时,必须将铁磁材料预先退磁,以保证外加磁场 $H=0$,$B=0$. 要消除剩磁 B_r,只需通一反向磁化电流,使外加磁场正好等于铁磁材料的矫顽力即可.

三、基本磁化曲线

如果磁性材料的磁化未达到饱和就开始退磁会出现较小的磁滞回线. 由一系列大小不同的稳定的磁滞回线的顶点连成的曲线称为基本磁化曲线.

四、示波器测量 H-B 回线的原理

介质的磁化规律反映了磁场强度 H 和磁感应强度 B 之间的关系. 为了测量介质的磁化

规律，一般将待测的磁性材料做成闭合环状，上面均匀地绕两组线圈 N_1、N_2，如图5-6-4所示．给 N_1 线圈通以电流 I_0，使其产生磁场强度为 H 的磁化场，这组线圈称为初级线圈．当初级线圈中的电流发生变化时，线圈 N_2 即次级线圈中将产生感应电动势 ε，用电子积分器测出 ε，经计算可以得到磁感应强度 B，根据 H-B 的对应关系可以绘出它们的曲线．

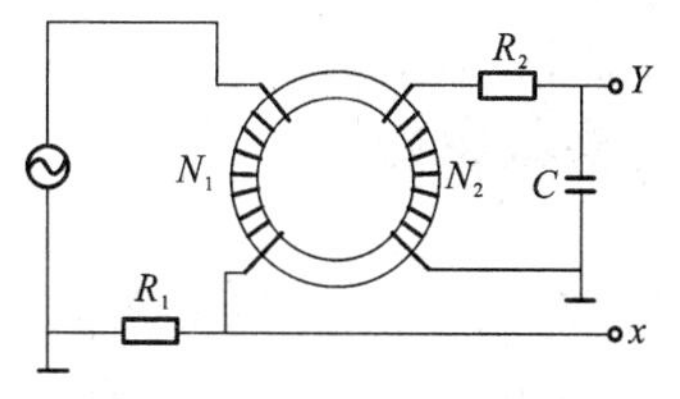

图 5-6-4　示波器显示原理线路

1. 磁化场强度 H 的测量．磁化场的磁场强度 H 可以表示为

$$H = \frac{N_1 I_0}{L} \tag{5-6-1}$$

式中，I_0 表示通过初级线圈的磁化电流，L 为环形磁性材料的平均周长．H 的变化是通过改变 I_0 实现的，因此 H 的测量就转换成了 I_0 的测量．通过采样电阻 R_1，将 I_0 转化成与 H 成正比的采样电阻两端的电压信号 $U_x = I_0 R_1$．于是

$$H = \frac{N_1 U_x}{L R_1} \tag{5-6-2}$$

2. 磁感应强度 B 的测量．为了测量磁感应强度 B，在次级线圈 N_2 上串联一个电阻 R_2、一个电容 C 构成一个积分电路，通过对连续变化的感应电动势进行累加，来测量随时间变化的磁场．单调地改变流过 N_1 中的电流 I_0，样品内部的磁化场 H 发生变化，此时在 N_2 中将产生感应电动势 ε，ε 的大小为

$$\varepsilon = -N_2 S \frac{\mathrm{d}B}{\mathrm{d}t} \tag{5-6-3}$$

式中，S 是环状磁性材料的横截面积．将 N_2 接到积分器的输入端，得到积分电路的输出电压即电容 C 两端的电压 U_C 为

$$U_C = \frac{N_2 S}{R_2 C}\int_{B_0}^{B} \mathrm{d}B = \frac{N_2 S}{R_2 C}(B - B_0)$$

式中，B_0 是样品中的剩磁，只要在正式测量之前将样品退磁，即可使 $B_0 = 0$，于是上式简化成

$$U_C = \frac{N_2 S}{R_2 C} B \tag{5-6-4}$$

式(5-6-4)表明积分器的输出正比于磁感应强度 B．将采样电阻两端的电压信号 U_x 连接到示波器的CH1输入端，将积分电路的输出电压 U_C 连接到示波器的CH2输入端，示波器调到X-Y工作方式，调节示波器两个输入端的增益，可在示波器显示屏上观察到如图5-6-3所测材料的磁滞回线．若磁滞回线中各点对应的示波器 X、Y 轴示值分别为 U_x、U_y，则由式(5-6-4)，求得 B 为

$$B = \frac{R_2 C}{N_2 S} U_y \tag{5-6-5}$$

【实验步骤】

实验前先熟悉动态磁滞回线实验仪面板上各旋钮作用，连接好各导线．电阻 R_1 调到 3 Ω；电阻 R_2 调到 60 kΩ. 熟悉示波器面板上各旋钮的作用，将示波器调到 X-Y 工作方式，示波器 CH1 输入端调为 AC 方式，测量采样电阻 R_1 两端的电压．CH2 输入端调为 DC 方式，测量积分电容 C 两端的电压．

一、观察两种样品在相同频率的交流信号下的磁滞回线图形

1. 将样品 2 接入电路，将信号源的频率调到 50 Hz，将信号源输出幅度调节旋钮逆时针旋到底，使输出信号幅度最小，这时示波器上显示为一个点．

2. 沿顺时针方向调节幅度调节旋钮，增大信号幅度，使示波器显示的磁滞回线缓慢增大，达到饱和．改变示波器 X、Y 输入增益调节旋钮，使示波器显示典型美观的磁滞回线图形．

3. 将样品 1 接入电路，在示波器显示屏上也调出典型美观的磁滞回线图形．分析与样品 2 的磁滞回线形状有何异同．

二、观察样品 1 在不同频率的交流信号下磁滞回线图形

1. 将样品 1 接入电路，将信号源的频率调到 50 Hz，观察示波器上的磁滞回线波形．

2. 将信号源的频率调到 100 Hz，观察示波器上的磁滞回线波形，分析与 50 Hz 时波形有何异同．

三、测量磁滞回线

1. 将样品 1 接入电路，将信号源的频率调到 100 Hz.

2. 将信号源输出幅度调节旋钮逆时针旋到底，使输出信号幅度最小，这时示波器上显示为一个点．调节示波器的 X 和 Y 位移旋钮，将光点调到示波器显示屏中心．

3. 沿顺时针方向调节幅度调节旋钮，增大信号幅度，使示波器显示的磁滞回线缓慢增大，达到饱和．改变示波器 X、Y 轴输入增益调节旋钮，使示波器显示典型美观的磁滞回线图形．从示波器显示屏上读出图 5-6-3 所示磁滞回线中 a、b、c、d、e、f 六点所对应的电压值，并填入表 5-6-1.

【数据处理与要求】

表 5-6-1 测量各种参数数据表

图 5-6-3 中对应点	a 点	b 点	c 点	d 点	e 点	f 点
X 轴偏转格数 /div						
X 轴灵敏度 V/div						
X 轴示值 U_x/V						
Y 轴偏转格数 /div						
Y 轴灵敏度 V/div						
Y 轴示值 U_y/V						

1. 观察两种样品在相同频率的交流信号下的磁滞回线图形.
2. 观察样品 1 在不同频率的交流信号下的磁滞回线图形.
3. 根据表 5-6-1 测量数据,计算公式为式(5-6-2)、式(5-6-5),计算饱和磁化强度 H_s、饱和磁感应强度 B_s、剩磁 B_r、矫顽力 H_e. $N_1 = N_2 = 100$ 匝,$L = 0.13$ m,$S = 2.4 \times 10^{-4}$ m^2.
4. 记录磁滞回线中不同点的 X、Y 坐标值,在坐标纸上画出相应的磁滞回线.

【思考与练习题】

1. 实验中为何要单调地改变电流?否则会出现什么样的结果?
2. 如何使磁性材料退磁?
3. 信号源频率相同时,样品 1 和样品 2 的磁滞回线所包围面积不同,说明什么?

5.7 基本电荷量的测量实验

汤姆孙通过测定带电粒子的核质比,提出了电子的概念,但是他一直没有测出电子的电量.在当时科学家提出的多种测量电子电荷的方法中,最准确的方法是云雾法,但也只能确定电荷的数量级.1909 年,密立根(Robert A. Millikan)在经历十年的研究后,用油滴实验第一次精确地测定了电子电荷.由于这一开创性工作,密立根获得 1923 年诺贝尔物理学奖.本实验用密立根油滴仪来测量油滴所带的电量.

【预习提示】

1. 密立根油滴实验是一个不朽的经典物理实验,证明了电荷的不连续性,测量并得到了元电荷即电子电荷．目前给出的最好结果为 $e=(1.602\ 177\ 33\pm0.000\ 000\ 49)\times10^{-19}$ C.

2. 实验方法很重要，它设计思想简明巧妙、方法简单，而结论却具有不容置疑的说服力，堪称物理实验的精华和典范，这对于开拓学生思维方式、提高学生的创新意识具有良好的启迪作用．

3. 本实验用“平衡法”（也可称为稳态测量法）测量油滴的带电量，测量油滴上带的电荷的目的是找出电荷的最小单位 e. 可以对不同的油滴分别测出其所带的电荷值 q_i，它们应近似为某一最小单位的整数倍，即油滴电荷量的最大公约数．也可以测量油滴上所带电荷的改变值 Δq_i，而 Δq_i 值应是元电荷的整数倍．即 $\Delta q_i=n_ie$（其中 n_i 为一整数）．对于不同的油滴，可以发现同样的规律，而且是一个共同的常数，这就证明了电荷的不连续性，并存在最小的电荷单位，即电子的电量 e.

4. 作本实验之前，应充分预习，熟悉各个实验环节及步骤，对实验方法应深刻理解，对仪器操作应熟练，可利用课余时间先预做实验一次，否则很难在课上时间完成．

【实验目的】

1. 验证电荷的不连续性以及测量基本电荷电量．
2. 了解 CCD 传感器、光学系统成像原理及视频信号处理技术的工程应用等．

【实验器材】

ZKY-MLG-5 显微密立根油滴实验仪、监视器、喷雾器、连接导线．

ZKY-MLG-5 显微密立根油滴实验仪简介如下：

该系统包括 CCD 传感器、光学成像部件等．油滴盒包括高压电极、照明装置、防风罩等部件．监视器是视频信号输出设备．仪器部件示意如图 5-7-1 所示．

CCD 模块及光学成像系统用来捕捉暗室中油滴的像，同时将图像信息传给主机的视频处理模块．实验过程中可以通过调焦旋钮来改变物距，使油滴的像清晰地呈现在 CCD 传感器的窗口内．

电压调节旋钮可以调整极板之间的电压，用来控制油滴的平衡、下落及提升．

定时“开始”、“结束”按键用来记时；“0V”、“工作”按键用来切换仪器的工作状态；“平衡”、“提升”按键可以切换油滴平衡或提升状态；“确认”按键可以将测量数据显示在屏幕上，从而省去了每次测量完成后手工记录数据的过程，使操作者把更多的注意力集中到实验本质上．

油滴盒是一个关键部件，具体构成如图 5-7-2 所示．

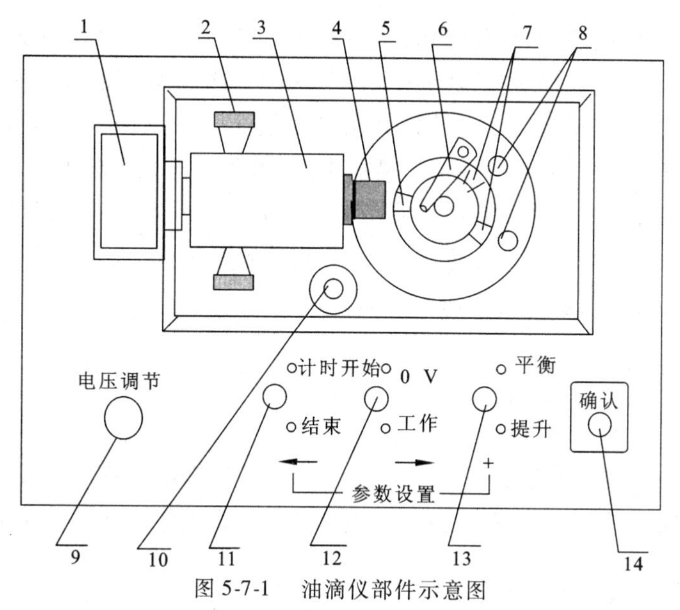

图 5-7-1 油滴仪部件示意图

1—CCD 盒;2— 调焦旋钮;3— 光学系统;4— 镜头;5— 观察孔;
6— 上极板压簧;7— 进光孔;8— 光源;9— 平衡电压调节旋钮;
10— 水准泡;11— 计时开始、结束切换键;12— 工作切换键;
13— 平衡、提升切换键;14— 确认键

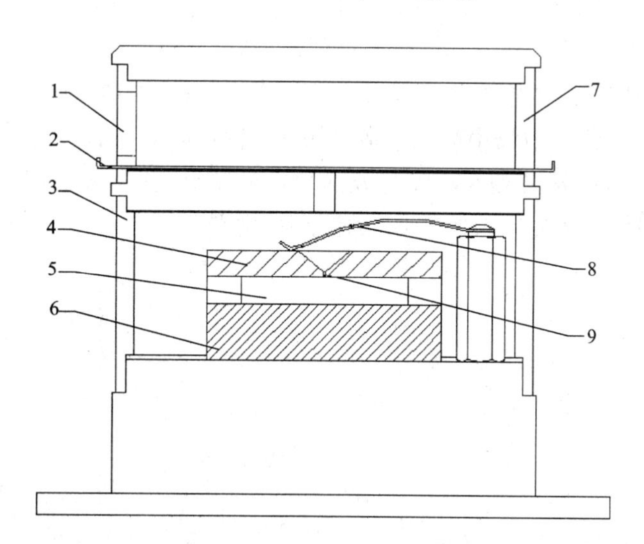

图 5-7-2 油滴盒装置示意图

1— 喷雾口;2— 进油量开关;3— 防风罩;4— 上极板;5— 油滴室;
6— 下极板;7— 油雾杯;8— 上极板压簧;9— 落油孔

上、下极板之间通过胶木圆环支撑，三者之间的接触面经过机械精加工后可以将极板间的不平行度、间距误差控制在 0.01 mm 以下；这种结构基本上消除了极板间的“势垒效应”及“边缘效应”，较好地保证了油滴室处在匀强电场之中，从而有效地减小了实验误差.

胶木圆环上开有两个进光孔和一个观察孔，光源通过进光孔给油滴室提供照明，而成像系统则通过观察孔捕捉油滴的像. 照明由带聚光的高亮发光二极管提供，其使用寿命长、不易损坏；油雾杯可以暂存油雾，使油雾不至于过早地散逸；进油量开关可以控制落油量；防风罩可以避免外界空气流动对油滴的影响.

【实验原理】

密立根油滴实验测定电子电荷的基本设计思想是使带电油滴在测量范围内处于受力平衡状态. 按运动方式分类，油滴法测电子电荷分为动态测量法和平衡测量法.

一、动态测量法(选做)

考虑重力场中一个足够小油滴的运动. 设此油滴半径为 r，质量为 m_1，空气是黏滞流体，则此运动油滴除重力和浮力外还受黏滞阻力的作用. 由斯托克斯定律，黏滞阻力与物体运动速度成正比. 设油滴以速度 v_f 匀速下落，则有

$$m_1 g - m_2 g = K v_f \tag{5-7-1}$$

式中，m_2 为与油滴同体积的空气质量，K 为比例系数，g 为重力加速度.

空气中的油滴在及重力场中的受力情况如图 5-7-3 所示.

若此油滴带电荷为 q，并处在场强为 E 的均匀电场中，设电场力 qE 方向与重力方向相反，如图 5-7-4 所示，如果油滴以速度 vr 匀速上升，则有

$$qE = (m_1 - m_2) g + K v_r \tag{5-7-2}$$

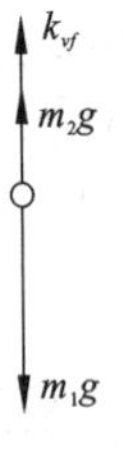

图 5-7-3　重力场中受力图

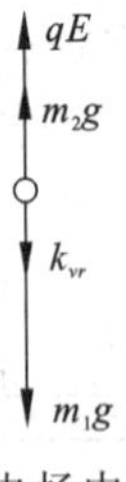

图 5-7-4　电场中受力图

由式(5-7-1)和式(5-7-2)消去 K，可解出 q 为

$$q = \frac{(m_1 - m_2) g}{E v_f}(v_f + v_r) \tag{5-7-3}$$

由上式可以看出,要测量油滴上携带的电荷,需要分别测出 m_1、m_2、E、vf、v_r 等物理量.

由喷雾器喷出的小油滴的半径 r 是微米数量级,直接测量其质量 m_1 也是困难的,为此希望消去 m_1,而代之以容易测量的量. 设油与空气的密度分别为 ρ_1、ρ_2,于是半径为 r 的油滴的视重为

$$m_1g - m_2g = \frac{4}{3}\pi r^3(\rho_1 - \rho_2)g \tag{5-7-4}$$

由斯托克斯定律,黏滞流体对球形运动物体的阻力与物体速度成正比,其比例系数 K 为 $6\pi\eta r$,此处 η 为黏度,r 为物体半径. 于是可将式(5-7-4)代入式(5-7-1),有

$$v_f = \frac{2gr^2}{9\eta}(\rho_1 - \rho_2) \tag{5-7-5}$$

因此

$$r = \left[\frac{9\eta v_f}{2g(\rho_1 - \rho_2)}\right]^{\frac{1}{2}} \tag{5-7-6}$$

将其代入式(5-7-2)并整理得到

$$q = 9\sqrt{2}\pi\left[\frac{\eta^3}{(\rho_1-\rho_2)g}\right]^{\frac{1}{2}}\frac{1}{E}\left(1 + \frac{v_r}{v_f}\right)v_f^{\frac{3}{2}} \tag{5-7-7}$$

因此,如果测出 v_r、v_f 和 η、ρ_1、ρ_2、E 等宏观量,即可得到 q 值.

考虑到油滴的直径与空气分子的间隙相当,空气已不能看成是连续介质,其黏度 η 需作相应的修正

$$\eta' = \frac{\eta}{1 + \frac{b}{pr}}$$

式中,p 为空气压强,b 为修正常数,$b = 0.008\ 23\ \mathrm{N/m}(= 6.17 \times 10^{-6}\ \mathrm{m \cdot cmHg})$,因此

$$v_f = \frac{2gr^2}{9\eta}(\rho_1 - \rho_2)\left(1 + \frac{b}{pr}\right) \tag{5-7-8}$$

当精度要求不是太高时,常采用近似计算方法,先将 v_f 值代入式(5-7-6),计算得

$$r_0 = \left[\frac{9\eta v_f}{2g(\rho_1 - \rho_2)}\right]^{\frac{1}{2}} \tag{5-7-9}$$

再将此 r_0 值代入 η' 中,并以 η' 代入式(5-7-7),得

$$q = 9\sqrt{2}\pi\left[\frac{\eta^3}{(\rho_1 - \rho_2)g}\right]^{\frac{1}{2}}\frac{1}{E}\left(1 + \frac{v_r}{v_f}\right)v_f^{\frac{3}{2}}\left[\frac{1}{1 + \frac{b}{pr_0}}\right]^{\frac{3}{2}} \tag{5-7-10}$$

实验中常常固定油滴运动的距离,通过测量油滴在距离 s 内所需要的运动时间来求得其运动速度,且电场强度 $E = \frac{U}{d}$,d 为平行板间的距离,U 为所加的电压,因此,式(5-7-10)可

写成

$$q = 9\sqrt{2}\pi d\left[\frac{(\eta s)^3}{(\rho_1 - \rho_2)g}\right]^{\frac{1}{2}} \frac{1}{U}\left(\frac{1}{t_f} + \frac{1}{t_r}\right)\left(\frac{1}{t_f}\right)^{\frac{1}{2}}\left[\frac{1}{1 + \frac{b}{pr_0}}\right]^{\frac{3}{2}} \tag{5-7-11}$$

式中,有些量和实验器材以及条件有关,选定之后在实验过程中不变,如 d、s、$(\rho_1 - \rho_2)$ 及 η 等,将这些量与常数一起用 C 代表,可称为仪器常数,于是式(5-7-11) 简化成

$$q = C\frac{1}{U}\left(\frac{1}{t_f} + \frac{1}{t_r}\right)\left(\frac{1}{t_f}\right)^{\frac{1}{2}}\left[\frac{1}{1 + \frac{b}{pr_0}}\right]^{\frac{3}{2}} \tag{5-7-12}$$

由此可知,测量油滴上的电荷只体现在 U、t_f、t_r 的不同. 对同一油滴,t_f 相同,U 与 t_r 的不同标志着电荷的不同.

二、平衡测量法

平衡测量法的出发点是使油滴在均匀电场中静止在某一位置,或在重力场中作匀速运动.

当油滴在电场中平衡时,油滴在两极板间受到的电场力 qE、重力 m_1g 和浮力 m_2g 达到平衡,从而静止在某一位置,即

$$qE = (m_1 - m_2)g$$

油滴在重力场中作匀速运动时,情形同动态测量法,将式(5-7-4)、(5-7-9) 和 $\eta' = \eta/\left(1 + \frac{b}{pr}\right)$ 代入式(5-7-11),并注意到 $\frac{1}{t_r} = 0$,则有

$$q = 9\sqrt{2}\pi d\left[\frac{(\eta s)^3}{(\rho_1 - \rho_2)g}\right]^{\frac{1}{2}} \frac{1}{U}\left(\frac{1}{t_f}\right)^{\frac{3}{2}}\left[\frac{1}{1 + \frac{b}{pr_0}}\right]^{\frac{3}{2}} \tag{5-7-13}$$

三、元电荷的测量方法

元电荷的测量方法采用“平衡法”,详见“预习提示”.

【实验步骤】

一、调节仪器

1. 导线连接. 将油滴仪上 Q9 视频输出接监视器视频输入(IN). 监视器输入阻抗开关拨至 75 Ω.

2. 水平调整．调整实验仪底部的旋钮(顺时针仪器升高,逆时针仪器下降),通过水准仪将实验平台调平,使平衡电场方向与重力方向平行,以免引起实验误差．极板平面是否水平决定了油滴在下落或提升过程中是否发生前后、左右的漂移．

3. 实验仪设置．打开仪器电源开关,首先选择实验方法(平衡法或动态法),设置重力加速度数值(承德为 $g = 9.802\ \mathrm{m \cdot s^{-2}}$),其余参数以仪器默认值即可．"←"表示左移键、"→"表示为右移键、"+"表示数据设置键．设置好后按"确认"键,"平衡"指示灯亮．

4. 观察油滴．将喷雾器竖起,用手挤压气囊,使得提油管内充满钟表油．将油从喷雾口喷入,调节调焦旋钮,这时监视器屏幕上应出现大量运动的清晰油滴的像．

二、练习测量

1. 练习选择油滴．做好本实验,很重要的一点是选择合适的油滴．太大的油滴虽然比较亮,但一般带的电荷也比较多,下降速度也比较快,时间不易测准确．太小则受布朗运动的影响明显,测量时涨落较大,也不容易测准确．因此,应该选择质量适中而带电不多的油滴．建议选择平衡电压在150 ~ 400 V之间、下落时间在20 s(当下落距离为2 mm时)左右的油滴进行测量．

具体操作:将计时器置为"结束",工作状态置为"工作",平衡、提升置为"平衡",通过调节电压平衡旋钮将电压调至400 V以上,喷入油雾,此时监视器出现大量运动的油滴,观察上升较慢且明亮的油滴,然后降低电压,使之达到平衡状态．随后将工作状态置为"0V",油滴下落,在监视器上选择下落一格的时间约2 s左右的油滴进行测量．

2. 确认平衡电压．仔细调整平衡电压旋钮使油滴平衡在某一格线上,等待一段时间,观察油滴是否飘离格线,若其向同一方向飘动,则需重新调整;若其基本稳定在格线或只在格线上下作轻微的布朗运动,则可以认为其基本达到了力学平衡．由于油滴在实验过程中处于挥发状态,在对同一油滴进行多次测量时,每次测量前都需要重新调整平衡电压,以免引起较大的实验误差．事实证明,同一油滴的平衡电压将随着时间的推移有规律地递减,且其对实验误差的贡献很大．

3. 练习控制油滴,测量油滴运动时间．选择适当的油滴,调整平衡电压,使油滴平衡在某一格线上,将工作状态按键切换至"0V",绿色指示灯点亮,此时上下极板同时接地,电场力为零,油滴将在重力、浮力及空气阻力的作用下作下落运动,当油滴下落到有"0"标记的刻度线时,立刻按下定时开始键,同时计时器开始记录油滴下落的时间;待油滴下落至有距离标志(例如1.6)的格线时,立即按下定时结束键,同时计时器停止计时．经历一小段时间后,"0V"工作按键自动切换至"工作"(平衡、提升按键处于"平衡"),此时油滴将停止下落,可以通过"确认"键将此次测量数据记录到屏幕上．

将工作状态按键切换至"工作",红色指示灯点亮,此时仪器根据平衡或提升状态分两种情形:若置于"平衡",则可以通过平衡电压调节旋钮调整平衡电压,使油滴静止在某一位置;若置于"提升",则极板电压将在原平衡电压的基础上再增加200 V的电压,用来向上提升油滴．可测量油滴上升的时间．

三、正式测量

1. 平衡测量法.

(1) 开启电源,选择“平衡测量法”,进入实验界面,将工作状态按键切换至“工作”,红色指示灯点亮;将平衡、提升按键置于“平衡”.

(2) 通过喷雾口向油滴盒内喷入油雾,此时监视器上将出现大量运动的油滴. 选取适当的油滴,仔细调整平衡电压,使其平衡在某一起始格线上,把平衡、提升按键置于“提升”. 将油滴提升到“0”格线之上,再把平衡、提升按键置于“平衡”.

(3) 将工作状态按键切换至“0V”,此时油滴开始下落,当油滴下落到有“0”标记的格线时,立即按下定时开始键,同时计时器启动,开始记录油滴的下落时间. 当油滴下落至有距离标记的格线时(例如1.6),立即按下定时结束键,同时计时器停止计时(如无人为干预,经过一小段时间后,“工作状态”按键自动切换至“工作”,油滴将停止移动),此时可以通过“确认”键将测量结果(平衡电压 U 及油滴下落时间 t) 记录在屏幕上.

(4) 将平衡、提升按键置于“提升”,油滴将被向上提升,当回到高于有“0”标记格线时,将平衡、提升键置回“平衡”状态,使其静止. 重新调整平衡电压,重复(3)、(4),并将数据记录到屏幕上(平衡电压 U 及下落时间 t). 监视器界面如图5-7-5所示. 当达到5次记录后,按“确认”键,界面的左面出现实验结果. 并将测量数值填入表5-7-1中.

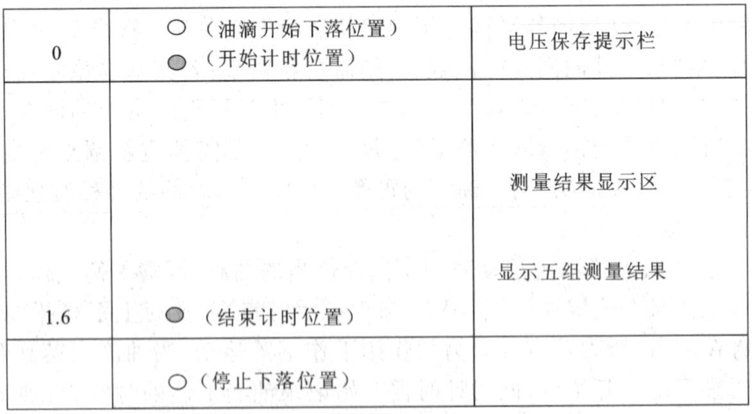

0	○（油滴开始下落位置） ●（开始计时位置）	电压保存提示栏
1.6	●（结束计时位置）	测量结果显示区 显示五组测量结果
	○（停止下落位置）	

图5-7-5　平衡法测量示意图

(5) 按照上述的方法至少对三个不同的油滴进行测量,并将数据填入表5-7-1中.

2. 动态测量法(选做).

(1) 动态测量法分两步完成,第一步骤是油滴下落过程,其操作同平衡法(参看平衡法). 完成第一步骤后,如果对本次测量结果满意,则可以按“确认”键保存这个步骤的测量结果,如果不满意,则可以删除.

(2) 第一步骤完成后,油滴处于距离标志格线以下．通过“0V”、“工作”、“平衡”、“提升”键配合,使油滴下偏距离标志格线一定距离．然后调节电压调节旋钮加大电压,使油滴上升．当油滴到达距离标志格线时,立即按下定时开始键,此时计时器开始计时．当油滴上升到“0”标记格线时,立即按下定时结束键,此时计时器停止计时,但油滴继续上移．然后调节电压调节旋钮再次使油滴平衡于“0”格线以上．如果对本次实验满意则按“确认”键保存本次实验结果．

(3) 对同一油滴重复以上步骤完成五次完整实验,然后按“确认”键,出现实验结果画面．动态测量法是分别测出下落时间 t_f、提升时间 t_r 及提升电压 U,并代入式(5-7-11)即可求得油滴带电量 q.

【注意事项】

1. CCD盒、紧定螺钉、摄像镜头的机械位置不能变更,否则会对像距及成像角度造成影响．
2. 仪器使用环境:温度为0 ~ 40 ℃ 的静态空气中．
3. 注意调整进油量开关,应避免外界空气流动对油滴测量造成影响．
4. 仪器内有高压,实验人员应避免用手接触电极．
5. 实验前应对仪器油滴盒内部进行清洁,防止异物堵塞落油孔．
6. 注意仪器的防尘保护．
7. 每进行一次测量后,注意按“确认”键保存测量数据．

【数据处理与要求】

表 5-7-1　平衡法测量数据表

	测量次数	1	2	3	4	5	平均值
油滴1	平衡电压 U/V						
	下落时间 t_f/s						
油滴2	平衡电压 U/V						
	下落时间 t_f/s						
油滴3	平衡电压 U/V						
	下落时间 t_f/s						

1. 对上表中的数据(测量三个不同油滴的数据),分别用下式计算各油滴的电荷 q.

$$q = 9\sqrt{2}\pi d\left[\frac{(\eta s)^3}{(\rho_1 - \rho_2)g}\right]^{\frac{1}{2}} \frac{1}{U}\left(\frac{1}{t_f}\right)^{\frac{3}{2}}\left[\frac{1}{1 + \frac{b}{pr_0}}\right]^{\frac{3}{2}}$$

式中,$r_0 = \left[\frac{9\eta s}{2g(\rho_1 - \rho_2)t_f}\right]^{\frac{1}{2}}$;$d$ 为极板间距,$d = 5.00 \times 10^{-3}$ m;η 为空气黏滞系数,$\eta = 1.83 \times 10^{-5}$ kg · m^{-1} · s^{-1};s 为下落距离,依设置,默认 1.6 mm;ρ_1 为油的密度,$\rho_1 = 981$ kg · m^{-3}(20 ℃);ρ_2 为空气密度,$\rho_2 = 1.292\ 8$ kg · m^{-3}(标准状况下);g 为重力加速度,$g = 9.802$ m · s^{-2}(承德);b 为修正常数,$b = 0.008\ 23$ N/m(6.17×10^{-6} m · cmHg);p 为标准大气压强,$p = 101\ 325$ Pa(76.0 cmHg);U 为平衡电压;t_f 为油滴的下落时间.

注意

(1) 由于油的密度远远大于空气的密度,即$\rho_1 >> \rho_2$,因此ρ_2相对于ρ_1来讲可忽略不计(当然也可代入计算).

(2) 标准状况指大气压强 $P = 101\ 325$ Pa,温度 $t = 20$ ℃,相对湿度 $\varphi = 50\%$ 的空气状态. 实际大气压强可由气压表读出.

(3) 油的密度随温度变化关系如表 5-7-2 所示.

表 5-7-2　油的密度随温度变化关系表

T/℃	0	10	20	30	40
ρ/(kg · m^{-3})	991	986	981	976	971

2. 计算出各油滴的电荷后,求它们的最大公约数(或差值的最大公约数),即为基本电荷 e 值.

3. 计算相对误差($e = 1.602\ 177\ 33 \times 10^{-19}$ C).

【思考与练习题】

1. 如何判断油滴是否作匀速运动?
2. 你认为哪些因素导致了本实验的误差产生?
3. 如何判断油滴所带电量的多少?
4. 为什么必须使油滴作匀速运动?实验上怎样才能保证油滴作匀速运动?

【相关科学家介绍】

罗伯特·安德鲁·密立根(Robert Andrews Millikan,1868—1953),美国实验物理学家.1868年3月22日生于伊利诺伊州的莫里森.1887年入奥柏森大学后,从二年级起被聘在初等物理班担任教员,他很喜爱这个工作,这使他更深入地钻研物理学,甚至在1891年大学毕业后,仍继续在初等物理班讲课,由此写成了广泛流传的教材.1893年取得硕士学位,同年得到哥伦比亚大学物理系攻读博士学位的奖金,成为该校第一位物理学博士.1895年获得博士学位后留学欧洲.1896年回国任教于芝加哥大学.由于教学成绩优异,第二年升任副教授.

密立根以其实验的精确著名.从1907年开始,他致力于改进威耳逊云室中对α粒子电荷的测量,甚有成效,得到卢瑟福的肯定.1909年,当他准备好条件使带电云雾在重力与电场力平衡下把电压加到10 000 V时,他发现的是云层消散后"有几颗水滴留在机场中",从而创造出测量电子电荷的平衡水珠法、平衡油滴法,但有人攻击他得到的只是平均值而不是元电荷.1910年,他第三次作了改进,使油滴可以在电场力与重力平衡时上上下下地运动,而且在受到照射时还可看到因电量改变而致的油滴突然变化,从而求出电荷量改变的差值.1913年,他得到电子电荷的数值,这样就从实验上确证了元电荷的存在.他测的精确值最终结束了关于对电子离散性的争论,并使许多物理常数的计算获得较高的精度.

他的求实、严谨细致,富有创造性的实验作风也成为物理界的楷模.与此同时,他还致力于光电效应的研究.经过细心认真的观测,1916年,他的实验结果完全肯定了爱因斯坦光电效应方程,并且测出了当时最精确的普朗克常量h的值.由于上述工作,密立根赢得1923年度诺贝尔物理学奖.

密立根在宇宙线方面也做过大量的研究.他提出了"宇宙线"这个名称.研究了宇宙粒子的轨道及其曲率,发现了宇宙线中的α粒子、高速电子、质子、中子、正电子和V量子.改变了过去"宇宙线是光子"的观念.尤其是他用强磁场中的云室对宇宙线进行实验研究,使他的学生安德森在1932年发现正电子.1921年起,密立根任教于加利福尼亚理工学院.1953年12月19在加利福尼亚的帕萨迪纳逝世.

5.8 迈克耳孙干涉仪的调节与使用实验

杨氏双缝干涉实验和菲涅耳衍射实验证明了光的波动性.在19世纪科学家的思想里,波必须依靠介质才能传播(类似于声波),于是人们设想光之所以能在真空中传播是因为真空中存在一种看不见的神奇物质"以太". 为了探测"以太"的存在,迈克耳孙进行了数年的耐心实验 . 1887 年,迈克耳孙和化学家莫雷(Morley)合作,设计出一台精密的干涉仪(即迈克耳孙干涉仪)来观测地球相对于"以太"的运动,但实验结果给出了一个否定的结论 . 正是这次实验的否定结论,1905 年"催生"了爱因斯坦发表了相对论,彻底否定了"以太"的存在,认为光在真空中传播并不需要介质 .

迈克耳孙干涉仪在近代计量科学中具有重大影响,特别是 20 世纪 60 年代激光出现以后,各种应用更为广泛 . 用它可以观察光的干涉现象,研究光谱线的超精细结构,精密计量检测光学零件的偏差,测定光波波长、微小长度、光源的相干长度;还可以测量气体、液体的折射率等 .

【预习提示】

1. 从学习角度出发,迈克耳孙干涉仪实验虽然是一个经典的近代物理实验,但在实验教学中,学习干涉仪的调整、研究各种干涉现象以及训练学生实验操作能力仍具有比较重要的作用;从技术角度出发,迈克耳孙干涉仪在当今精密测量领域仍有不可替代的应用 .

2. 迈克耳孙干涉仪是许多近代干涉仪的原型,因为它是互相垂直的两臂结构,使得两束相干光的传输是分离的,这就为研究许多物理量(如温度、压强、电场、磁场以及媒质的运动等)对光传播的影响创造了条件 .

3. 该实验的干涉图样是一系列的圆环,从圆心向外的干涉圆环的级次逐渐降低,与牛顿环级次排列正好相反. 即当光程差中 d 变小时,干涉条纹则由外向中心"陷入",即"湮没"现象;反之,当 d 增大时,会看到干涉圆环自中心向外"冒出",即"溢出"现象 . 可以通过"湮没"或"溢出"现象来测量光的波长 .

4. 本实验用 He-Ne 激光器作为光源,激光波长的准确值 $\lambda = 6\ 328 \times 10^{-10}$ m.

【实验目的】

1. 掌握迈克耳孙干涉仪的调节和使用方法 .
2. 了解等倾干涉的光场特征 .
3. 学会用迈克耳孙干涉仪测定 He-Ne 激光的波长 .

【实验器材】

迈克耳孙干涉仪、He-Ne 激光器 .

【实验原理】

一、迈克耳孙干涉仪的原理

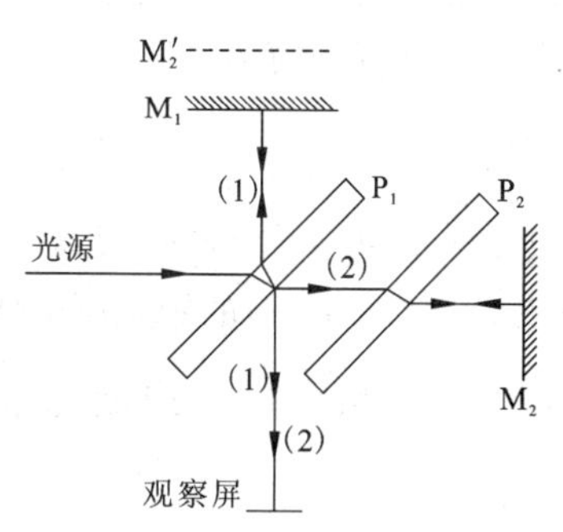

图 5-8-1 迈克耳孙干涉仪光路图

图5-8-1为迈克耳孙干涉仪光路图. 图中P_1、P_2是两个材料相同、厚度相等的平行平面玻璃板,二者相互平行,且与入射光束中心线成45°. P_1的第二个表面(近P_2面)镀有半反射膜,能将入射光分成振幅近似相等的两束光(1)和(2),一束反射,一束透射,故称P_1为分光板. P_2是一块补偿板,它的作用是使光束(2)和光束(1)以相同的入射状态,分别经过厚度和折射率相同的玻璃板三次. 从而P_1和P_2对两束光的折射影响抵消.

入射光经分光板P_1后,反射光(1)近于垂直地入射到M_1,经反射沿原路返回,然后透过P_1而到达观察屏. 透射光(2)在透射过补偿板P_2后近于垂直地入射到M_2上,经反射也沿原路返回,在分光板后表面反射后也到达观察屏,与光束(1)相遇而发生干涉. 这两束相干光好像是从M_1和M_2的虚像M_2'所构成的空气薄膜的上下两表面反射的光. 因此,迈克耳孙干涉仪中,当M_1和M_2严格垂直时产生的干涉,应与厚度为d的空气薄膜产生的干涉是等效的.

二、等倾干涉

调节M_1与M_2垂直,则M_1和M_2的虚像M_2'平行. 设M_1与M_2'相距为d,如图5-8-2所示,当入射光以i角入射,经M_1和M_2反射后成为互相平行的两束光1和2,它们的光程差为

$$\Delta = 2d\cos i \tag{5-8-1}$$

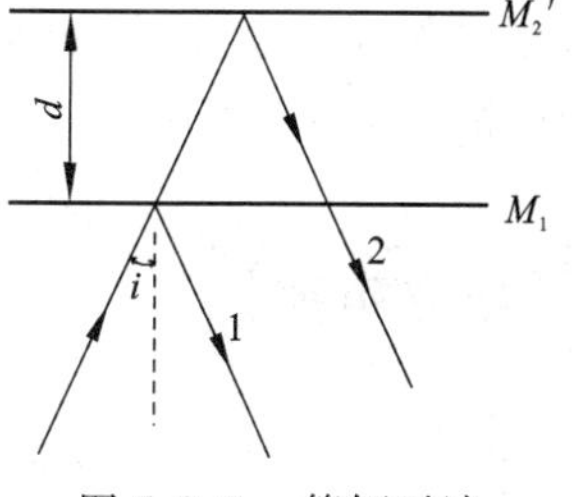

图 5-8-2 等倾干涉

上式表明,当M_1与M_2'间的距离d一定时,所有倾角相同的光束具有相同的光程差,这种干涉条纹为等倾干涉条纹,其形状为明暗相间的同心圆. 其中第k级亮条纹形成的条件为

$$2d\cos i = k\lambda \quad (k = 1,2,3,\cdots) \tag{5-8-2}$$

式中,λ是入射单色光的波长.

从式(5-8-2)知,若d一定,则i越小,$\cos i$越大,光程差Δ越大,干涉条纹级次越高. 但i越小,形成的干涉圆环直径越小,同心圆的圆心对应的入射角$i = 0$,此时干涉条纹的级次最高. 从圆心向外的干涉圆环的级次逐渐降低,与牛顿环级次排列正好相反.

移动M_1位置使M_1和M_2'之间的距离减少,即当d变小时,为保持$2d\cos i$不变,使条纹的

级数不变，则 $\cos i$ 必须增大，i 必须减少，干涉条纹的直径同步减小，干涉条纹则由外向中心"陷入"．反之，当 d 增大时，会看到干涉圆环自中心向外"冒出"．每"冒出"或"陷入"一个干涉圆环，相应的光程差改变了一个波长，也就是 d 变化了半个波长．若 d 变化 Δd，观察到视场中有 Δk 个干涉条纹"冒出"或"陷入"，则有

$$\lambda = \frac{2\Delta d}{\Delta k} \tag{5-8-3}$$

因此，只要测得 M_1 移动距离 Δd，数出干涉圆环变化数 Δk，就可求得入射光（单色光）的波长．实际操作时，转动 M_1 镜的螺旋测微器干涉圆环变化太快，不易数清，采用转动 M_2 镜的螺旋测微器，M_2 镜移动是螺旋测微器改变量 Δd_l 的 $\frac{1}{20}$，式（5-8-3）变为

$$\lambda = \frac{\Delta d_l}{10\Delta k} \tag{5-8-4}$$

【实验步骤】

1. 打开仪器罩．接通电源．将扩束器转90°移到光路以外．调节He-Ne激光器支架，使光束平行于仪器的台面，从分光板的中心入射．

2. 激光在 M_1 和 M_2 反射出两排激光光点．调节 M_2 背后的两个螺钉，使两排中最亮的光点重合（必要时，也可调 M_1 背后的两个螺钉）．

3. 将扩束器移入光路，调节扩束器上的两个螺钉，使激光从扩束器的中心通过．此时，在毛玻璃屏上可看到干涉条纹．

4. 微调 M_2 背后的两个螺钉，把干涉环的中心调到视场中央．使条纹变得又圆又清晰，人眼上下左右移动观察时，看不到有条纹"冒出"或"陷入"．

5. 记录此时 M_2 位置，即螺旋测微器读数，转动 M_2 镜的螺旋测微器移动 M_2，同时默数冒出或陷入的条纹数，每20环记一次 M_2 镜的螺旋测微器读数，直测到第100环为止，并将测量数据填入表5-8-1中．

【注意事项】

1. 迈克耳孙干涉仪是精密光学仪器，使用前必须先弄清楚使用方法，然后再动手调节，调整及测量时要特别耐心，缓慢调节，切勿急躁．

2. 各镜面严禁用手触摸．

3. 测量过程螺旋测微器只能始终沿一个方向转动，防止引起空程误差．

【数据处理与要求】

表 5-8-1 测量 He-Ne 激光器波长数据表

条纹改变环数	0	20	40	60	80	100
螺旋测微器读数/mm						

1. 用逐差法对表5-8-1处理计算出 $\Delta\bar{d}_l$. 代入式(5-8-4),求出He-Ne激光器波长,并计算误差.

*2. 用Origin软件对表5-8-1中所记录数据进行处理,画出 Δk-Δd_l 直线,并利用斜率计算激光波长 λ.

【思考与练习题】

1. 迈克耳孙干涉仪的工作原理和调节方法是什么?

2. 干涉条纹随光程改变而变化的规律是什么?

3. 如何利用迈克耳孙干涉仪测量空气的折射率?

提示:将内壁长 L(800 mm)的小气室置于迈克耳孙干涉仪光路中,调节干涉仪,获得适量等倾干涉条纹之后,向气室里充气(0 ~ 20 kPa),再稍微松开阀门,以较低的速率放气的同时,计数干涉环的变化数 Δk,至放气终止. 空气的折射率 n

$$n = 1 + \frac{\Delta k \cdot \lambda}{2L} \cdot \frac{p_{amb}}{\Delta p}$$

式中,λ 为激光波长,$p_{amb} = 1.013 \times 10^5$ Pa,Δp 为气室内压力变值.

【相关科学家介绍】

阿尔伯特·亚伯拉罕·迈克耳孙(Albert Abraham Michelson,1852—1931),美国物理学家.1852年12月19日出生于普鲁士斯特雷诺. 童年随父母随居美国,迈克耳孙对科学特别是光学和声学发生了兴趣,早先就着迷于科学特别是光速的测量问题,并展示了自己的实验才能. 1837年毕业于美国海军学院,曾任芝加哥大学教授,美国科学促进协会主席,美国科学院院长.1931年5月9日因脑溢血于加利福尼亚州的帕萨迪纳逝世,终年79岁.

1887年,他和爱德华·莫雷共同进行了著名的迈克耳孙－莫雷实验,这个实验排除了以太的存在. 它动摇了经典物理学的基础.

迈克耳孙主要从事光学和光谱学方面的研究,他以毕生精力从事光速的精密测量,在他的有生之年,一直是光速测定的国际中心人物．他发明了一种用以测定微小长度、折射率和光波波长的干涉仪(迈克耳孙干涉仪),在研究光谱线方面起着重要的作用．迈克耳孙因发明精密光学仪器和借助这些仪器在光谱学和度量学的研究工作中所做出的贡献,被授予1907年度诺贝尔物理学奖．

迈克耳孙是一位出色的实验物理学家,他的实验以设计精巧、精确度高闻名．爱因斯坦赞誉他为“科学界的艺术家”．

5.9　光电效应与普朗克常数的测定实验

物质(主要是金属)受光照而释放出光电子的现象,称为光电效应．对光电效应现象的研究,使人们进一步认识到光的波粒二象性的本质,促进了光的量子理论的建立和近代物理学的发展．利用光电效应的原理可以制成多种器件,如光电管、光电倍增管、电视摄像管等,这些器件可用来记录和测量光的强度,并能把光信号转变成电信号,在非电量测量和自动控制中有着广泛的应用．普朗克常量是一个非常重要的常量,用光电效应实验可方便地求出．

在物理的发展史上,人类对光的本性的认识,到麦克斯韦提出光是一种电磁波,光的波动学说似乎已完美无缺了．然而,光电效应及其规律的发现和研究,使人类对物质世界的认识发生了重大飞跃．

1887年,赫兹最先发现光电效应现象．赫兹采用两个电极做电磁波实验时,发现当紫外光照射到负电极上时有助于负电极放电,而经典的电磁理论却无法解释这个实验现象．

1900年,普朗克在对黑体辐射经验公式的解释中提出了能量子的概念 $h\nu$. 普朗克由于创立了量子理论而于1918年获得了诺贝尔物理学奖．

1905年,爱因斯坦提出光电效应方程 $h\nu = \frac{1}{2}mv^2 + E_0$ 和光量子假说,成功地解释了光电效应的实验规律．爱因斯坦由于对光电理论的重大贡献而于1922年获得了诺贝尔物理学奖．

1904—1916年,密立根设计了高精度的实验装置,终于验证了光电效应方程的直线性,并测出普朗克常量 h,测量值与现在的公认值仅相差0.9%,证实了光量子假说,他也因此于1923年获得了诺贝尔物理学奖．

【预习提示】

1. 光电效应现象:在光的照射下物体发射电子的现象,发射出来的电子叫做光电子．

2. 光电效应实验告诉我们:理解微观世界要有新的观念,大自然在微观层次上是不连续的,即“量子化”的,而不是如牛顿物理所假设的,在一切层次上都是连续的.

3. 光电效应实验还告诉我们:实验是科学进程的开端,实验激发思考推动理论的产生以解释实验,而理论又在新的实验中受到检验,引发新的理论,对实验结果进行解释或统一,科学就这样发展了.

4. 光电效应的四条结论:

(1)入射光的频率低于 ν_0 的光,无论光的强度多大,照射时间多长,都没有光电子产生.

(2)光电子的最大初动能与入射光的强度无关,只与入射光的频率有关,入射光频率越高,光电子的初动能越大.

(3)在入射光频率一定的情况下,饱和光电流的大小与入射光的强度成正比.也就是单位时间内被打出来的光电子数与入射光的强度成正比.

(4)光的照射与光电子的释放几乎是同时的,一般不超过 10^{-9} s.

5. 光电效应方程:$h\nu = \frac{1}{2}mv^2 + E_0$.

6. 普朗克常量公认值:$h = 6.626\,176 \times 10^{-34}$ J·s.

【实验目的】

1. 通过实验加深对光的量子性的理解.
2. 测定光电管的伏安特性曲线,研究光电效应的基本规律.
3. 学习用作图法处理实验数据.
4. 根据光电效应方程测普朗克常量.

【实验器材】

500 W 卤钨灯,凸透镜,WGD-100 型小型光栅单色仪,光电接收和微电流测量放大器(GD-31A)型光电管,微电流放大器,±2 V稳压电源、数字电压表和指针式微安表,工作台.

【实验原理】

一、光电效应

图 5-9-1 是利用光电管研究光电效应实验规律的线路图.用适当频率的光照射某些金属物质表面时,会有电子从金属物质表面逸出,这种现象称为光电效应,从金属表面逸出的电子叫做光电子.

光电管如图 5-9-2 所示，是一个抽空的玻璃球，内表面上涂有碱金属，如钠、锂、铯等逸出功较小的金属作为阴极 K(感光层)．在 K 的前面装有一金属片 A 作为阳极．玻璃球其他部分涂黑或镀亮，只留一部分作为光线入射窗口．实验时，在阳极和阴极之间保持一定的电势差．当用一定频率的光照射阴极时，就有光电子从阴极表面逸出．这些光电子在电场作用下飞向阳极，形成电路中的光电流 I.

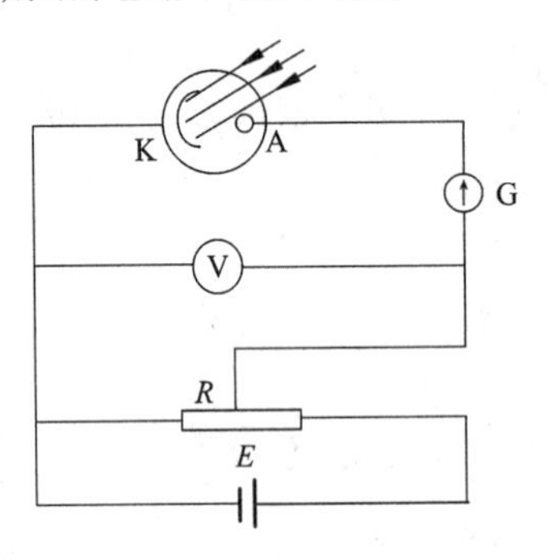

图 5-9-1　光电效应实验原理图

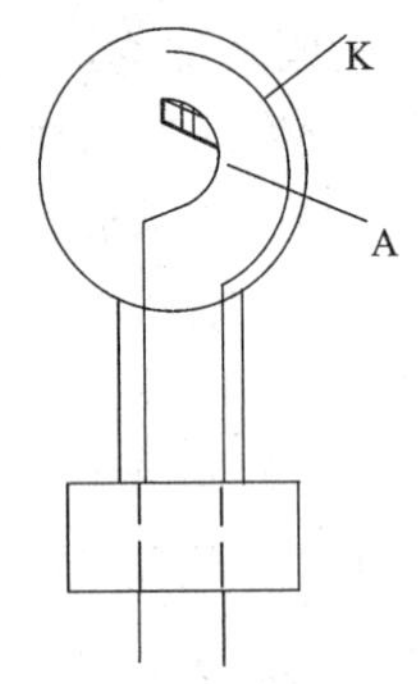

图 5-9-2　光电管

按照爱因斯坦理论，光的能量并不是连续地分布在电磁波的波场中，而是集中在光子这样的“微粒”上．对于频率为 ν 的单色光，它是以光速 c 运动的粒子流，这些粒子称为光量子，简称光子．每个光子的能量为 $h\nu$. 光电效应的实质是当光子和电子相碰撞时，光子把全部能量传递给电子．电子所获得的能量一部分用来克服金属表面对它的束缚，即逸出金属表面所需的逸出功 E_0，其余的能量则为该光电子逸出金属表面后的动能．爱因斯坦提出了著名的光电方程

$$h\nu = \frac{1}{2}mv^2 + E_0 \tag{5-9-1}$$

式中，ν 是入射光的频率，m 为电子的质量，为光电子逸出金属表面时的初速度，E_0 为被照射金属材料的逸出功，$\frac{1}{2}mv^2$ 为从金属表面逸出的光电子的最大初动能．

由式(5-9-1) 可见，入射到金属表面的光频率越高，逸出来的电子动能必然也越大．所以，即使不加电压也会有光电子落入阳极形成光电流，甚至阳极电位比阴极低时也会有光电流，直到阳极电位低于某一数值时，在电场力的作用下，所有光电子都不能达到阳极，光电流才为零．这个相对于阴极为负值的阳极电位 V_0 被称为光电效应的截止电位．这时有

$$eV_0 = \frac{1}{2}mv^2 \tag{5-9-2}$$

代入式(5-9-1)，有

$$eV_0 = h\nu - E_0 \tag{5-9-3}$$

由上式可知，若光子能量 $h\nu < E_0$，则不能产生光电子．产生光电效应的最低频率是

$\nu_0 = \dfrac{E_0}{h}$,通常称之为光电效应的截止频率,亦称红限. 不同金属材料有不同的逸出功,因而 ν_0 也不同. 由于光的强弱取决于光量子的多少,所以光电流与入射光的强度成正比. 由于一个光电子只能吸收一个光子的能量,所以光电子获得的能量与光强无关,只与光子的频率 ν 成正比. 将式(5-9-3)改写为

$$eV_0 = h\nu - h\nu_0$$

故

$$V_0 = \frac{h}{e}(\nu - \nu_0) \tag{5-9-4}$$

测出不同频率 ν 的入射光所对应的截止电压 V_0,由此可作 V_0-ν 曲线. 由式(5-9-4)可知,这是一条直线,如图5-9-3所示,它的斜率为 $\dfrac{h}{e}$,e 是电子电荷,公认值为 $e = 1.602\ 198 \times 10^{-19}$C,求出斜率,即可算出普朗克常量. 另外,从直线和横坐标的交点可求出阴极材料的截止频率 ν_0.

二、光电管的伏安特性曲性

图5-9-4中实线是实验测得的伏安特性曲线,它和图中虚线表示的理论曲线明显不同,其原因是测出的光电流中包含有:

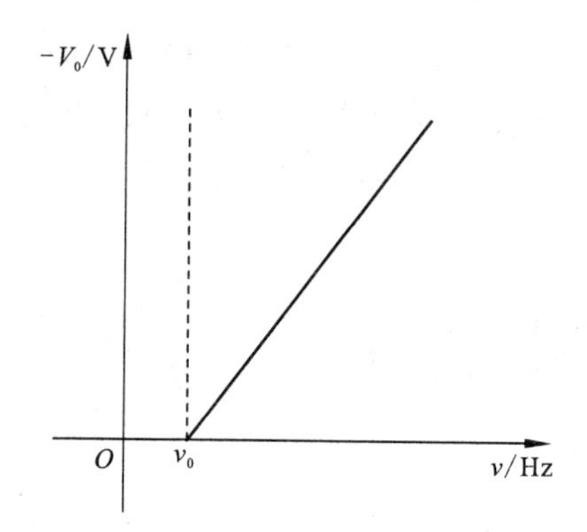

图5-9-3 入射光频率与截止电压的关系图线

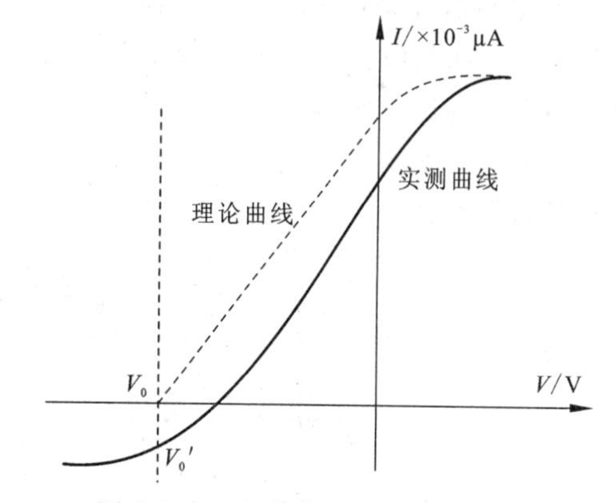

图5-9-4 光电流和电压的实际关系曲线

(1) 漏电流. 光电管阴极和阳极间的管壳由于被沾污或受潮而产生的附加电流.

(2) 本底电流. 各种漫反射光入射到光电管上所致.

(3) 阳极电流. 在光电管制作过程中,阳极A上沾有阴极材料,所以当光照到阳极上时也有光电子发射.

(4) 暗电流. 少数电子的热运动能量较大,无光照时,也能形成热电子电流. 其中以漏电流和阳极电流影响最大. 实验中,应找出实验伏安特性曲线的拐点(或抬头点)V'_0,即相当于理论曲线中的 V_0.

三、实验装置

图 5-9-5 表示实验装置的光电原理,卤钨灯 S 发出的光束经透镜 L 会聚到单色仪 M 的入射狭缝上,从单色仪出射狭缝射出的单色光投射到光电管 PT 的阴极 K,释放光电子,阳极 A 接收光电子,由光电子形成的光电流经放大器 AM 放大后用微安表测量.

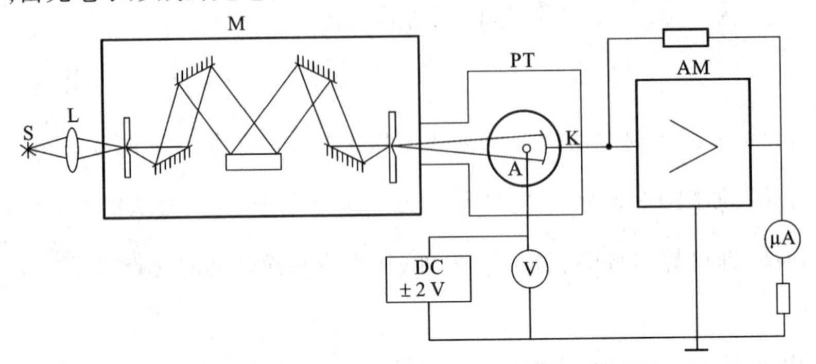

图 5-9-5　普朗克常量实验装置光电原理

S— 卤钨灯;L— 透镜;M— 单色仪;PT— 光电管;AM— 放大器

1. 光电接收和微电流测量放大器.

光电接收和微电流测量放大器面板如图 5-9-6 所示. 光电管阴极 K 和阳极 A 之间所加的电压大小可通过电源调节旋钮来调节,范围是 -1.999 ~ +1.999 V,具体数值可由数字电压表显示出来. 根据光电流的大小选择合适的倍率按钮,具体光电流大小是微安表示值与相应倍率的乘积.

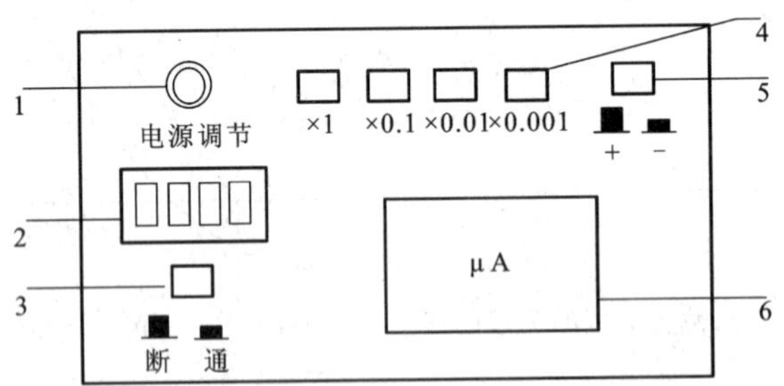

图 5-9-6　光电接收和微电流测量放大器面板图

1— 截止电压调节旋钮;2— 数字电压表;3— 电源开关;

4— 光电流倍率按键;5— 光电流极性转换按键;6— 微安表

2. 单色仪.

单色仪是利用衍射光栅的分光仪器,白光从入射狭缝入射,从出射狭缝射出不同波长的单色光. 具体的波长数值可由单色仪上的螺旋测微器读出,其上的 1 mm 代表 100 nm. 例如,测微计上示值为 5 mm,则代表出射光波长为 500 nm.

【实验步骤】

1. 安装仪器,接好光电管和放大测量器之间的电缆. 调节光源、透镜、单色仪同轴等高.

2. 将透镜移出光路,打开卤钨灯电源开关,使卤钨灯发出的光直接照射在单色仪的入射狭缝上(缝宽取较窄一挡:0.15 mm),并使光源的光斑与入射狭缝对称. 然后将透镜放入光路中,调节透镜的位置,使光源发出的光成像在单色仪入射狭缝处.

3. 将单色仪上螺旋测微器的读数调到零,用一张白纸放在单色仪的出射狭缝处,观察有无白光输出. 微微地在零刻度附近转动鼓轮,将输出的零级谱线调到最好. 读出此时螺旋测微器读数作为零级误差值.

4. 调节螺旋测微器,按其与波长示值的对应规律,在可见光范围内选择一种波长输出.

5. 打开放大器电源开关,调节电压旋钮,使所加电压为 -1.00 V. 放大测量器的微安表倍率按键用 ×0.1 键,光电流极性按键按下. 取下暗盒盖,让光电管对准单色仪出射狭缝(缝宽仍取较窄一挡). 观察微安表示值,若指针偏转过小,可选用更小的倍率按键. 读取光电流值.

6. 缓慢调节放大测量器的电源调节旋钮,慢慢调高外加直流电压,先注意观察一遍电流变化情况,记下使电流开始明显升高的电压值.

7. 针对各阶段电流变化情况,分别以不同的间隔施加电压,读取对应的光电流值. 在上一步观察到的电流起升点电压值附近,要增加测量电压密度,其他的位置可适当加大测试间隔. 当光电流变正时,要及时把光电流极性转换按键按钮抬起. 在逐渐加大电压的过程中,根据光电流变化情况,选择不同的倍率按键.

8. 选择适当间隔的三种波长进行测量,将数据填入表 5-9-1 至表 5-9-3 中.

9. 实验完毕,切断电源,盖上光电管上的暗盒盖.

【数据处理与要求】

表 5-9-1　波长 λ = 500 nm 时光电流测量数据表

所加电压 /V	-1.000	-0.950	-0.900	-0.850	-0.800
光电流 /(10^{-3} μA)					
所加电压 /V	-0.750	-0.700	-0.650	-0.600	-0.500
光电流 /(10^{-3} μA)					
所加电压 /V	-0.400	-0.300	-0.200	-0.100	0.000
光电流 /(10^{-3} μA)					

表 5-9-2　波长 λ = 550 nm 时光电流测量数据表

所加电压/V	-1.000	-0.900	-0.800	-0.750	-0.700
光电流/(10^{-3} μA)					
所加电压/V	-0.650	-0.600	-0.500	-0.450	-0.400
光电流/(10^{-3} μA)					
所加电压/V	-0.350	-0.300	-0.200	-0.100	0.000
光电流/(10^{-3} μA)					

表 5-9-3　波长 λ = 600 nm 时光电流测量数据表

所加电压/V	-1.000	-0.900	-0.800	-0.700	-0.600
光电流/(10^{-3} μA)					
所加电压/V	-0.500	-0.450	-0.400	-0.350	-0.300
光电流/(10^{-3} μA)					
所加电压/V	-0.250	-0.200	-0.150	-0.100	0.000
光电流/(10^{-3} μA)					

1. 在坐标纸上分别作出光电管在三种波长(频率)光照射下的伏安特性曲线,从这些曲线确定截止电位,填入表 5-9-4 中.

表 5-9-4　入射光频率和截止电压数据表

波长 λ/nm			
频率 ν/($\times 10^{14}$ Hz)			
截止电压 V_0/V			

2. 根据表 5-9-4 中的数据,作 V_0-ν 关系直线,根据直线斜率求普朗克常量,并与公认值比较,计算误差.

*3. 用 Origin 数据处理软件对所测数据进行处理,作三种波长(频率)光的伏安特性曲线,确定截止电压,并计算普朗克常量.

【思考与练习题】

1. 从截止电压与入射光频率的关系曲线,如何确定阴极材料的逸出功?
2. 加在光电管两端的电压为零时,光电流为什么不为零?
3. 入射光的强度对光电流的大小有无影响?
4. 用光电效应法测普朗克常量的依据是什么?

【相关科学家介绍】

阿尔伯特·爱因斯坦(Albert Einstein,1879—1955)举世闻名的德裔美国科学家、现代物理学的开创者和奠基人．他提出的量子理论对天体物理学,特别是理论天体物理学都有很大的影响．他还创立了狭义相对论和相对宇宙学等理论．

思考,思考,再思考．
科学研究好像钻木板,
有人喜欢钻薄的,我喜欢钻厚的．

——阿尔伯特·爱因斯坦

1879年3月14日,爱因斯坦生于德国的小镇乌姆,他在慕尼黑度过童年时代,入学之前,有一件事使他终身难忘．他回忆道:“在我4岁时,我父亲送我一只罗盘,当时我觉得宛如看到一个奇迹,我突然觉得各种事物的背后一定有某些东西隐藏着,在某种意义上来说,一件神奇的东西可以使人的思想世界飞扬起来．”

在他高中的最后一年,父亲移民到意大利,爱因斯坦决定放弃德国国籍,前往瑞士继续学业．高中毕业之后,他进入苏黎世联邦工科大学．事实上,他并不是一个老师心目中的好学生,因为他常常被某些问题深深地吸引,而投入全部的兴趣和时间,对于不感兴趣的必修科目,一点也不想费心思．1900年大学毕业之后,由于爱因斯坦给教授的印象不佳,使他没能如愿留校担任助教．失业两年后,他在瑞士的专利局谋得一份工作,职务是对所有的发明作初审,并将每一件发明的细节,用清晰而有系统的文字表达出来．这是一件很不容易的事,却使他有机会学到新奇的观念,对于任何提出的假设,都能很快地把握住要点和结果．1905年,爱因斯坦26岁,在没有任何名师指导、缺乏研究仪器和数据的情况下,他利用一切空余的时间,完成了四篇革命性的论文．其中一篇《分子大小的新测定法》为他赢得了博士学位．光电效应从一个崭新的角度来探讨光的辐射和能量,他认为光是由分离的粒子所组成．17年后这篇论文使他获得诺贝尔物理学奖．

1827年,英国植物学家布朗做了一个实验,他将花粉洒在水里,然后用显微镜观察,发现花粉不断在舞动,这种现象称为布朗运动．爱因斯坦以独特的眼光分析是微小的水分子在作祟,还利用数学方法计算出分子的大小和阿伏伽德罗常量,证明了分子的存在．三年后,法国物理学家佩兰通过实验印证了爱因斯坦的理论．

爱因斯坦最重要的一篇论文《论运动物体的电动力学》,就是所谓的狭义相对论．它根本地改变了牛顿的时空观,改变了人类对宇宙的看法,将牛顿定律视为一个特殊例子,只有在速度很慢时才适用．狭义相对论的问题发表后,爱因斯坦着手研究广义相对论的问题,思考了整整八年．

广义相对论实质上是万有引力的问题，爱因斯坦假定重力不是一个力，而是在时空连续体中一个扭曲的场，而这种扭曲是由于质量存在造成的．这篇论文被认为是20世纪理论物理研究的最高峰．统一场论是一个将电磁现象和重力理论整合在一起的理论．爱因斯坦认为相对论有三个发展阶段：狭义相对论——牛顿运动定律的修正；广义相对论——牛顿万有引力定律的改造统一；场论——广义相对论的推广．爱因斯坦不倦地思索研究了30多年而终未成功，晚年他曾感慨："统一场论将被遗忘，但在未来一定会被人们重新发现的！"

有些人批评爱因斯坦，一个问题花了30多年竟然得不到结果，但是，科学的重点不在寻求答案，而在发掘问题．爱因斯坦当时所发掘出来的许多问题，或许在未来会被人们所解决……1922年11月，瑞典皇家科学院决定，将诺贝尔物理学奖颁给爱因斯坦，从表彰他对光电理论及理论物理学上的重大贡献．

相对论是爱因斯坦对物理学所做的最大贡献，相对论打开了人类的眼界，使人们获得了去探究宇宙奥秘的方法，提升了人们认识宇宙的能力．

也许将来某一天，会有一位科学家说道："爱因斯坦先生，很抱歉推翻了您的理论……"我们期待着这一天的到来！

马克斯·卡尔·恩斯特·路德维希·普朗克（Max Karl Ernst Ludwig Planck，1858—1947）德国物理学家，创立了量子假说，对量子论的发展有重大贡献．他是量子物理学的开创者和奠基人，1918年诺贝尔物理学奖的获得者．普朗克的伟大成就，就是创立了量子理论，这是物理学史上的一次巨大变革．从此结束了经典物理学一统天下的局面．

1900年，普朗克抛弃了能量是连续的传统经典物理观念，导出了与实验完全符合的黑体辐射经验公式．在理论上导出这个公式，必须假设物质辐射的能量是不连续的，只能是某一个最小能量的整数倍．普朗克把这一最小能量单位称为"能量子"．普朗克的假设解决了黑体辐射的理论困难．普朗克还进一步提出了能量子与频率成正比的观点，并引入了普朗克常量 h. 现在，量子理论已成为现代理论和实验不可缺少的基本理论．

5.10　弗兰克-赫兹实验

玻尔于1913年提出原子的能量是量子化分布的．1914年，德国物理学家弗兰克和赫兹用慢电子轰击稀薄气体的原子，研究碰撞前后电子能量的改变情况，以间接了解原子能量的变化，在对结果的分析中，发现了原子量子化吸收电子的能量，并观察到原子由激发态跃迁到基态时辐射出的光谱线，验证了原子能级的存在．

弗兰克-赫兹实验是物理学发展史上起过重要作用的实验．它的重要意义在于首次用实验揭示了原子内部能量的量子化，提供了测量原子激发能和电离能的方法，为玻尔的原子理论奠定了坚实的实验基础，弗兰克和赫兹二人因此而同获1925年诺贝尔物理学奖．

【预习提示】

1. 弗兰克-赫兹实验方法至今仍是探索原子结构的重要手段之一．

2. 本实验是想通过对氩原子第一激发电位的测量，学习弗兰克和赫兹为揭示原子内部能量量子化能级所做的巧妙构思和采用的实验方法，了解低能电子与原子弹性碰撞和非弹性碰撞的机理，以及电子与原子碰撞的微观过程是怎样与实验中的宏观量(板极电流)相联系的，用电流变化来模拟氩原子能级的存在，并且用于研究原子内部的能量状态和能量交换的微观过程．这些采用经典实验方法探索物质微观本质的实验思想方法，对于开拓思维具有良好的启迪作用．

3. 临界能量．原子在正常情况下处于基态，当原子吸收电磁波或受到其他足够能量的粒子碰撞时，可由基态跃迁到能量较高的激发态．从基态跃迁到第一激发态所需的能量为临界能量．若电子能量小于临界能量，则发生弹性碰撞；若电子能量大于临界能量，则可能发生非弹性碰撞．

4. 当氩原子吸收从电子传递来的能量恰好为 $eU_0 = E_2 - E_1$ 时，氩原子就会从基态跃迁到第一激发态．相应的 U_0 称为第一激发电位．测定这个电位差，就可以求出氩原子基态和第一激发态之间的能量差，氩原子的第一激发电位 $U_0 = 11.61$ V.

【实验目的】

1. 通过测定氩原子的第一激发电位，证明原子能级的存在．

2. 了解电子与原子碰撞和能量交换的微观图像和影响这个过程的主要物理因素．

【实验器材】

ZKY-FH-2智能弗兰克-赫兹实验仪、示波器、连接导线．

【实验原理】

一、原子能级

1. 原子只能较长地停留在一些稳定状态(简称为定态)，原子在这些状态时，不发出也不吸收能量;各定态具有分立的能量 $E_1, E_2, \cdots, E_n$,又称能级. 原子的能量不论通过什么方式发生改变,只能使原子从一个定态跃迁到另一个定态. 当原子内电子受激发从低能级跃迁到高能级时,称原子处于受激状态. 最低能态称为基态.

2. 原子在能级间跃迁时,从一个定态跃迁到另一个定态要发射或吸收辐射,辐射频率是一定的. 如果用 E_m 和 E_n 分别代表有关两定态的能量的话,辐射电磁波的频率 ν 决定于如下关系

$$h\nu = E_m - E_n \tag{5-10-1}$$

式中,普朗克常量 $h = 6.63 \times 10^{-34}$ J · S.

原子状态的跃迁通常有两种方式,一种是原子本身吸收或辐射电磁波,另一种是电子与原子碰撞. 本实验采用第二种方法.

处于基态的原子发生状态改变时,其所需要的能量不能少于该原子从基态跃迁到第一激发态时所需的能量,此能量称为临界能量. 当电子与原子碰撞时,若电子能量小于临界能量,则发生弹性碰撞,电子几乎不损失能量. 若电子能量大于临界能量,则可能发生非弹性碰撞,电子给予原子跃迁到第一激发态所需要的能量,其余的能量仍由电子保留. 若电子能量足够大,则可以把原子激发到更高的激发态. 处于激发态的原子不稳定,可能向低能级跃迁,并以电磁辐射的形式放出以前所获得的能量 —— 发射光子.

若初速度为零的电子在电位差为 U 的电场作用下获得能量 eU,表现为电子动能,当具有这种能量的电子与稀薄气体的原子(比如氩原子)发生碰撞时,就会发生能量交换 ,如 E_1 代表氩原子的基态能量,E_2 代表氩原子的第一激发态能量,当氩原子吸收从电子传递来的能量恰好为 $eU_0 = E_2 - E_1$ 时,氩原子就会从基态跃迁到第一激发态. 相应的 U_0 称为第一激发电位. 测定这个电位差,就可以求出氩原子基态和第一激发态之间的能量差.

二、弗兰克-赫兹实验的物理过程

实验原理如图 5-10-1 所示.

在弗兰克 - 赫兹管中充有氩,K 为阴极,G_1 为控制栅极,G_2 为第二栅极,A 为板极. 灯丝加热电压,用来加热灯丝,从而使旁热式阴极 K 受热发射电子. U_{G_1K} 为正向栅控电压,其作用是消除空间电荷造成的电场对阴极 K 发射电子的影响. U_{G_2K} 为加速电压,从阴极 K 发射的电子受到 G_2K 之间的电场作用,获得能量向第二栅极 G_2 加速运动,G_2K 之间的空间又是电子与原子相互碰撞的主要区域. U_{G_2A} 为反向电压,其作用是使那些动能小于 $|eU_{G_2A}|$ 的电子不能到达板极 A.

弗兰克-赫兹管内电位分布如图 5-10-2 所示. 如果电子在 G_2K 空间与氩原子碰撞,把自身一部分能量传给了氩原子而使后者激发,电子本身通过第二栅极后已不足已克服拒斥电场而被斥回到栅极,这时通过微电流计 μA 的电流 I_A 将显著减少. 实验中根据板极电流 I_A 的大小,就可以确定到达板极电子数的多少. 下面分三种情况讨论.

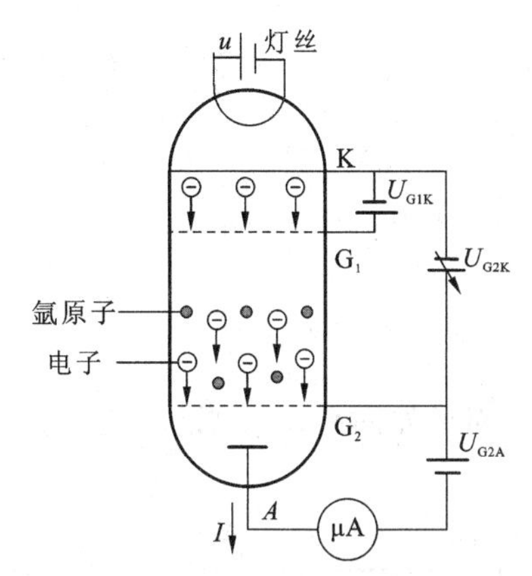

图 5-10-1 弗兰克-赫兹实验原理图

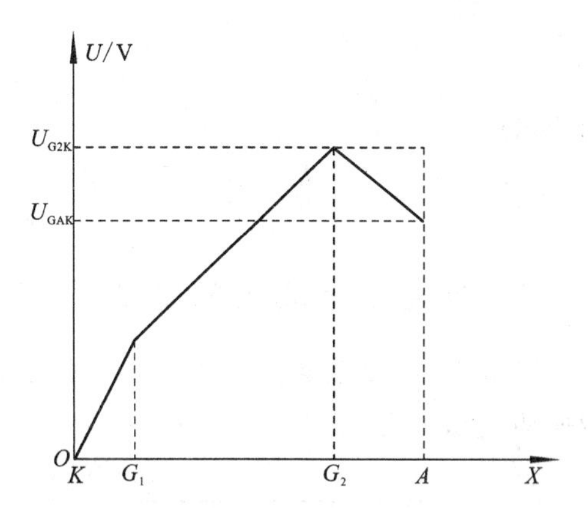

图 5-10-2 弗兰克-赫兹管内电位分布

1. 电子的能量较少,因而速度也小,只与氩原子作弹性碰撞,电子基本上不损失能量,氩原子内部能量不发生变化.

2. 随着加速电压 U_{G_2K} 的增大,电子动能不断增大,电子能够克服反向拒斥电场而到达板极,板极电流 I_A 也随之增加. 当加速电压等于或稍大于氩原子的第一激发电位 U_0,这时电子与氩原子可能发生非弹性碰撞,把几乎全部动能传给氩原子,使氩原子激发. 这些电子由于损失能量,不能克服反向电场而到达板极,所以这时板极电流 I_A 开始下降,形成第一个峰值.

3. 继续增加 U_{G_2K},电子动能进一步增大,电子和氩原子发生了非弹性碰撞后,电子的剩余能量能够克服反向电场而到达板极,所以电流 I_A 又开始增长. 显然,加速电压越大,电子与原子发生第一次非弹性碰撞的地方离栅极越远. 当 $U_{G_2K} = 2U_0$ 时,第一次非弹性碰撞就在 K 和 G_2 之间一半路程的地方发生,而在剩下的一半路程中,电子重新获得使原子跃迁到第一激发态所必需的能量,在栅极附近发生第二次非弹性碰撞,使它失去动能而不能到达板极,电流 I_A 再度下降,形成第二个峰值. 同理,当 $U_{G_2K} = 3U_0$ 时,形成第三个峰值,其余类推,凡在

$$eU_{G_2K} = nU_0 \qquad n = 1,2,3,\cdots \tag{5-10-2}$$

的地方极板电流 I_A 都会相应变小,形成规则起伏变化的 I_A-U_{G_2K} 曲线,如图 5-10-3 所示. 相邻 I_A 极小值点相应的 ΔU_{G_2K} 就是氩原子的第一激发电位. 本实验的任务就是测出这条曲线,并由此定出氩原子的第一激发电位.

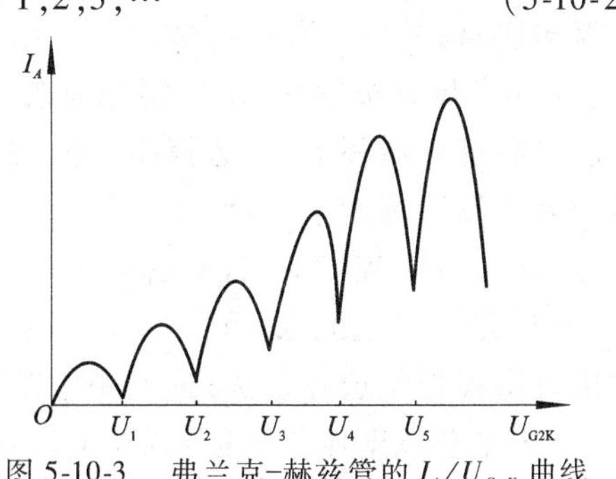

图 5-10-3 弗兰克-赫兹管的 I_A/U_{G_2K} 曲线

原子处于激发态是不稳定的,它要从激发态返回到基态,同时辐射出能量为 eU_0 的射线,这种辐射的波长为

$$eU_0 = h\nu = h\frac{c}{\lambda} \tag{5-10-3}$$

对于氩原子

$$\lambda = \frac{hc}{eU_0} = \frac{6.63 \times 10^{-34} \times 3.00 \times 10^8}{1.602 \times 10^{-19} \times 11.5}\ \text{m} = 1.08 \times 10^{-7}\ \text{m}$$

三、弗兰克-赫兹实验装置

1. 弗兰克-赫兹实验仪面板．弗兰克-赫兹实验仪前面板如图5-10-4所示．各功能区说明如下：

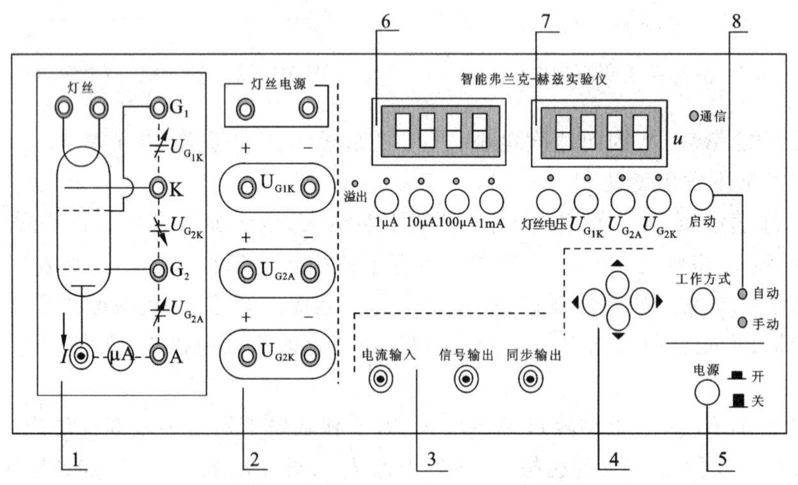

图 5-10-4　弗兰克-赫兹实验仪前面板图

1 区是弗兰克-赫兹管各激励电压输入连接插孔和极板电流输出插座．

2 区是弗兰克-赫兹管所需各个激励电压的输出连接插孔．其中左侧输出孔为正极，右侧为负极．

3 区是测试信号输入输出区：电流输入插座用导线与 1 区的弗兰克-赫兹管极板电流插座相连；信号输出和同步输出与示波器相连．

4 区是调整按键区，用于实验前改变当前电源电压设定值，按 ►、◄ 键对当前电压的修改位数进行循环选择，选择哪一位，相应数字闪烁，按 ▲、▼ 键改变所选位数的数值；测试结束后设置查询电压点．

5 区是弗兰克-赫兹仪电源开关．

6 区是测试电流指示区：四位七段数码管指示电流值．如想改变电流量程，按下相应的电流量程挡位选择按键；选择哪一个量程，此量程选择按键上方的指示灯亮．

7 区是测试电压指示区：四位七段数码管指示当前选择电压源的电压值．四个电压源选择按键用于选择不同的电压源；选择哪一个电压源，此电压源选择按键上方的指示灯亮;然后按 4 区按键调整所选电压源数值.

8 区是工作状态指示区:通信指示灯显示实验仪与计算机的通信状态;按下工作方式按键可选择自动或手动工作方式,相应的指示灯亮;按下启动按键可开始测量.

2. 弗兰克 - 赫兹实验仪的连接与参数设置.

(1) 仪器连接. 按图 5-10-5 所示连接弗兰克-赫兹实验仪与示波器各组连线,必须反复检查,确认无误后,再打开主机电源;当仪器出现报警声或异常时,应立即关闭主机电源.

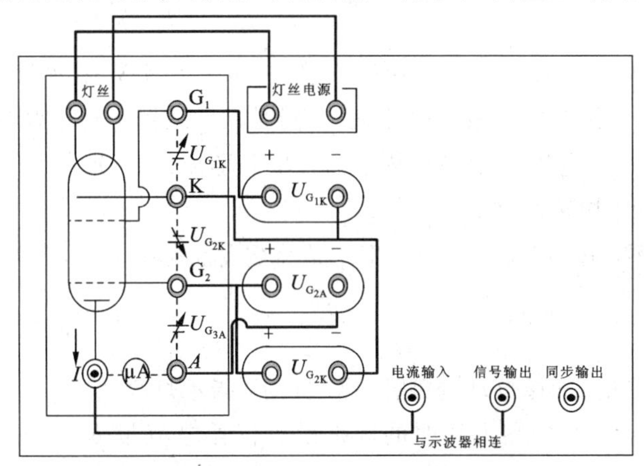

图 5-10-5　弗兰克 - 赫兹实验接线图

(2) 参数设置. 开机后,实验仪面板状态显示如下:

电流显示值为0000. $\times 10^{-7}$ A,“1 mA” 电流挡指示灯量,表明此时电流的量程为1 mA,这时可按不同电流挡位按键,设置不同电流量程,对应的量程指示灯亮,同时电流显示的小数点位置也随之改变.

电压显示值为 000. 0 V,最后一位在闪动,实验仪的“灯丝电压” 挡位指示灯亮,表明此时待修改的电压为灯丝电压 V_F. 按 ►、◄ 键对当前电压的修改位数进行循环选择,选择那一位,那一位数字闪动,按 ▲、▼ 键改变所选位数的数值. 之后再分别对 U_{G_1K}、U_{G_2A}、U_{G_2K} 进行设置.

“手动” 指示灯亮,表明实验仪默认操作方式为手动操作. 按工作方式按键,可选择自动操作,相应“自动” 指示灯亮.

【实验步骤】

连接各组导线,仔细检查,确定无误. 打开主机电源,将仪器预热 20 ~ 30 min. 检查开机后的初始状态.

一、手动测试

1. 按工作方式按键,选择手动测试,相应"手动" 指示灯亮.

2. 参考仪器箱盖上方标签上注明的数据设置仪器电流量程,灯丝电压 U_F,栅控电压 U_{G_1K}、拒斥电压 U_{G_2A} 电压值.

3. 按下电压源区的 U_{G_2K} 按键,使数字电压表上显示 U_{G_2K} 电压数值. 按下"启动" 键,实验开始.

4. 按电压调节 ►、◄、▲、▼键,从 0.0 V 起,按步长 0.5 V 逐渐调大 U_{G_2K} 电压数值到 80 V,同步记录 U_{G_2K} 电压对应的极板电流值 I_A,同时在示波器上仔细观察极板电流值 I_A. 为保证实验数据的唯一性,电压 U_{G_2K} 必须从小到大单调增加,不可反复. 记录完成最后一组数据后,立即将 U_{G_2K} 电压快速归零.

在测试过程中,不要按"启动" 键,否则 V_{G_2K} 值将被设置为零,内部存储的测试数据被清除.

二、自动测试

1. 按工作方式按键,选择自动测试,相应"自动" 指示灯亮.

2. 参考仪器箱盖上方标签上注明的数据设置仪器电流量程,灯丝电压 U_F,栅控电压 U_{G_1K}、拒斥电压 U_{G_2A} 电压值、第二加速电压 U_{G_2K} 的终止电压(最高不可超过 80 V).

3. 将电压源选择为 U_{G_2A},按"启动" 键,自动测试开始,同时用示波器观察极板 I_A 随加速电压 U_{G_2K} 变化情况. 进行自动测试时,实验仪将自动产生 U_{G_2K} 扫描电压,实验仪默认 U_{G_2K} 扫描电压初始值为 0 V,大约每 0.4 s 递增 0.2 V,直到所设置的扫描终止电压.

在自动测试过程中,为避免按键误操作,导致自动测试失败,面板上除"工作方式" 按键外所有按键都被屏蔽禁止.

4. 自动测试过程正常结束后,实验仪进入数据查询工作状态. 这时面板按键全部开启. 将电压源选择为 U_{G_2A},按电压调节 ►、◄、▲、▼键改变 U_{G_2K} 值,数字电流表上显示与此 U_{G_2K} 值对应的电流值 I_A,记录下 I_A 最大时的 U_{G_2K} 值.

5. 自动测试或查询过程中,按下"工作方式" 按键,则手动指示灯亮,实验仪原设置的电压状态被清除,面板按键全部开启,此时可进行下一次测试.

6. 自己设计数据表格,记录观察极板 I_A 随加速电压 U_{G_2K} 变化数据. 求出氩原子的第一激发电位.

【注意事项】

1. 面板上的连接线务必仔细检查.

2. 灯丝电压不宜过高,否则加快仪器老化. U_{G_2K} 设置值不宜超过 80 V,否则管子易被击穿．U_{G_2A} 设置值应在 12 V 内．

【数据处理与要求】

1. 用示波器观察弗兰克-赫兹实验曲线．

2. 在手动测试中，在峰、谷附近多测几组数据，自己设计表格记录测量数据，并根据记录数据在坐标纸上作 I_A-U_{G_2K} 图．计算图中相邻极值点对应的 U_{G_2K} 值之差的平均值，求出氩原子的第一激发电位．并将实验值与氩原子的第一激发电位 U_0 = 11.61 V 比较．

3. 在自动测试中，自己设计表格，记录下 I_A 最大时的 U_{G_2K} 值，求出相邻 I_A 极值点对应的 U_{G_2K} 值之差的平均值，既氩原子的第一激发电位．

*4. 练习用 Origin 软件对手动测试中所记录的测数据绘图，并计算氩原子的第一激发电位．

【思考与练习题】

1. 为什么 I-U 曲线呈周期性变化？
2. 若要测得较高的激发电位，仪器应做怎样的改进？

【相关科学家介绍】

詹姆斯·弗兰克(James Franck，1882—1964)1882 年 8 月 26 日出生于汉堡．1902 年入柏林大学学习物理学，1906 年获博士学位．在法兰克福大学担任助教不久，返回柏林大学任鲁本斯(H. Rubens)的助教．1911 年获得柏林大学物理学"大学授课资格"，1933 年辞去教授职务，离开德国去哥本哈根；一年后移居美国，成为美国公民．1938 年起任芝加哥大学物理化学教授，直到 1949 年退休．第二次世界大战期间，他参加了研制原子弹有关的工程．在芝加哥大学期间，弗兰克还担任该校光合作用实验室主任，对各种生物过程、特别是光合作用的物理化学机制进行了研究．1964 年弗兰克在访问格丁根时于 5 月 21 日逝世．

古斯塔夫·路德维希·赫兹(Gustav Ludwig Hertz，1887—1975)，1887 年 7 月 22 日出生于汉堡．赫兹于 1906 年进入格丁根大学，后来又在慕尼黑大学和柏林大学学习，1911 年毕业．1913 年任柏林大学物理研究所研究助理．赫兹于 1914 年从军，1915 年在一次作战中负重伤，1917 年回到柏林当校外教师．1925 年赫兹被选为哈雷大学的教授和物理研究所所长．1928年回到柏林任夏洛腾堡工业大学物理教研室主任．1935年辞去主任职务，又回到工业界，担任西蒙公司研究室主任．从研究课题来说，赫兹早年研究的是二氧化碳的红外吸收以及压力和分压的关系．1975年在柏林去世．

1924年诺贝尔物理学奖授予弗兰克和赫兹，以表彰他们发现了原子受电子碰撞的定律．弗兰克-赫兹实验为能级的存在提供了直接的证据，对玻尔的原子理论是一个有力支持．弗兰克擅长低压气体放电的实验研究．1913年他和G. 赫兹在柏林大学合作，研究电离电势和量子理论的关系，用的方法是勒纳德（P. Lenard）创造的反向电压法，由此他们得到了一系列气体，例如氦、氖、氢和氧的电离电势．后来他们又特地研究了电子和惰性气体的碰撞特性．

第6章 提高性实验

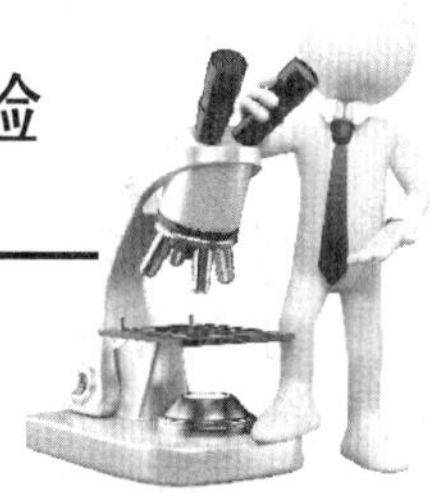

提高性实验是在学生掌握基础性实验和具备综合实验知识及能力之后,所进行的一种介于基本教学实验与科学实验之间、具有对科学实验过程进行初步训练特点的教学实验.是对学生独立实验技能、知识掌握程度及实验综合素质的一个检验.在本章,学生完成一些有利于启发思维、有应用价值的实验项目,学生自行设计实验方案,并能够运用所学的实验知识和技能,在实验方法的考虑、测量仪器的选择、测量条件的确定等方面受到系统的训练,进一步培养和提高应用、创新能力.

完成提高性实验的基本程序:① 应明确实验项目的要求和任务;② 要查阅有关资料,寻求各种解决问题的方法,从原理、方法和仪器等多方面提出完成实验任务的依据,设计出实验方案;③ 做实验,记录数据并处理,评价测量结果;④ 在综合分析的基础上,根据实验报告的格式要求,撰写实验报告.一般来说,完成实验项目没有任何绝对普遍适用的法则或方法可以借用,而只能依靠学生所掌握的误差理论知识、学识、经验、技巧和测量技术,这样才能使学生真正体会到学以致用的乐趣,把学生引上生动活泼、主动学习的轨道,并进一步激发起学生学习本课程的积极性.

本章实验内容可根据教学需要选取不同实验项目.

6.1 在气垫导轨上测重力加速度实验

在气垫导轨上做有关实验时,由于气垫作用,使滑块与导轨间的摩擦很小.计时采用光电计时器,在我们所要求的范围内,可以说比较精确了.在测瞬时速度时,用的是滑块在1 cm内的平均速度代替瞬时速度,由于加速度一般不会很大,由此不会引起多大的误差.但学生做完实验后进行计算,误差往往较大,一般都在3% 左右或者更大,比用最大误差传递公式估算的误差大得多.例如,用在倾斜导轨上自由下滑的滑块测重力加速度 g 时,用最大误差传递公式计算出的相对误差只有0.9% 左右.这就是说,实际上还存在着一个不可忽略的因素,实际上,在调平的导轨上运动的滑块,下一时刻的速度总是比前一时刻的速度小,即空气的黏滞阻力对滑块有一定的作用.经过分析我们认为,该阻力也是引起气垫导轨上有关实验的系统误差的主要来源.另外,如果用绳子连接滑块,小滑轮引起的系统误差对结果也会有一定的影响.

在做过气垫导轨上的实验、并具备高等数学的微积分知识后,就可以自己设计在气垫导轨上测重力加速度.

【实验目的】

1. 在气垫导轨上测当地的重力加速度.
2. 学会一种或几种修正系统误差的方法.
3. 提高利用数学方法解决误差问题的能力.

【设计要求】

1. 利用气垫导轨测当地的重力加速度 g,方法方式不限. 可以有几种方法. 但进行数值测算的可以只用一种方法.

2. 要求消除由空气黏滞阻力和滑轮阻力引起的系统误差. 本实验中空气黏滞阻力可视为

$$f = -bv$$

式中,b 为黏滞阻力系数.

3. 自己归纳出实验原理、所需仪器、实验步骤等,并列出实验表格.

4. 实验完毕,写成完整的实验报告(包括实验步骤),进行误差计算和误差分析.

5. 如果结果能表示成一个值加上修正项的式子($g = g_0 + \Delta g$)更好. 但不作统一要求.

6. 写出参考书籍及指导教师.

【备选器材】

气垫导轨、数学毫秒计、气源等.

【实验提示】

1. 运动中的滑块,受到空气的黏滞阻力作用,速度不太大时,黏滞阻力与速度成正比,即

$$f = -bv \tag{6-1-1}$$

式中,b 为黏滞阻力系数,可以通过实验求出.

首先将导轨静态调平,并适当调节两光电门的位置 x_1, x_2. 然后使滑块以一定的速度在

导轨上运动．由于滑块此时水平方向只受来自空气的黏滞阻力作用，因此有

$$f = -bv = ma = m\frac{\mathrm{d}v}{\mathrm{d}t}\cdot\frac{\mathrm{d}x}{\mathrm{d}t} = mv\frac{\mathrm{d}v}{\mathrm{d}x} \tag{6-1-2}$$

所以

$$b\mathrm{d}x = -m\mathrm{d}v$$

两边同时积分

$$\int_{x_1}^{x_2} b\mathrm{d}x = -\int_{v_1}^{v_2} m\mathrm{d}v$$

得

$$b = \frac{v_1 - v_2}{x_2 - x_1}m \tag{6-1-3}$$

2. 此实验可以有几种不同的思路．

（1）利用功能原理：砝码用细绳经小滑轮与滑块相连．此方法中，小滑轮的摩擦力和滑块受到的空气黏滞阻力引起的系统误差都需要消除．其消除方法可参照测转动惯量消除误差的方法．

（2）用速度的平均效果表示平均阻力．由于阻力与速度一次方成正比，因此，平均阻力完全可以借助于平均速度来加以表示，即

$$\bar{f} = -b\bar{v} = -b\frac{v_2 + v_1}{2} \tag{6-1-4}$$

然后将其代入力学方程，原来的变力问题便可作为恒力问题来处理．

（3）在倾斜导轨上，对自由下滑的滑块速度进行修正．速度用 $v + |\Delta v|$ 表示，Δv 是由黏滞阻力而引起的速度变化（$\Delta v < 0$）．想办法测出 Δv，然后将测 g 公式中的 v 用 $v + |\Delta v|$ 代换即可．

（4）倾斜导轨上自由下滑的滑块 m，运动方程为

$$mg\sin\theta - bv = ma = m\frac{\mathrm{d}v}{\mathrm{d}t} \tag{6-1-5}$$

对不同的量进行积分，会得到不同的表达结果．

6.2 用电位差计测电池内阻实验

一般电池的内阻很小，不能用万用表测量，利用伏安法测从原理上讲是可以的，而实际上，把电池当做被测电阻接入电路后，电池本身又起到了电源作用，给计算带来麻烦．而且，由于电流表和电压表的分压、分流作用，结果误差会更大．利用电桥方法测，接入电池后，要引起电桥的电流变化，这种方法也不太适用．

在做完前面电位差计测电动势等几个电学实验后，学生可以根据所学知识和实验室具备的仪器，设计出较好的测量电池内阻的电路．

【实验目的】

1. 测量电池的内阻.
2. 拓宽电位差计原理的应用.

【设计要求】

1. 自己设计方案. 方法不限于一种,但其中要有一种是用电位差计的方法. 选一种最佳方案进行数值测算.

2. 自己归纳出实验原理、电路图、原理公式、所需仪器,列出实验表格,写出实验步骤.

3. 实验完毕,写成完整的实验报告,并进行误差计算和误差分析,实验过程中,如果使用了电流表或电压表,所引起的系统误差要消除.

4. 写出参考书籍及指导教师.

【备选器材】

电位差计、检流计、标准电阻、电源、被测电池、电阻箱等.

【实验提示】

充分利用补偿原理和比较法,利用标准电阻,设计出较理想的测量方法.

6.3　非线性电阻伏安特性的研究实验

根据电学元件所通过的电流随外加电压变化的关系,描绘出其变化规律的曲线,称为该元件的伏安特性曲线.

对于很多导体来说,在稳恒电流情况下,一段导体两端的电压 V 与通过这段导体的电流强度 I 始终成正比关系,即服从欧姆定律 $V = IR$,以 V 为横坐标,以 I 为纵坐标,其伏安特性曲线是过原点的一条直线. 直线斜率的倒数为电阻值 $R = \frac{1}{k}$,与电压、电流的值无关. 这类元件称为线性元件,其电阻称为线性电阻. 欧姆定律不仅适用于金属导体,而且对电解液如酸、碱、盐的水溶液也适用.

对于有些导体如电离的气体、日光灯管中的汞蒸汽和导电元件如电子管、晶体管等欧姆定律并不成立,其特性曲线不是直线,而是不同形状的曲线. 对于这类元件仍可定义电阻

$R=\frac{V}{I}$,但 R 不为定值,即电压与电流不成正比,而且电压、电流方向改变时,它和电压的关系也不同,这种元件称为非线性元件.常用的二极管、三极管以及光敏电阻、热敏电阻等都是非线性元件.

很多材料的这种非欧姆定律导电特性有着重要的意义,广泛用于电子技术和计算机技术领域.

还有一些金属和化合物在极低的温度下电阻突然降低为零,这种现象称为超导现象,具有超导性的物体叫超导体.在超导体内,一经有电流流过之后,不用电源电流就能维持很长的时间,这是由于电阻接近于零,能耗极小的缘故.超导现象的研究在理论上有很重要的意义,在技术上也获得了很重要的应用.在超导现象的研究和应用方面,中国、德国和日本比较先进,上海的磁悬浮列车采用的就是超导技术.

在实际工作中,常常需要根据伏安特性曲线确定元件的导电规律,以便正确设计电路,选择元件.

让电流从二极管的正极流进,负极流出,这时测出的伏安特性为正向特性,如果让电流从二极管的负极流进,正极流出,这时测出的伏安特性为反向特性.

【实验目的】

1. 掌握测量伏安特性的基本方法,并用图像法表示测量结果.
2. 了解在测量中的电表接入引起的系统误差.
3. 学会设计接入误差较小的测量电路.

【实验要求】

1. 测 50 Ω、5 000 Ω 定值电阻各一个,选择合适的电路,以使由于电表的接入引起的接入误差较小.
2. 选择间隔相同的五个电压值测出电流,列表记录,求出电阻的平均值.
3. 对两个电阻的测量数据分别作伏安特性曲线,根据图线,用 $R=\frac{1}{k}$ 求电阻.
4. 选择其中一个电阻根据测量数据画出校正曲线(不作统一要求).
5. 用 3 求出的大电阻,计算校正后的电阻值,求 $k_{校}$,与 3 中的 k 进行比较.
6. 选择合适的电路测绘二极管的正向、反向伏安特性曲线.在电压或电流变化较大的地方,应尽可能地多作一些数据,以便更准确地描绘曲线,应该描点和记录数据同时进行,以便判断曲线的变化特性.选点个数以方便描绘成光滑曲线为宜.二极管的正向、反向伏安特性曲线可以在同一坐标系下描绘,由于正反向电流电压相差较大,作图时坐标轴可以取不同单位.

7. 试分析电表内接、外接的接入误差.

8. 写出完整的实验报告.

【备选器材】

稳压电源、电压表、电流表、箱式电阻、滑线式电阻、定植电阻、二极管、开关等.

【实验提示】

1. 设计测电阻的电路时,不管电流表内接还是电流表外接,由于电表的接入,引起的误差总存在,因此,在用伏安法测电阻时,根据实验室所给的二极管的型号和各种参数选择一种电表接入方法,使测量误差减至最小.

2. 实验前应确认电源电压、电表量程都符合要求,防止因量程过小烧坏电表,或量程过大引起读数误差.

3. 实验时,切勿使电流、电压值超过二极管的额定值.

6.4 简易万用表的组装实验

常用的直流电流表和电压表,都是由表头改装而成的. 表头通常只能用来测量很小的电流和电压. 实际使用时,如果要用它来测量较大的电流或电压,就必须进行改装,以扩大其量程. 改装后的表,还需用标准表进行校正后才能使用.

电表改装实验是利用电阻并联的分流作用,将小量程的微安表头改装成较大的量程的电流表. 而利用电阻串联的分压作用,可将微安表头改装成较大量程的电压表. 连接几个不同值的电阻,会得到几个量程. 用电池和适当的电阻与微安表连接,还可以用来测电阻. 将以上所述的电流表、电压表和欧姆表共用一个表头,就构成了简易万用表.

【实验目的】

1. 掌握组装简易万用表的原理和方法.

2. 培养学生的动手能力.

3. 掌握简易万用表的校正和定标方法.

【制作要求】

1. 将 100 μA 的表头改装成简易万用表,使之具有直流电流 1 mA、5 mA、10 mA 挡;直流电压 5 V、10 V、20 V 挡;和只有一挡的欧姆表.

2. 自己设计原理图,并写出实验原理和计算公式. 计算出所需连接的电阻后,列在纸上,向老师领取电阻元件,没有合适电阻时,备有电阻丝,可自己绕制.

3. 将电路图画在木板上,自己动手,将所有元件连接在上面,组装成一个简易万用表.

4. 做完之后,在表头上做出表盘,以理论值为准,在表盘上画上电流挡和电压挡的刻度,并对各挡定标(标刻度和数值). 然后利用标准表校正. 校正时只需电流表和电压表各选一最大挡做出校正曲线即可.(校正原理图可参考有关书籍). 电阻挡只要求做刻度定标. 可利用标准表和改装表分别测量同一电阻值,经过测量一系列不同的电阻值,定出该挡的刻度. 或者用所装表外接已知电阻,用表头指针位置定出刻度.

5. 实验完毕,写出简单的实验报告.

6. 写出参考书籍及指导教师.

【备选器材】

内阻已给出数值的微安表头、多值电阻、直流电流表、直流电压表、万用表、电位器(可调电阻)、接线插头、电池、电钻、焊具等.

【实验提示】

做此实验时,可参考电表改装实验有关参考书籍,电阻等元件的连接方法自己确定.

【注意事项】

此实验中,把电路及元件连接在板上,做完后对改装表的校对、做表盘画刻度等比较费时间,可以要求学生课前把电路设计好,或者适当增加一些学时.

6.5 光纤光栅压力传感器的制作实验

通过查阅相关参考文献深入理解科学依据,根据实验室所提供的制作材料确定所需器件型号,并自行拟定制作步骤,最终利用市场上出售的波登管式压力表与光纤光栅的结合,将其制造成能够测量 6 MPa 的波登管式光纤光栅压力传感器.

【实验目的】

1. 了解光纤光栅压力传感器的制作方法.
2. 会对光纤光栅压力传感器的特性进行测试.

3. 对测量数据进行线性拟合.

【制作原理】

光纤布喇格光栅(FBG)是一种光纤无源器件.如图6-5-1所示,当一束光进入FBG时,它能对波长满足布拉格(Bragg)反射条件的入射光产生发射.这种反射是一种窄带反射,其反射谱在布拉格波长处出现峰值,实质上是一个以共振波为中心的窄带滤波器.布拉格光栅对外界应力和温度都是敏感的.在受应力时会由于光栅周期的伸缩及弹光效应引起波长的改变;而温度的影响则是由于热膨胀效应和热光效应.经研究证明,热效应和力效应相互独立.当温度恒定,光纤光栅只受轴向应变作用时,光纤光栅的中心反射波长的相对变化为

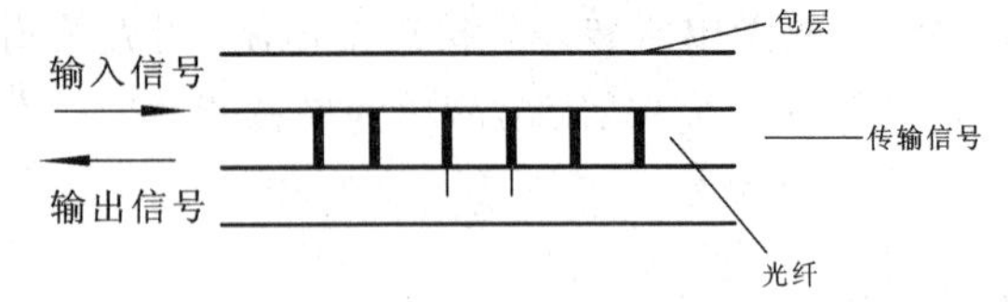

图6-5-1　光纤光栅传感器原理图

$$\frac{\Delta\lambda_B}{\lambda_B} = (1 - P_e)\varepsilon$$

利用上述传感器进行实验时,当被测压力为6 MPa时,光纤光栅中心反射波长的最大位移为2.0 nm,并且在0 ~ 6 MPa范围内光纤光栅中心反射波长的移动与压力成良好的线性关系.这表明这一传感器可望成为一种新型的压力测量仪表.

【备选器材】

6 MPa波登管式压力表、光纤光栅、弹簧片、胶水等.

【测试要求】

按照图6-5-2所示原理框图完成测试任务.从宽带光源发出的光进入传感FBG,由FBG反射后形成的窄带光谱光进入光谱仪.FBG安置在弹簧管压力传感器内,并构成光纤光栅弹簧管压力传感器,这个光纤光栅弹簧管压力传感器安装在一个微型压力校验台上(虚线部分),这个压力校验台上同时还安装着一个标准压力表(0.25级),压力校验台上的标准压力表与所研制的光纤光栅弹簧管压力测试系统的内部是连通的,因此可以根据实验需要得到加在光纤光栅压力传感器上的压力.当压力校验台上的标准压力表中的压力从0开始,每次增加0.2 MPa,直至6 MPa时,可同时从光谱仪(OSA)上记录FBG中心波长的移动情况.

实验室为测试提供压力校验台、光纤光谱仪、宽带激光光源、激光功率计等.

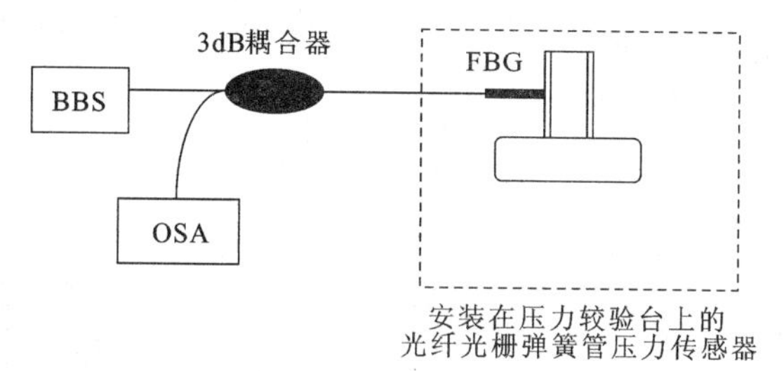

图 6-5-2 测量压强与中心波长位置原理框图

1. 测试出传感器压力灵敏度.
2. 绘出压力传感器中压力与 FBG 中心波长位置的关系曲线.
3. 得到线性回归方程和线性相关系数.

上述工作完成后,要将整个过程撰写成一篇科学论文或者研究报告.其中论文部分包括题目、作者、关键词、摘要、正文、参考文献等几部分,书写格式参照科学论文书写要求.

6.6 超声波物位仪的制作实验

利用超声波传感器测量物位有许多优越性,可用于危险场所非接触检测物位,可以测量所有液体和固体的物位.它不仅可以定点和连续测量,而且能够很方便地提供遥控所需的信号.其测量精度高,换能器使用寿命长,传感器与物料不直接接触,安装维护方便,价格便宜.超声波不受光线、料度的影响,其传播速度并直接与媒质的介电常数、电导率、热导率有关,因而超声波广泛应用于测量腐蚀性和侵蚀性物粒及性质易变的物位.

【实验目的】

1. 掌握超声测量物位的原理和方法.
2. 培养学生用超声波解决实际问题的能力.
3. 掌握超声传感器的频率特性.

【制作原理】

超声波物位仪是利用超声波在气体、液体和固体介质中传播的回声测距原理检测物位,故超声波物位仪有气介式、液介式和固介式三类.单探头形式,即探头(传感器)即发射又接收超声波;双探头形式,发射和接收超声波各用一个探头承担.

液介式物位仪既可安装在液体介质的底部,也可安装在容器的外部.设待测液面的高

度为 h,超声波在该介质中的传播速度为 v,超声波从单探头发射到液面,又由液面反射到探头,共需时间 t,则液面高度 h 为

$$h = \frac{vt}{2} \tag{6-6-1}$$

【备选器材】

36 kHz 的压电晶片、环氧树脂、钨粉、铝外壳、TFG2030G DOS 函数信号发生器、SS-5702A 型双踪示波器、导线等.

【测试要求】

1. 利用压电晶片、环氧树脂、钨粉、铝外壳制作出测距超声传感器.
2. 对所制作的超声传感器频响特性进行测试.
3. 利用单探头、脉冲串声波进行物位测量,确定测量精度及误差.
4. 利用单探头、连续波共振的方法,测量物位,计算误差.
5. 利用双探头、连续波进行测量,注意探头的安装方式.

上述工作完成后,要将整个过程撰写成一篇小论文或者研究报告. 其中小论文部分包括题目、作者、关键词、摘要、正文、参考文献等几部分,书写格式参照科技小论文书写要求.

6.7 铜电阻温度计的制作实验

利用导体电阻随温度而变化的规律可制作温度计. 精密的铂电阻温度计是目前最精确的温度计,温度覆盖范围约为 14 ~ 903 K,其误差可低到 0.000 1 ℃,可用它作标准来检定水银温度计和其他类型的温度计. 金属温度计主要有用铂、金、铜、镍等纯金属的及铑铁、磷青铜合金的,已广泛应用. 它的测量范围为 −260 ~ 600 ℃.

【实验目的】

1. 了解非电量的一种电测量方法.
2. 了解铜电阻阻值随温度变化的规律.
3. 进一步掌握电桥电路的原理.

【制作原理】

一、铜电阻的温度特性

铜电阻阻值随温度的变化,可用下式描述

$$R_x = R_{x0}(1 + \alpha t + \beta t^2) \tag{6-7-1}$$

式中,R_{x0} 为 $t = 0$ ℃时的铜电阻阻值,$\alpha = 4.289 \times 10^{-3}/℃$,$\beta = -2.133 \times 10^{-7}/℃$. 一般分析时,在温度不是很高的情况下,忽略温度二次项 βt^2,可将铜电阻阻值随温度变化视为线性变化.

二、非平衡电桥原理

在图 6-7-1 所示的电桥电路中,R_x 是铜电阻阻值,R_1、R_2、R_3 是精密的可调电阻箱,当电桥达到平衡时,电桥输出电压 $U_0 = 0$,$R_x = R_2R_3/R_1$. 如果温度改变时,则铜电阻的阻值变为 $R_x + \Delta R_x$,电桥不再平衡,电桥输出电压为

$$U_0 = \frac{R_1R_x - R_2R_3 - R_1\Delta R_x}{(R_1 + R_3)(R_2 + R_x + \Delta R_x)}U_{AC} \tag{6-7-2}$$

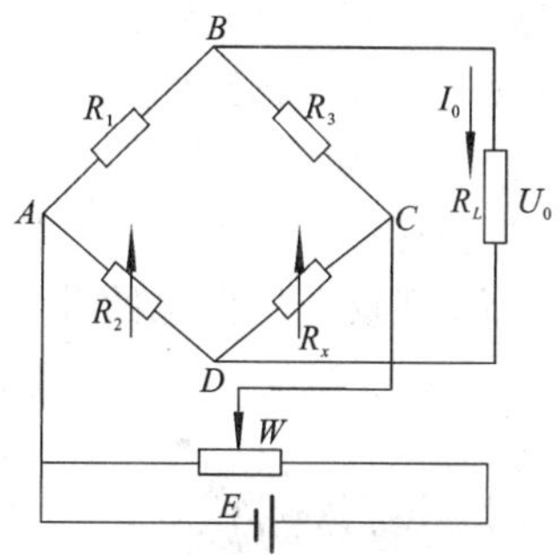

图 6-7-1 非平衡电桥原理图

当温度改变时,U_0 只与铜电阻阻值(或温度 T)有关,不同温度时,铜电阻有不同的阻值,电桥的输出电压 U_0 也会有相应的变化. 若测得该状态下的 U_0-T 曲线,可以得出 U_0 与温度 T 的函数关系. 经定标后,即可用 U_0 来测量温度 T,这就是铜电阻非平衡电桥测量温度的原理.

三、温度计的制作原理

当温度 T 变化使铜电阻阻值 R_x 变化时,U_0 也会有相应的变化. 一定的温度 T 对应于一定的 R_x 值,而一定的 R_x 值又对应于一定的 U_0,利用这一对应关系可以制作数字温度计.

温度计的数值标定也是一个重要内容,若想使制作的温度计测温范围为 0 ~ 50 ℃. 图 6-7-1 中 R_1 用来确定温度计的下限温度,0 ℃时调节 R_1 使 $U_0 = 0$;电位器 W 用来调节 U_{AC},由此可以调节在上限温度时的 U_0 值(如 200 mV),50 ℃时调节 W 使 U_0 值恰好等于 200 mV,称为确定温度计的上限温度.

【备选器材】

直流稳压电源、数字电压表、铜电阻温度传感器、导线.

【测试要求】

1. 利用实验室提供材料制作出铜电阻温度计.
2. 利用制作的铜电阻温度计测量温度.
3. 利用铂电阻温度计测量温度.
4. 以铂电阻温度计为标准,计算铜电阻温度计测量的误差.

上述工作完成后,要将整个过程撰写成一篇科学论文或者研究报告. 其中论文部分包括题目、作者、关键词、摘要、正文、参考文献等几部分,书写格式参照科学论文书写要求.

6.8 电子秤的制作实验

电阻应变式传感器是在弹性元件上通过特定工艺粘贴电阻应变片来组成,一般由敏感栅、引线、黏结剂、基底和盖层组成. 此类传感器主要是通过一定的机械装置将被测量转化成弹性元件的变形,然后由电阻应变片将弹性元件的变形转换成电阻的变化,再通过测量电路将电阻的变化转换成电压或电流变化信号输出. 它可用于能转化成变形的各种非电物理量的检测,如力、压力、位移、加速度、力矩、重量等,还能生产出可以测量温度、压力、疲劳寿命、裂纹扩展情况的各种片式检测元件(包括测温片、测压片、疲劳寿命计、裂纹扩展计等). 在机械加工、计量、建筑测量等行业应用十分广泛.

【实验目的】

1. 了解电阻应变式传感器的工作原理.
2. 了解电阻应变式传感器的工作原理.
3. 了解电子秤的刻度标定.

【制作原理】

一、电阻应变效应

具有规则外形的金属导体或半导体材料在受拉或受压时电阻值会产生相应的改变,这一物理现象称为“电阻应变效应”. 以圆柱形导体为例:设其长为L、截面积为A、半径为r、材料的电阻率为ρ,根据电阻的定义式得

$$R=\rho\frac{L}{A}=\rho\frac{L}{\pi r^2} \tag{6-8-1}$$

当导体因某种原因产生应变时,其长度、半径、电阻率的变化分别为$\mathrm{d}L$、$\mathrm{d}r$、$\mathrm{d}\rho$,相应的

电阻变化为 dR. 对式(6-8-1) 全微分,得电阻变化率 dR/R 为

$$\frac{\mathrm{d}R}{R}=\frac{\mathrm{d}L}{L}-2\frac{\mathrm{d}r}{r}+\frac{\mathrm{d}\rho}{\rho} \tag{6-8-2}$$

式中,dL/L 为导体的轴向单位应变 ε_L;dr/r 为导体的径向应变量 ε_r.

由材料力学得

$$\varepsilon_r=-\mu\varepsilon_L \tag{6-8-3}$$

式中,μ 为材料的泊松比,大多数金属材料的泊松比为 0.3 ~ 0.5;负号表示两者的变化方向相反.

将式(6-8-3) 代入式(6-8-2),得

$$\frac{\mathrm{d}R}{R}=(1+2\mu)\varepsilon_L+\frac{\mathrm{d}\rho}{\rho} \tag{6-8-4}$$

式(6-8-4) 说明电阻应变效应主要取决于它的几何应变(几何效应)和本身特有的导电性能(压阻效应).

金属的电阻应变效应主要取决于它的几何应变,半导体材料的电阻应变效应主要取决于它的压阻效应. 金属应变片是在用苯酚、环氧树脂等绝缘材料的基板上,粘贴直径约为 0.025 mm 的金属丝或金属箔制成,电阻丝或箔在外力作用下发生机械变形时,其电阻值发生变化. 本实验提供的是金属箔式应变片.

二、全桥测量电路

电桥电路具有结构简单、灵度高、测量范围宽、线性度好且易实现温度补偿等优点. 能较好地满足各种应变测量要求,因此在应变测量中得到了广泛的应用. 电桥电路按其工作方式分有单臂、双臂和全桥三种,单臂工作输出信号最小、线性、稳定性较差;双臂输出是单臂的两倍,性能比单臂有所改善;全桥工作时的输出是单臂时的四倍,性能最好. 我们采用全桥电路,将四个金属箔式应变片贴在弹性元件上,四个箔式应变片作为全桥电路四个桥臂电阻,如图 6-8-1 所示.

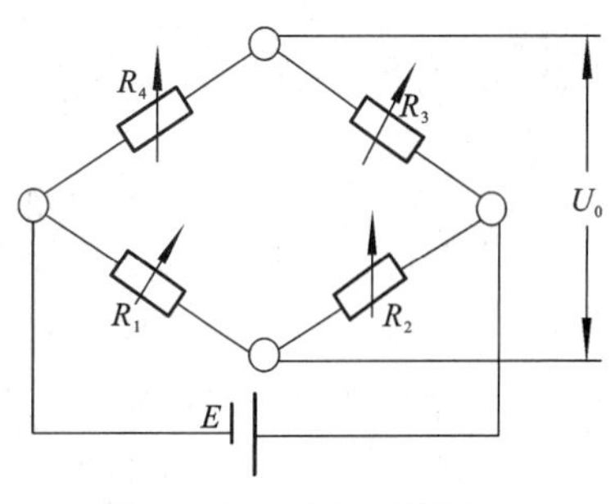

图 6-8-1　全桥原理图

三、电子秤制作原理

当弹性元件受力时箔式应变片产生形变其阻值变化而引起电桥输出电压 U_0 的变化,一定的力对应一定的 U_0,利用这一对应关系可以制作电子秤. 原理如图 6-8-2 所示,通过对电路的标定使电路输出的电压值为重量对应值,即成为一台电子秤.

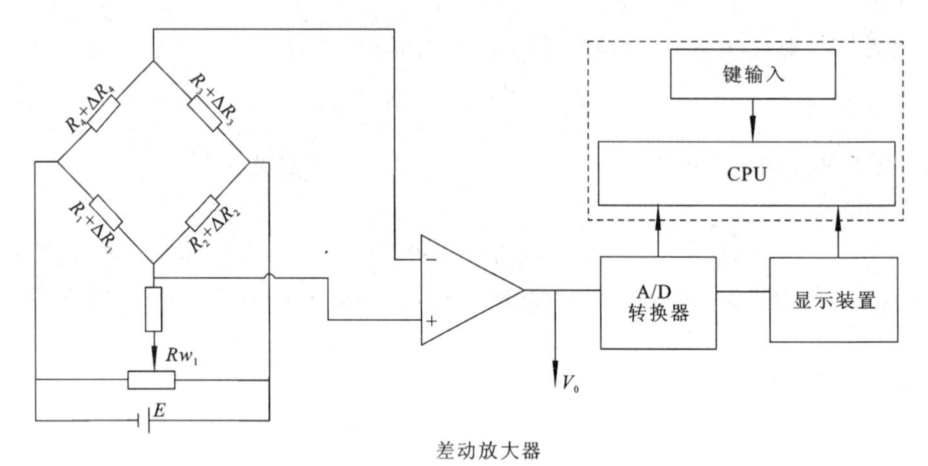

差动放大器

图 6-8-2　数字电子秤原理图

【备选器材】

直流稳压电源、数字电压表、应变式传感器、差动放大器、托盘、砝码.

【测试要求】

1. 利用实验室提供材料制作出电子秤.
2. 对电子秤输出值进行标定.
3. 用制作的电子秤称量砝码.
4. 分析称量误差产生的原因.

上述工作完成后,要将整个过程撰写成一篇科学论文或者研究报告. 其中论文部分包括题目、作者、关键词、摘要、正文、参考文献等几部分,书写格式参照科学论文.

附　　录

附表 1　国际单位制的基本单位

量的名称	量的符号	单位名称	单位符号	定　　义
长度	l	米	m	1 米等于真空中光在 1/299 792 458 秒的时间间隔内所经路径的长度
质量	m	千克／公斤	kg	1 千克等于国际千克原器的质量
时间	t	秒	s	1 秒是铯－133 原子基态的两个超精细能级之间跃迁所对应的辐射的 9 192 631 770 个周期的持续时间
电流	I	安[培]	A	真空中两条相互平行、相距 1 米的无限长直导线中(截面忽略)，通以强度相同的恒定电流，若导线每米长所受的力为 2×10^{-7} 牛顿，则导线中的电流强度为 1 安培
热力学温度	T	开[尔文]	K	1 开尔文是水的三相点热力学温度的 1/273.16
物质的量	ν 或 n	摩[尔]	mol	摩尔是一系统的物质的量，该系统中所包含的基本单元数与 0.012 千克碳-12 的原子数目相等
发光强度	I	坎[德拉]	cd	坎德拉是一个光源在给定方向上的发光强度．该光源发出的频率为 540×10^{12} 赫兹的单色辐射，且在此方向上的辐射强度为 1/683 瓦特／球面度

附表 2　国际单位制的两个辅助单位

量的名称	单位名称	单位符号	定　　义
平面角	弧度	rad	当一个圆内的两条半径在圆周上截取的弧长与半径相等时，则其间夹角为 1 弧度
立体角	球面度	sr	如果一个立体角顶点位于球心，其在球面上截取的面积等于以球半径为边长的正方形面积时，即为一个球面度

附表 3　国际单位制中具有专有名称的导出单位

量的名称	单位名称	单位符号	其他表示示例	量的名称	单位名称	单位符号	其他表示示例
频率	赫[兹]	Hz	s^{-1}	磁通[量]	韦[伯]	Wb	V·s
力	牛[顿]	N	$kg \cdot m/s^2$	磁通[量]密度、磁感应强度	特[斯拉]	T	Wb/m^2
压力、压强、应力	帕[斯卡]	Pa	N/m^2	电感	亨[利]	H	Wb/A
能[量]、功、热量	焦[耳]	J	N·m	摄氏温度	摄氏度	℃	K
功率、辐[射能]通量	瓦[特]	W	J/s	光通量	流[明]	lm	cd·sr
电荷[量]	库[仑]	C	A·s	[光]照度	勒[克斯]	lx	lm/m^2
电压、电动势、电位、(电势)	伏[特]	V	W/A	[放射性]活度	贝可[勒尔]	Bq	s^{-1}
电容	法[拉]	F	C/V	吸收剂量比授[予]能比释动能	戈[瑞]	Gy	J/kg
电阻	欧[姆]	Ω	V/A	剂量当量	希[沃特]	Sv	J/kg
电导	西[门子]	S	Ω^{-1}				

附表 4　国家选定的非国际单位制单位

量的名称	单位名称	单位符号	中文符号	换算关系和说明
时间	分 [小]时 日[天]	min h d	分 时 日	1 min = 60 s 1 h = 60 min = 3600 s 1 d = 24 h = 86 400 s
平面角	[角]秒 [角]分 度	(″) (′) (°)	秒 分 度	1″ = (π/648 000) rad 1′ = 60″ = (π/10 800) rad 1° = 60′ = (π/180) rad
旋转速度	转每分	r/min	转每分	1 r/min = (1/60) s^{-1}
长度	海里	n mile	海里	1n mile = 1 852 m (只用于航行)
速度	节	kn	节	1 kn = 1 n mile/h = (1 852/3 600) m/s (只用于航行)
质量	吨 原子质量单位	t u	吨 单位	1 t = 10^3 kg 1 u ≈ 1.660 540 × 10^{-27} kg
体积	升	L,(l)	升	1 L = 1 dm^3 = 10^{-3} m^3 (字母 l 为备用符号)
能	电子伏	eV	电子伏	1 eV ≈ 1.602 177 × 10^{-19} J
级差	分贝	dB	分贝	
线密度	特[克斯]	tex	特克斯	1 tex = 1 g/km = 10^{-6} kg/m
面积	公顷	hm^2	公顷	1 hm^2 = 10^4 m^2 (公顷的国际通用符号为 ha)

附表5　用于构成十进制单位的词头

因数	词头名称	词头符号	英文	因数	词头名称	词头符号	英文
10^{24}	尧[它]	Y	yotta	10^{-1}	分	d	deci
10^{21}	泽[它]	Z	zetta	10^{-2}	厘	c	centi
10^{18}	艾[可萨]	E	exa	10^{-3}	毫	m	milli
10^{15}	拍[它]	P	peta	10^{-6}	微	μ	micro
10^{12}	太[拉]	T	tera	10^{-9}	纳[诺]	n	nano
10^{9}	吉[咖]	G	giga	10^{-12}	皮[可]	p	pico
10^{6}	兆	M	mega	10^{-15}	飞[母托]	f	femto
10^{3}	千	k	kilo	10^{-18}	阿[托]	a	atto
10^{2}	百	h	hecta	10^{-21}	仄[普托]	z	zepto
10^{1}	十	da	deca	10^{-24}	幺[科托]	y	yocto

附表6　物理学基本常数

量的名称	符号、数值和单位	名称	符号、数值和单位
真空中的光速	$c = 2.997\,924\,58 \times 10^{8}$ m/s	原子质量单位	$u = 1.660\,565\,5 \times 10^{-27}$ kg
真空磁导率	$\mu_0 = 4\pi \times 10^{-7}$ F/m	氢原子的里德伯常量	$R_H = 1.096\,776 \times 10^{7}\,\mathrm{m}^{-1}$
真空介电常量（电容率）	$\varepsilon_0 = 8.85\,418\,8 \times 10^{-12}$ H/m	阿伏伽德罗常量	$N_A = 6.602\,204\,5 \times 10^{23}\,\mathrm{mol}^{-1}$
万有引力常量	$G = 6.6720 \times 10^{-11}\,\mathrm{N \cdot m^2/kg^2}$	摩尔气体常量	$R = 8.314\,41$ J/(mol·K)
普朗克常量	$h = 6.626\,069\,3 \times 10^{-34}$ J·s	玻耳兹曼常量	$k = 1.380\,622 \times 10^{-23}$ J/K
基本电荷	$e = 1.602\,189\,2 \times 10^{-19}$ C	理想气体的摩尔体积（标准状态下）	$V_m = 22.413\,83 \times 10^{-3}\,\mathrm{m^3/mol}$
电子的静止质量	$m_e = 9.109\,534 \times 10^{-31}$ kg	圆周率	$\pi = 3.141\,592\,65$
电子荷质比	$e/m_e = 1.758\,804\,7 \times 10^{11}$ C/kg	自然对数底	$\mathrm{e} = 2.718\,281\,83$

附表7　20 ℃时常见固体和液体的密度

单位：$\mathrm{kg/m^3}$

物质	密度ρ	物质	密度ρ	物质	密度ρ
铝	2 698.9	窗玻璃	2 400 ~ 2 700	冰(0℃)	800 ~ 920
铜	8 960	水晶玻璃	2 900 ~ 3 000	甲醇	792
铁	7 874	有机玻璃	1 200 ~ 1 500	乙醇	789.4
银	10 500	弗利昂 - 12	1 329	乙醚	714
金	19 320	变压器油	840 ~ 890	汽油	710 ~ 720
钨	19 300	汽车用汽油	710 ~ 720	甘油	1 260
铂	21 450	钢	7 600 ~ 7 900	食盐	2 140
铅	11 350	石英	2 500 ~ 2 800	石蜡	792
锡	7 298	汞	13 546.2		

附表 8　标准大气压下不同温度的纯水密度　　单位:kg/m^3

温度/℃	密度 ρ	温度/℃	密度 ρ	温度/℃	密度 ρ
0	999.841	16.0	999.943	32.0	995.025
1.0	999.900	17.0	998.774	33.0	994.702
2.0	999.941	18.0	998.595	34.0	994.371
3.0	999.965	19.0	998.405	35.0	994.031
4.0	999.973	20.0	998.203	36.0	993.68
5.0	999.965	21.0	997.992	37.0	993.33
6.0	999.941	22.0	997.770	38.0	992.96
7.0	999.902	23.0	997.538	39.0	992.59
8.0	999.849	24.0	997.296	40.0	992.21
9.0	999.781	25.0	997.044	50.0	998.04
10.0	999.700	26.0	996.783	60.0	983.21
11.0	999.605	27.0	996.512	70.0	977.78
12.0	999.498	28.0	996.232	80.0	971.80
13.0	999.377	29.0	995.944	90.0	965.31
14.0	999.244	30.0	995.646	100.0	958.35
15.0	999.099	31.0	995.340		

附表 9　20 ℃ 时部分金属的杨氏弹性模量

金属	杨氏模量 Y		金属	杨氏模量 Y	
	/GPa	/($\times 10^2$ kg/mm^2)		/GPa	/($\times 10^2$ kg/mm^2)
铝	69 ~ 70	70 ~ 71	锌	78	80
钨	407	415	镍	203	205
铁	186 ~ 206	190 ~ 210	铬	235 ~ 245	240 ~ 250
铜	103 ~ 127	105 ~ 130	合金钢	206 ~ 216	210 ~ 220
金	77	79	碳钢	196 ~ 206	200 ~ 210
银	69 ~ 80	70 ~ 82	康钢	160	163

注:杨氏模量值与材料结构、化学成分、加工方法有关。因此,在某些情况下实际材料 Y 值可能与表中所列的平均值不尽相同

附表 10 不同湿度时干燥空气中的声速

单位：m/s

温度/℃	0	1	2	3	4	5	6	7	8	9
60	366.05	366.60	367.14	367.69	368.24	368.78	369.33	369.87	370.42	370.42
50	360.51	361.07	361.62	362.18	362.74	363.29	363.84	364.39	364.95	364.95
40	354.89	355.46	356.02	356.58	357.15	357.71	358.27	358.83	359.39	359.95
30	349.18	349.75	350.33	350.90	351.47	352.04	352.62	353.19	353.75	354.32
20	343.37	343.95	344.54	345.12	345.70	346.29	346.87	347.74	348.02	348.60
10	337.46	338.06	338.65	339.25	339.94	340.43	341.02	341.61	342.20	342.78
0	331.45	332.06	332.66	333.27	333.87	334.47	335.57	335.67	336.27	332.87
-10	325.33	324.71	324.09	323.47	322.84	322.22	321.60	320.97	320.34	319.72
-20	319.09	318.45	317.82	317.19	316.55	315.92	315.28	314.64	314.00	313.36
-30	312.72	311.43	311.43	310.78	310.14	309.49	308.84	308.19	307.53	306.88
-40	306.22	304.91	304.91	304.25	303.58	302.92	302.26	301.59	300.92	300.25
-50	299.58	298.91	298.24	297.65	296.89	296.21	295.53	294.85	294.16	293.48
-60	292.79	292.11	291.42	290.73	290.03	289.34	288.64	287.95	287.25	286.55
-70	285.54	285.14	284.43	283.73	283.02	282.30	281.59	280.88	280.16	279.44
-80	278.72	278.00	277.27	276.55	275.82	275.09	274.36	273.62	272.89	272.15
-90	271.41	270.67	269.92	269.18	268.43	267.68	266.93	266.17	265.42	264.66

附表 11 某些金属和合金的电阻率及温度系数

金属或合金	电阻率 /($\times 10^{-6}\Omega\cdot m$)	温度系数/$°C^{-1}$	金属或合金	电阻率 /($\times 10^{-6}\Omega\cdot m$)	温度系数/$°C^{-1}$
铝	0.028	42×10^{-4}	锌	0.059	42×10^{-4}
铜	0.172	43×10^{-4}	锡	0.12	44×10^{-4}
银	0.016	40×10^{-4}	水银	0.958	10×10^{-4}
金	0.024	40×10^{-4}	武德合金	0.52	37×10^{-4}
铁	0.098	60×10^{-4}	钢(0.10% ~ 0.15%)	0.10 ~ 0.14	6×10^{-4}
铅	0.205	37×10^{-4}	康铜	0.47 ~ 0.51	$(-0.04\sim+0.01)\times10^{-3}$
铂	0.105	39×10^{-4}	铜锰镍合金	0.34 ~ 1.00	$(-0.03\sim+0.02)\times10^{-3}$
钨	0.055	48×10^{-4}	镍铬合金	0.98 ~ 1.10	$(0.03\sim0.4)\times10^{-3}$

附表 12　常温下某些物质相对于空气的光的折射率

物质	H_α 线(656.3 nm)	D 线(589.3 nm)	H_β 线(486.1 nm)
水(18℃)	1.3 314	1.3 332	1.3 373
乙醇(18℃)	1.3 609	1.3 625	1.3 665
冕玻璃(轻)	1.5 127	1.5 153	1.5 214
冕玻璃(重)	1.6 126	1.6 125	1.6 312
燧石玻璃(轻)	1.6 038	1.6 085	1.6 200
燧石玻璃(重)	1.7 434	1.7 515	1.7 723
方解石(寻常光)	1.6 545	1.6 585	1.6 679
方解石(非常光)	1.4 846	1.4 864	1.4 908
水晶(寻常光)	1.5 418	1.5 442	1.5 496
水晶(非常光)	1.5 509	1.5 533	1.5 589

附表 13　我国部分城市的重力加速度　　单位:m/s^2

城市	纬度(北)	重力加速度	城市	纬度(北)	重力加速度
北京	39°56′	9.80122	武汉	30°33′	9.79359
张家口	40°48′	9.79985	安庆	30°31′	9.79347
烟台	40°04′	9.80112	黄山	30°18′	9.79348
天津	39°09′	9.80094	杭州	30°16′	9.79300
太原	37°47′	9.79684	重庆	29°34′	9.79152
济南	36°41′	9.79858	南昌	28°40′	9.79208
郑州	34°45′	9.79665	长沙	28°12′	9.79163
徐州	34°18′	9.79664	福州	26°06′	9.79144
南京	32°04′	9.79442	厦门	24°27′	9.79917
合肥	31°52′	9.79473	广州	23°06′	9.78831
上海	31°12′	9.79436	承德	40°97′	9.8017

附表 14　常用光线的谱线波长表　　单位:nm

H(氢)	He(氦)	Ne(氖)	Na(钠)	Hg(汞)	He－Ne 激光
656.28 红	706.52 红	650.65 红	589.592(D_1)黄	623.44 橙	632.8 橙
486.13 绿蓝	667.82 红	640.23 橙	588.995(D_2)黄	597.07 黄	
434.05 蓝	587.56(D_3)黄	638.30 橙		576.96 黄	
410.17 蓝紫	501.57 绿	626.25 橙		546.07 绿	
397.01 蓝紫	492.19 绿蓝	621.73 橙		491.60 绿蓝	
	471.31 蓝	614.31 橙		435.83 蓝	
	447.15 蓝	588.19 黄		407.78 蓝紫	
	402.62 蓝紫	585.25 黄		404.66 蓝紫	
	388.87 蓝紫				

附表 15　某些液体的黏滞系数

单位：m/s²

液体	温度/℃	η/μPa·s	液体	温度/℃	η/μPa·s
汽油	0	1 788	变压器油	20	19 800
	18	530	葵花子油	20	50 000
甲醇	0	817	甘油	0	1.21×10^{7}
	20	584		20	1.499×10^{6}
乙醇	-20	2780		100	12 945
	0	1780	蜂蜜	20	6.50×10^{6}
	20	1192	鱼肝油	20	45 600
蓖麻油	0	5.30×10^{6}		80	4 600
	10	2.42×10^{6}	汞	-20	1 855
	20	9.86×10^{5}		0	1 685
	40	2.31×10^{5}		20	1 554
	100	1.69×10^{5}		100	1 224

附表 16　希腊字母读音表

大写	小写	英文	中文读音	大写	小写	英文	中文读音
Α	α	alpha	阿尔法	Β	β	beta	贝塔
Γ	γ	gamma	伽马	Δ	δ	delta	戴尔塔
Ε	ε	epsilon	艾普西龙	Ζ	ζ	zeta	截塔
Η	η	eta	艾塔	Θ	θ	theta	西塔
Ι	ι	iot	约塔	Κ	κ	kappa	卡帕
Λ	λ	lambda	兰姆达	Μ	μ	mu	缪
Ν	ν	nu	纽	Ξ	ξ	xi	克西
Ο	ο	omicron	奥密克戎	Π	π	pai	派
Ρ	ρ	rho	柔	Σ	σ	sigma	西格马
Τ	τ	tau	套	Υ	υ	upsilon	宇普西龙
Φ	φ	phi	法爱	Χ	χ	chi	奇
Ψ	ψ	psi	帕赛	Ω	ω	omega	欧米伽

参考文献

[1] 吴大江,唐小迅.新世纪物理实验教程[M].北京:北京邮电大学出版社,2008.
[2] 王云才.大学物理实验教程[M].3 版. 北京:科学出版社,2008.
[3] 高海林.实验物理[M].北京:机械工业出版社,2007.
[4] 李仁芮.物理实验[M].北京:高等教育出版社,2005.
[5] 张明高,叶瑞英.大学物理实验教程[M].成都:四川大学出版社,2007.
[6] 刘传安.英汉大学物理实验[M].2 版. 天津:天津大学出版社,2007.
[7] 李秀燕.大学物理实验[M].北京:科学出版社,2001.
[8] 李书光.大学物理实验[M].北京:清华大学出版社,2008.
[9] 钱萍,申江.物理实验数据的计算机处理[M].北京:化学工业出版社,2007.
[10] 黄鸿,吴石增.传感器及其应用技术[M].北京:北京理工大学出版社,2008.
[11] 康维新.传感器与检测技术[M].北京:中国轻工业出版社,2009.
[12] 王伯雄.测试技术基础[M].北京:清华大学出版社,2008.
[13] 祝之光.物理学[M].2 版. 北京:高等教育出版社,2004.
[14] 程守洙,江之永.普通物理学[M].北京:人民教育出版社,1982.